自然・生物多様性リスクマネジメント

リスクマネジメント

自然資本経営の実践法

後藤茂之 著
Goto Shigeyuki

中央経済社

はしがき

　経済発展の陰で地球環境が急速に悪化する中，社会の価値観が大きく変化し，地球環境問題を含む非財務要素への企業の対応は喫緊のテーマとなっている。気候関連財務情報開示タスクフォース（Taskforce on Climate-related Financial Disclosure：TCFD）や自然関連財務情報開示タスクフォース（Taskforce on Nature-related Financial Disclosure：TNFD）の報告書を受け，企業は，自然に関連する資源を企業自体の資本と捉え，いかに対応していくのかを開示していくことが要請されている。しかし，これは単に開示方法の変化にとどまらず，企業の存在意義と持続的成長に直接関係する企業価値上の基本課題と考えられる。

　「地球環境リスク」という新たなリスクの登場は，従来の環境リスクとはまったく異なる意味を持っている。企業がこれまで当然のものとして享受していた自然の恵みが危機に瀕していることから生じる様々な課題に直面することを意味するからである。

　特に，地球環境リスクが持つ次の2つの視点が重要と考えている。

　1つは，経営にとって環境前提の範疇が飛躍的に拡大し，企業の存在意義に関わるガバナンスや長期戦略への変革につながる点である。

　2つ目は，新たなリスクによる企業価値の変動をいかに分析し，どのようにマネージしていくか，そしてそれが将来の企業価値評価にどのような影響を及ぼしていくのかという点である。

　これらガバナンス，戦略，リスク管理といった経営の基本事項に関わる課題が，既存の経営管理体系の見直しを迫ることが予想される。さらに対象とする環境問題は地球システムという複雑な構造を持っており，これまで企業が取り扱ってきた財務要素に関わる価値変動とは異なり，非財務要素による非連続な価値変化への対応が求められる。当然，経験知やデータが十分ではない不確実性に対していかに挑戦していくかが問われていることとなる。

社会経済システムの1960〜2000年にかけての変化は目覚ましいものがあった。世界の人口は2倍になるとともに[1]，食料生産は2.5倍になり，経済活動の規模は6倍になった。しかし，この成果は，地球を改変する過程で達成されたものである。そのため，生態系の急速な変化により生態系サービスの半分以上が劣化したことが確認されている。われわれは，人類の生存を根本から支えている資源基盤の劣化という犠牲を通して経済的発展を成し遂げたこととなる。結果，地球環境問題が，今，喫緊の社会課題となっている。

企業は，これまでも様々な変化に対して変革を繰り返して生き残ってきた。しかしそれは，市場メカニズムに組み込まれた財務要素を中心とする課題への対応であった。今後は，E（環境），S（社会），G（企業統治）に関わる要素を射程に入れて対応していく必要がある。これまでの経済成長の方程式を変更し，社会的価値と経済的価値を両立させ，中長期的視点から企業価値の向上を検討していくこととなる。

本書では，非財務要素のうち，今日の喫緊の対応課題となっている地球環境リスク（気候変動，生物多様性）への対応を主として取り上げる。企業は，環境問題への対応といった社会的価値への取り組みを経済的価値に反映していくためには，財務資本に加えて自然資本を直接管理対象に取り込んでいくこととなろう。つまり，GX（グリーントランスフォーメーション），CE（サーキュラーエコノミー），NP（ネイチャーポジティブ）と事業活動を関連づけて，そのリスクと機会を見極めて対応していかなければならない。われわれが暮らしている社会は，人間の営みを中心とした社会経済システムと，生物の生息環境を提供する生態系を含む自然システムとが，相互依存と影響を及ぼし合いながら全体として機能している。このような社会生態系の様々な歪みや課題について，いかにバランスある持続的成長を果たしていけるかが問われている。

1　2023年4月に発表された『世界人口白書2023』によると，世界の人口は，2022年11月に80億4,500万人に達した。

企業の継続的取り組みには，事業活動，開示，金融といった3つ機能の相互関連性を意識しなければならない。また，気候変動と生物多様性問題は同じく自然資本に関連する問題ではあるが，異なった特徴を持っている。企業はその違いを理解した上で，対応していかなければならない。本書では，両問題の共通点，相違点を整理するとともに，いかに統合的に対処するのかについて検討する。

これまでの取り組み事例を参照することは重要である。生物多様性のための生物圏保存と地域の持続可能な経済活動を進めているユネスコエコパークの取り組みや，防災・減災といった自然災害からの安全と環境保全に統合的に対応しようとするグリーンインフラ推進の事例を参考にすべきであろう。

最後に，本書で検討した内容を総括して，非財務要素をどのように経営管理へ実装し，企業活動をどのように変革していくべきか，という一般論に立ち返り，留意事項を整理したいと考えている。

本書の構成と要旨は次のとおりである。

第1章では，事業会社の視点で環境保全と企業責任といった観点から，社会的価値観の変化を踏まえて企業に求められていることは何かという視点から地球環境リスクについて検討する。

第2章では，気候変動や生物多様性に関わる企業の取り組みは，非財務情報の「環境」に該当する情報であることから，非財務情報の企業にとっての意味について，主として，企業価値評価における情報の充足の視点から検討する。

第3章では，企業が事業活動と地球環境リスクへの対応を両立させ，事業活動を継続させるためには，資金調達を安定的に確保していく必要がある。そこで，環境保全と金融機能との関係について整理する。ESG投資の発展を振り返り，その発展形と位置づけられるインパクト投融資の現状と課題について検討する。

第4章では，自然環境問題をリスク面から考察する。気候変動と生物多様性リスクを人間活動と地球環境との関係，すなわち社会生態系の視点から検討する。企業がこれまで取り扱ってきた伝統的リスクへのアプローチとは異なるた

iv　　はしがき

め，どのような特徴があり，今後のリスク管理においてどのような強化が必要なのかについて検討する。

第5章では，自然環境保全に関わるこれまでの取り組みを振り返り，今後企業が具体的対応策を検討する際の参考点を洗い出す。環境保全のアプローチとしてユネスコエコパークの事例を，自然災害への防災・減災と環境保全を統合的に対応するアプローチとしてグリーンインフラの事例を紹介し整理する。

第6章では，気候変動の開示に関する TCFD への取り組みをこれまで進めてきた企業が，今後，自然環境に関する開示の枠組みである TNFD への準備を行うにあたっての留意点について検討する。

第7章では，これまでの検討内容を総括する目的で，企業が社会生態系の課題へアプローチする際に重要となる視点や留意点について整理する。

また，11個のコラムを用意した。本文に関連した重要事項を取り上げ，まとまりのある形で整理したものである。本文の内容を読者が自ら深めていく際に役立つものと考えている。

気候変動と生態系及び生物多様性問題は，社会にとって待ったなしの状況にあり，社会課題への貢献に関する企業への期待は高まっている。しかし，社会的価値への取り組みを中期的に企業の経済的価値へどのようにつなげていくか，その明確な処方箋はまだ存在しない。

本書はこのような考え方に基づき，企業活動とリスク管理，開示と金融取引といった視点を中心に，実務的観点を重視して，その参考点や留意点を抽出しつつ検討している。本課題に取り組む企業にとって参考になれば幸甚である。

2024年10月

後 藤 茂 之

CONTENTS

自然・生物多様性リスクマネジメント―自然資本経営の実践法

はしがき　i

第 1 章

環境保全と企業責任

1 地球環境問題が提起する変革 ……………………………………………… 3

- (1) 既存の枠組みへの警鐘　3
- (2) 環境問題に対する企業責任の変化　13
- (3) 生態系の変質と生態系サービスの現状　16
- (4) 生物多様性の意義と生態系の現状　19
- (5) 生態系サービスの経済的評価　25
- コラム1　システム思考　33

2 気候変動問題と生物多様性問題への対応 ……………………………… 41

- (1) 両問題の相互関係　41
- (2) 社会生態系の視点　43
- (3) 土地改変による気候システム，生態系への影響　45
- コラム2　ミレニアム生態系評価　49

3 自然資本を経営管理に取り込む意義 …………………………………… 54

- (1) 社会的価値と経済的価値との関係　54
- (2) 自然システムの持つダイナミズム　54
- (3) 気候変動への取り組み　56
- (4) 生物多様性への取り組み　57

II　目　次

4　包括的な課題解決へのアプローチ································59

(1)　自然資本へのアプローチ　59

(2)　自然を基盤とした解決策　61

コラム3　☕　科学に準拠した目標　64

第2章

非財務要素による企業価値への影響

1　財務情報と企業価値評価································71

(1)　財務報告の企業価値評価への寄与度の変化　71

(2)　無形資産の評価の難しさと財務情報において蓋然性が重視される理由　75

(3)　蓋然性と可能性との相克　78

2　非財務要素への対応································81

(1)　国際サステナビリティ基準審議会（ISSB）の動き　81

(2)　社会的価値，経済的価値向上の両立　84

3　今後の企業価値評価································86

第3章

社会的インパクトと金融機能

1　企業の行動変化と社会的インパクト································95

(1)　社会的インパクト実現のためのアプローチ　95

(2)　社会的インパクト創造サイクルとシステム思考　97

(3)　社会課題の解決と金融　100

目 次　III

2　ESG 投資とインパクト投資 ··· 103

(1)　ESG 投資の意義　103
(2)　ESG 投資のリスク・リターン　106
(3)　インパクト投資の登場とその特徴　107
(4)　インパクト評価の意義　112
(5)　インパクト投資のポートフォリオ管理　114
(6)　インパクト投資と社会的イノベーション　116
(7)　ポジティブ・インパクト金融と成果連動型契約　118

3　インパクト評価の現状と課題 ·· 122

(1)　インパクト評価の概要　122
(2)　インパクト測定に関する現状の課題　126
(3)　社会的インパクトの測定・管理　128
(4)　インパクト投資と企業価値との関係　131

4　自然環境と社会的インパクト ·· 134

(1)　自然環境分野における社会的インパクト評価の現状　134
(2)　環境保全と社会的インパクト評価　137

コラム4　デザイン思考　140

第 4 章

地球環境リスク管理の強化

1　自然関連リスクへのアプローチ ··· 145

(1)　リスク管理機能の強化　146
(2)　TNFD におけるリスクと機会の例示　148
(3)　不確実性の拡大と対応スタンス　148

2　予防原則に基づく対応と不確実性 ··· 151

3 社会生態系リスクの特徴 ……………………………………………………………152

(1) 社会生態系リスクの特徴　152
(2) 社会生態系リスクへの対応　157
コラム5　生態系リスクの特徴　163

4 動態的リスク管理の導入 ……………………………………………………………168

コラム6　ソーシャルリスクとバイアスへの対応　172

第5章

自然資本への対応事例

1 環境保全の取り組み ……………………………………………………………180

(1) 自然再生の意義　180
(2) 釧路湿原の保全取り組み　181
(3) ユネスコエコパークの取り組み　183
(4) 企業の自然資本対応上の参考点　185
コラム7　ユネスコエコパークの概要　189

2 自然災害の特徴とグリーンインフラ実装 ……………………………………………………………192

(1) 自然災害の特徴とグリーンインフラの意義　192
(2) 自然災害の激甚化と日本のグリーンインフラ推進　199
(3) 防災・減災対策とグリーンインフラ　202
(4) グリーンインフラとグレーインフラの比較考量　206
(5) グリーンインフラと環境アセスメント　209
(6) グリーンインフラ推進のためのファイナンス　211
コラム8　グリーンインフラの主要なツールと効果的な活用　214

目次　V

第 6 章

地球環境リスクの開示

1 開示の意義と開示要請の強化 ……………………………………… 221

(1) 開示の意義　221

(2) 開示要請の強化と対応　221

2 TNFD 対応 ……………………………………………………………… 222

(1) 自然資本におけるシナリオ分析　222

(2) TNFD 対応への既存知見の活用　226

(3) 開示プロセスの内部統制強化　229

コラム9　　TNFD 提言の開示事項　230

第 7 章

自然資本へのアプローチと動態的経営管理体系の構築

1 非財務要素を取り込んだ将来の経営管理体系 …………………… 237

(1) 今後の変化の方向　237

(2) 自然資本が企業価値評価，リスク管理に付加する課題　238

(3) 社会生態系の課題へのアプローチ方法　239

2 動態的経営管理検討のための視点 ………………………………… 243

(1) 自然システムにおける時間軸の考慮　243

(2) 重要素の抽出と社会的価値，経済的価値への経路分析　245

(3) 動態的管理と順応的対応　247

(4) 不確実性への対応力の強化　248

コラム10　　シナリオ分析　253

コラム11　　不確実性，時間軸，合理性の意義　257

VI 目 次

3 人的資本と社会関係資本の強化 ……………………………………… 262

(1) 社会的価値観の変化と人的資本の多様化　262
(2) グリーンインフラ推進における社会関係資本の活用　263
(3) 自然資本対応を通じたシナジー効果　265
(4) 企業価値へのシナジー効果　266

あとがき　268
INDEX　270

第 1 章

環境保全と企業の責任

第1章のポイント

　本章では，地球環境リスクの代表的存在である気候変動リスクと生物多様性リスクの企業経営にとっての意味を検討する。

　まず，企業と環境保全との関係を軸にして，環境保全問題が社会的価値観の変化とともにその捉え方がどのように変化してきたか，そして，企業の社会的責任との関係で現在どのように捉えるべきかについて整理する。

　その上で，このような地球環境リスクがわれわれの社会，経済に及ぼしている現状を踏まえて，企業としてどのように対応していかなければならないのかについて考えてみたい。

　本書では，企業が，システム思考に基づき，気候システム，生態系といった複雑なシステムへの理解とそこで起こっている課題への認識を深め，両者を自然資本として事業との関係で捉え，統合的にアプローチすることの重要性を指摘する。

1 地球環境問題が提起する変革

(1) 既存の枠組みへの警鐘

2007年から2009年に発生した金融危機は，グローバルな金融システムの不全を引き起こした。あらゆる金融リスクが連鎖して発生したシステミックリスクの衝撃は，その後の政治，経済，金融改革を推し進めるきっかけとなった。ただ，この改革は，既存の枠組みを適切に機能させることに主眼があった。

また，新型コロナウイルスによるパンデミック対策も，社会経済システムに大きな衝撃を与えた。人と人との接触を強制的に禁止するロックダウン政策の発動は，生活様式や働き方に関する行動変容を要請した。これは，人のグローバルな交流を前提にした社会経済の発展の方程式の変更を強いるものであった。一方，これをきっかけに企業もリモートワークを積極的に導入させ働き方改革を前進させる結果となった。

既存の枠組みの変革には，予期せぬショックの発生と対応への多大なエネルギーを伴うことをわれわれは経験した。しかし，今日われわれが直面している地球環境保全は，既存の経済システムを根本的に変革する要素を持っており，これまで経験した衝撃とは質が異なっている。なぜなら，気候変動や生物多様性に関わる要素は，市場メカニズムに組み込まれておらず，これまで経済活動において十分考慮されてこなかったものといえる。つまり，喫緊の社会課題と認識されている気候システムや生態系[1]に関わる問題は，企業がこれまで中心に据えていた財務要素中心の枠組みを変えようとしていることとなる。

地球温暖化へのこれまでの対応を例にとって，新しい価値観がどのように社会に浸透してきたかについて振り返っておきたい。

本問題が今日のようにグローバルな共通課題として認識されるまでには，多

---

1 生態系とは，生態学において，多様な生物が生存する生物群集やそれらを取り巻く環境を，ある程度閉じた系であるとみなしたときの呼称である。

4 第1章 環境保全と企業の責任

くの時間を要した。かつては気候変動問題の原因と企業活動との関係について
多くの不確実性が存在していたが，国連気候変動に関する政府間パネル[2]
（Intergovernmental Panel on Climate Change：IPCC）がその解明に果たした
役割は大きい。これまでの分析・研究の蓄積の中から温暖化の緩和策として温
室効果ガス（Green House Gas：GHG）の排出削減の必要性が明らかにされ，
脱炭素が世界的合意事項となった。そして，この合意が国連気候変動枠組条約
（United Nations Framework Convention on Climate Change：UNFCCC）締
約国会議（Conference of the Parties：COP）での論議を通じてパリ協定[3]の
採択へとつながり，各国が削減目標を設定した取り組みを進めている。

　企業とこの問題をより直接的に結びつけることとなったのは，2015年12月に
金融安定理事会（Financial Stability Board：FSB）によって設立された気候関
連財務情報開示タスクフォース[4]（Task Force on Climate-related Financial
Disclosures：TCFD）が2017年に開示のガイドライン[5]を出したことによる。
多くの企業は，同ガイドラインに賛同し，気候変動リスクについてシナリオ分
析を実施して確認された方策を長期戦略に組み込みその対応と企業価値への影
響を開示しようとしている。
　並行して，国連の持続可能な開発目標[6]（Sustainable Development Goals：
SDGs）などによって動機づけられた環境・社会問題に関する企業の積極的な

2　地球温暖化に関わる不確実性の解明についてのIPCCのプロセスは，仮説からスタート
し，理論へと昇華していく科学の培ってきたプロセスを踏襲している。2013年9月の
IPCC第5次評価報告書，第1作業部会の評価報告書では，1951～2010年の全球平均地表
気温の上昇の半分以上を人間活動がもたらした確率が極めて高い（Extremely likely：95-
100％程度の確率），と結論づけた。IPCCの報告書が，パリ協定成立に大きな影響を与え
たといわれている。

3　パリ協定は，GHG排出が新興途上国で急増していることを受け，全加盟国が排出削減に
合意した画期的な協定であると言われている。

4　TCFDは，G20の要請を受け，金融安定理事会（FSB）によって設立されたタスクフォー
スで，気候関連の情報開示をどのように行うかについて検討している。

5　TCFDは2017年6月に最終提言（Final Report Recommendations of the Task Force on
Climate-related Financial Disclosures）を公表した。「ガバナンス」「戦略」「リスク管理」
「指標と目標」の4項目を柱に，気候変動に関する企業の任意開示に推奨される開示内容
を示している。

取り組みは，企業の社会的責任のあり方を改めて問うこととなった。

　国連は，1987年に「将来世代を犠牲にせずに現在のニーズを満たす」という意味で持続可能性という用語を初めて使った。その後，28年を経た2015年に，SDGs が提示されたこととなる。目標13に気候変動問題が組み込まれている。次の事例からも明らかなように企業の戦略を大きく変えつつある。

　2020年7月にアップル社が，すべてのグループ事業において，2030年までにカーボンニュートラルを目指すことを公表した。現時点でアップル社自身は既に達成し，2021年7月には，グローバルでの製造のパートナー110社以上で，アップル社製品に関して使用する電力を2030年までに100％再生可能エネルギーに振り替えると宣言している。

　日本企業の TCFD の賛同数は世界1位である。パリ協定が求める水準と整合した科学的に準拠した温室効果ガス排出削減目標（Science Based Target：SBT）の賛同数では2位である。また，事業で利用するエネルギーを100％再生エネルギーにすることを目標とする国際的なイニシアティブ（RE100）への参画では2位という状況も，日本における本問題への関心の高さを示すものといえる。

　資金・資本の面では，サステナブルファイナンスが大きく進展した。サステナブルファイナンスの源流は，投資家が投資先を選定する際に，社会・環境といった要素を考慮すべきことを求める社会的責任投資（Socially Responsible Investment：SRI）の登場にある。その後，国連による責任投資原則[7]（Principles for Responsible Investment：PRI）の提示とその賛同の拡大が，今日の ESG 投

6　SDGs は，2015年9月の国連サミットで，2030年までのグローバルな課題の解決に向け，世界のすべての人に達成のための協力を呼びかけた17の目標（Goals）を指す言葉である。加盟193か国の全会一致によって決定された。「環境」と「経済」，人権や暮らしといった「社会」の3つの分野の調和を図ることが意識されている。

7　PRI の活動目的は，「期間投資家が ESG の問題を投資の意思決定や株主としての行動に組み込み，長期的な投資パフォーマンスを向上させ，受託者責任をより果たすことを目的としている。そして，責任投資の実践は，投資行為を通じて持続可能な社会に貢献し，社会的な利益とも整合している」，としている。

6　第1章　環境保全と企業の責任

資の発展につながった。また，2021年11月の第26回気候変動枠組条約締約国会議（COP26）のタイミングで公表されたネットゼロを促進させる金融機関のアライアンスであるグラスゴー金融同盟[8]（Glasgow Financial Alliance for Net Zero：GFANZ）にもつながっている。

　これまでの気候変動問題への対応を振り返ると，社会の抱える課題の認識，原因究明を通じて，その解決のための価値観の変化，対応策の実施がなされ，さらに行動変容につながるという流れが観察される（**図表1-1**参照）。

図表1-1　社会の価値観の変化

エベレット・M・ロジャーズが提唱したイノベーション普及学の考え方を踏まえて，気候変動問題に関連する社会の動きを観察すると，革新的な動きが社会に浸透し大きな動きになっていく流れを確認することができる。社会の価値観が革新者，初期採用者，前期追随者へと浸透し，社会の過半を占め大勢の価値観へと変化してきた流れを次のように整理することができる。

革新者
1920年代　SRIの登場
1970年代　ドミニ400ソーシャルインデックス
1979年　　世界気象機関（WHO）の第1世界気象会議で温暖化への懸念表明
1988年　　気候変動に関する政府間パネル（IPCC）の設立

初期採用者
1992年　　国連環境計画（UNEP）が主導して，地球サミットで国連気候変動枠組条約（UNFCCC）採択
1992年　　UNEP「環境と持続可能な開発に関する銀行声明」発表（後に「銀行」声明から「金融機関」声明へと改称）
1995年　　第1回国連気候変動枠組条約締約国会議（COP）開催　UNEP「環境と持続可能な発展に関する保険声明」の発表
2000年　　国連グローバルコンパクト設立
2003年　　国連ミレニアムサミット，ミレニアム開発目標採択
2006年　　国連責任投資原則（PRI）公表
2006年　　金融機関声明と保険声明が統合し，国連環境計画・金融イニシアティブ（UNEPFI）が誕生

8　2021年に発足した金融同盟で，既に個別に発足したカーボンニュートラルを目指す連合を包括する組織。

前期追随者	
2013年	IPCC 第5次評価報告書公表
2013年	IIRC 国際統合報告フレームワーク公表
2014年	国連 SDGs 案の提案
2015年	COP21パリ協定採択
2015年	科学的知見と整合した目標イニシアティブの設立
2015年	PRI への署名機関の資産運用残高が世界の総資産運用残高の50% を超える
2015年	金融安定理事会（FSB）が気候関連財務情報開示タスクフォース（TCFD）を設立
2017年	クライメイト・アクション100+ 発足
2021年	グラスゴー金融同盟（GFANZ）設立
2021年	COP26開催
2021年	国際財務報告基準（IFRS）財団が国際サステナビリティ基準審議会（ISSB）設立を表明
2023年	IPCC 第6次評価報告書公表
2023年	IFRS サステナビリティ開示基準 S 1 号，2 号公表
2023年	自然関連財務情報開示タスクフォース（TNFD）最終提言公表

　1922年の地球サミット（リオデジャネイロで開催された国連環境開発会議）で結ばれた生物多様性条約（Convention on Biological Diversity：CBD）では，生物の多様性を，すべての生物（陸上生態系，海洋その他水界生態系，これらが複合した生態系その他生息または生育の場のいかんを問わない）の間の変異性をいうものとし，種内の多様性，種間の多様性（遺伝子の多様性）及び生態系の多様性を含むものと定義している。

　生物多様性問題への対応を気候変動問題への対応と対比させてみたのが，**図表 1-2** である。これまでの両者のステップやアプローチは整合性をとり合っているかのように酷似していることがわかる。

8　第1章　環境保全と企業の責任

| 図表1－2 | 気候変動への取り組みと生物多様性への取り組みの特徴の対比 |

項目	気候変動	生物多様性
類似性		
地球環境保全のスタンス	気候システムに関する地球の限界を踏まえた地球環境保全	地球上のすべての生命のための地球環境保全
科学的アプローチに基づく政策論議	IPCC第1作業部会（自然科学の知見に基づく気候変動の原因分析），第2作業部会（温暖化の影響評価），第3作業部会（将来社会の変化と緩和）による検討	生物多様性分野の科学と政策のインターフェース（Intergovernmental Science – Policy Platform on Biodiversity and Ecosystem Service : IPBES）による検討
経済学に基づく分析	2006年気候変動の経済学（The Economics of Climate Change : スターン・レビュー）報告	2008年生態系と生物多様性の経済学（The Economics of Ecosystem and Biodiversity : TEEB）中間報告。2021年生物多様性の経済学（ダスグプタ・レビュー）報告
国際的枠組みに基づく取組み	気候変動枠組条約（UNFCCC）に基づく締約国会議（COP）で合意されたパリ協定の枠組みによる推進	生物多様性条約（CBD）に基づくCOPで合意された「昆明・モントリオール生物多様性枠組み（GBF）」による推進
取り組みの維持管理	2020年以降のGHG削減のための国際的枠組みとして，2015年に成立したパリ協定の下で，5年ごとに取り組み状況を評価し，COPで対応を論議する	COPにて，10年ごとに「地球規模生物多様性概況」で論議し，次の10年の目標を設定する
南北問題	先進国と途上国との間に利害の対立が存在する	同左
相違点		
課題解決の同質性	気候変動問題の解決には，GHG排出の削減といった同質性がある	課題と解決に地域や文化，歴史の相違などもあり一律の対応が困難
資金メカニズムの相違	GHG削減に関するファイナンスという意味で目的が単純で，標準化している	地域ごとの固有性や多様性に配慮する必要があり，かつ長期的にその管理がなされ，モニタリングする必要がある

この理由としては，両者がいずれも自然資本や社会生態系に関わる課題であるという共通性を有している点と，両者の解決がグローバル対応を必要とし，その論議の枠組みが国際的に一定標準化されてきたことの表れと考えられる。両者には共通点が多いが，それぞれの課題の中身を見ると本質的な相違点が確認される。

いつの時代にも，社会が変化するときにはそれなりのきっかけがある。そのきっかけは，価値観の変化や新たな技術の発見などであったりする。これらが社会を革新するイノベーションの核となり，社会全体を変革する原動力となってきた。しかし，このような新たな動きは，簡単に社会に浸透するわけではない。この潜在的な影響力が社会という巨大な仕組みを動かしていくためには，社会を揺さぶる様々な要因や出来事が相互に作用し合い，社会・経済全体に伝播し，大きなうねりを創って変革へと進んでいかなくてはならない。

SDGsの会議でも参照されたケイト・ラワースが提示した「ドーナツ経済[9]」は，これまでの社会・経済の枠組みを見直すための警鐘となった。今後企業が環境保全問題に向き合う際に，十分参考にすべきものと考えられる。

ラワースは，経済学に対する発想の転換が必要であることを指摘する。バックミンスター・フラーの「目の前にある現実と闘っても，ものごとは変えられない。何かを変えたいなら，新しいモデルを築いて，既存のモデルを時代遅れにすることだ」という挑戦を受けて立つ形でこの新しい概念を提示したと説明している。さらに，1972年に発表された『成長の限界』の著者であるドネラ・H・メドウの次の主張を引き合いに出す。「絶えず成長が求められる風潮を批判し，成長を目標にするのは愚かなことだ。何の成長か，何のための成長か，誰がコストを払うのか，どのくらい続きうる成長なのか，地球にはどの程度の

---

[9]　経済学者ケイト・ラワースは，著書『ドーナツ経済学が地球を救う：人類と地球のためのパラダイムシフト』(黒輪篤嗣訳，2018年，河出書房新社（文庫))の中で，新しい経済活動のモデルを「ドーナツの図」で示して，われわれに発想の転換を迫り，地球を気候変動から守りながら，人間の生活に必要なエネルギーや食糧も確保していくといった難しい課題への挑戦を提示している。ドーナツの外側（地球環境のバランスを崩さずに人間の活動が可能な範囲）の上限は例えば，人間はどこまで二酸化炭素を排出してよいのか，どれだけ水を使ってよいのか，どれだけ森を耕地に変えてよいのかなどを示している。

10   第1章　環境保全と企業の責任

負担をかけるのか，どこで満足すればいいのか，を常に問うべきだ。」この指摘に対して，ラワースは，「今後の人類全員が依存している生命の世界を守るため未来の指針として，環境的な上限の枠内で，人類にとって安全で公正な範囲で環境再生的で分配的な経済を実現するための社会的な土台となる要素をコンパスとしてドーナツの形に例えて提示した」[10]と説明している。

　ラワースは，現在の経済政策の中心に据えられた指標であるGDPへ批判の矛先を向ける。各年の1年間に生み出された所得だけを計算したフローの指標であるGDPを中心に経済政策を論じることは危険であり，フローを生み出すもとになる富を表すストックと再配分による影響を加えて，補完的に分析しなければ，そこから抜け落ちるものを無視してしまう危険がある[11]，と警鐘を鳴らす。

　2022年に公表された『万人のための地球—『成長の限界』から50年　ローマクラブ新レポート』の中でも，ラワースのドーナツ図は引用され，社会的な境界線（内側）と地球環境的な境界線（外側）からなるドーナツの中に，誰一人取り残されないように取り込むことが経済学の目標だとしている。

　「万人のための地球」が提示する今後の方向転換の必要性を整理すると，**図表1-3**のとおりである。環境や社会課題より経済的成長を優先させてきた伝統的な価値観や枠組みから脱却すべきことを強く主張したものとなっている。

10　ケイト・ラワース，前掲注9，P.62, 67〜70.
11　ケイト・ラワース，前掲注9，P.55〜63.

1 地球環境問題が提起する変革　11

図表1－3　『万人のための地球』が提示する方向転換

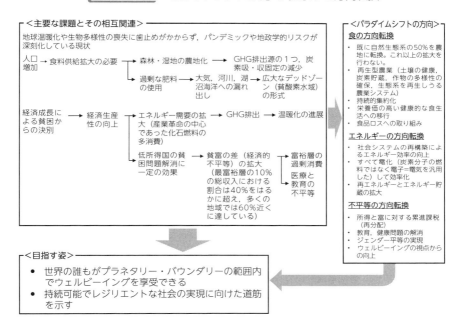

このように大きく質的に変化しようとしている動態的環境[12]へ的確に対応するためには、システム思考が有用である。この点について、ラワースは、ウォーレン・ウィーヴァーの1948年の論文「科学と複雑さ」を引用して次のとおり指摘している。システム思考の重要性を示す上で参考になるので、要約し

12　静態的環境においては、例えば、経済を機械的なシステムのように単純化したモデル（一般均衡モデル）で捕捉しうる環境と考えられる。短期的な変化を予測して経済的課題を解決することが可能である。しかし、中長期的な構造的変化を含めて解決を求めようとするなら、この方法は機能しない。古典的経済学が想定する自然資本が無尽蔵に存在し、合理的経済人として利己的に金銭の誘因に基づき行動するといった前提は、今後の社会変化とは矛盾する。人間の行動は、金銭的損得でのみ動いているわけではなく、様々な価値観に影響を受けた複雑な人間行動によって経済活動も変化する。また、自然資本は有限であり、現実にその毀損が急速に進んでいる事実を踏まえて行動しなければならない。これらの要素を含んだ経済システムは複雑でダイナミックに非線形で変化するものである。

12 第1章 環境保全と企業の責任

て紹介する。

　「ウィーヴァーは，科学を用いることで理解を深められる世界の問題を3つ
に分類した。1つは，直線的因果関係の中に1個か2個の変数しか含まない
「単純な問題」である。もう1つは，たくさんの変数のランダムな変化を含む
「無秩序な複雑な問題」であり，これらは統計学や確率論を使うことで，高度
な分析ができる。しかしこれら2つの問題は，科学によって扱える問題の両極
であり。その2つの間には，「系統立った複雑な問題」と呼ばれる領域があ
る。そこには「有機的な全体と相互に関係し合う」変数が数多く含まれ，それ
によって複雑でありながら系統立ったシステムが形成されている。
　生態系，経済，社会，政治システムは，3つ目の問題に属するシステムであ
る。この問題が属する科学の研究分野が複雑系科学である。この領域の研究に
よってシステム内の数多くの部分と部分の関係が全体の行動にどう影響するの
か，その核になるシンプルな概念を導き出すことにより，システムへの理解は
深まる。システム思考の中心をなすのは，ストック，フロー，フィードバック
というシンプルな3つの概念であるが，この3つによる相互作用から複雑な現
象が生まれる。現実の複雑でダイナミックな経済課題を分析するためには，シ
ステム思考が必要である。」[13]

　氷山は一部のみが海面上に現れ，本体の大部分は海中に沈んでいる。このこ
とから連想できるように短期的な変化や目の前で起きている事象のみに気を奪
われていては，海中に沈んだ事象の原因に関わる本質部分が見えてこない恐れ
がある。要素間の循環（ループ）に着目したシステム思考は，社会課題の構造
分析に有用である（システム思考の概要については，コラム1を参照）。

　今後の企業を取り巻く環境は，パラダイムシフト（既存の価値観や枠組みな
どの変化）を伴って変化する。これに的確に対応するためには，これまでの価
値観とはまったく異なる到達点のイメージを明確に持ち，そこから逆算して関

13　ケイト・ラワース，前掲注9，P.197〜209.

係者のベクトルを新たな方向に変える必要もある。

(2) 環境問題に対する企業責任の変化

　環境問題は，時代の経過とともにその重要とされる対象や中身を変えてきた。かつては土壌，大気，水質の汚染，騒音などの公害問題が争点となった。

　世界で流通している化学物質が5万種にも及ぶともいわれている中で，人々は化学物質を使用することによって多くの恩恵を受けてきた。一方で，化学物質は，環境に放出され，人の健康や生態系に有害な影響を及ぼすこともある。現代社会はこのジレンマを抱えている。かつて，化学物質の安全性評価は，水俣病やイタイイタイ病などの公害による人の健康への影響に社会的注目が集まり，人の健康保護という観点に重点が置かれた。その後，生態系の保全という観点から，化学物質の安全性の評価がされ始めることとなる。例えば，水生物の保全を目的にした水質環境基準値などが設定されている。ダイオキシン，PCB（ポリ塩化ビフェニル），DDT などの化学物質は，残留性有機汚染物質（Persistent Organic Pollutant：POPs）と呼ばれる。POPs は環境中で分解されにくく，生物体内に蓄積しやすく，地球上で長距離移動性を有し，他国の環境にも影響を及ぼすため，野生動物や生態系への影響についての評価や管理のあり方が議論されている。

　ここで，環境問題と企業の責任について考えてみたい。

　かつての公害問題は，企業の有害化学物質の排出による環境汚染や健康被害のように，個別企業の活動との因果関係が問題とされてきた。戦後わずか10年で戦前の経済水準にまで回復した日本では，その後の高度経済成長期を迎え，全国の沿岸域に形成された重化学工業地帯を中心に深刻な環境汚染と健康被害を引き起こした。1960年代には，水俣病，イタイイタイ病，喘息などといった公害問題が顕在化する。公害問題は，メタル水銀やカドミウムによる水質汚染，硫黄酸化物による大気汚染や騒音など，健康被害の原因とそれを引き起こした個別企業，あるいは特定の経済活動が，比較的明確に固定可能であり，また空間的にも特定の地域に限定された問題であった。それゆえ，原因の科学的

14　第1章　環境保全と企業の責任

解明についても個別の学問領域での分析が有効であり，その対処法についても個別の法律と施策で対応ができるものが比較的多かった。

　現在の環境問題は，地球温暖化への対応といった気候変動，リサイクルなどの資源循環，生態系管理などの生物多様性が主要なテーマに加わり，その課題の領域は大きく広がっている。かつての人命や健康に直接被害を及ぼす問題への対応から，気候変動の進行の抑止や生物多様性保全といった長期的に地球環境に被害をもたらす問題への対応へとその視点が拡大してきている。そして，最近の地球環境保全問題は，防災減災といった国や地域の重要な社会問題との関係を深めていることがわかる。これらの変化は，企業にとってこれまで以上に広範な関係者との合意形成を図りつつ企業活動を展開していかなければならないことを意味する。

　現在，われわれは自然の恩恵を大きく受けながら生活し，活動している[14]。企業活動は森林や土壌，水，大気，生物資源など自然によって形成される資本に依存し，直接，間接にこれらの自然資本を活用しながら事業活動を行っている。企業は財務資本と同様に自然資本を適切に管理していかなければならない。現代の企業にとって，社会的責任の対象は，温暖化の原因となる地球レベルの GHG 濃度抑制への関与や，事業展開に伴う環境変化が生物の生息を危険にさらすような事態といった自然システムとの相互作用，複合的影響の中で発生する環境問題へと拡大している。

　既に触れたケイト・ラワースの「ドーナツ経済」の枠組みが示すように，人類が地球の限界を超えずに，すべての人々が貧困や困窮を脱した状態を作るため，地球が安定した状態（プラネタリー・バウンダリー（境界）内にとどまる状態）を維持しなければならないという視点が必要となる。

14　世界経済フォーラム（WEF）が2020年に公表したレポート「自然とビジネスの未来」報告書（Nature Risk Rising：Why the Crisis Engulfing Nature Matters for Business and the Economy）では，世界の総 GDP の半分以上に相当する約44兆ドルの経済的価値の創出が自然資本に依存している，と説明している。

1 地球環境問題が提起する変革　15

　地球の安定した状態を維持する条件として，安定した気候，豊かな森，健全な海，オゾン保護層，川の淡水，清浄な大気，生物多様性などの9つの生命維持システムが挙げられている。気候変動と生物多様性の喪失は，9つのプラネタリー・バウンダリーの一角を占めている。

　ある事象をどのような角度（アングル）で眺めるか，どのような視野の広さで眺めるかによって，その事象は異なるものに映る。その意味では，企業は将来の企業価値に影響を及ぼす要因をこれまでとは異なる視野の広さで捉えていく努力が必要である。これまで，企業にとっての意思決定上重要な要素はほとんど市場メカニズムの中に組み込まれ，指標化されていたため，市場関係者の意思決定や企業価値評価に関する情報もこのメカニズムの下で調整され，関係者間で共有されていた。極論すれば，企業は共有された枠組みを踏まえて目標を設定し，その進捗状況を開示し，市場関係者やそのためのステークホルダーとのコミュニケーションを促進させる。そして，市場関係者からのフィードバックを踏まえてさらに対応するというシステムの下で経営管理されていた。

　自然は，生物圏，非生物圏に分けることができるが，両者はそれぞれの圏内で，また両圏内で相互に連関しながら自然システムを維持している。例えば，非生物圏における気候変動の影響は，気温や海水温の上昇あるいは，気候システムの変化に伴う異常気象の発生の変化となって現れ，生物圏に様々な影響を及ぼす。また，大規模な土地開発のために森林が減少すると，二酸化炭素の固定，吸収状況に変化が生じて気候システムにも影響を及ぼすといった関係が生じる。本書で，気候変動と生物多様性問題を主なテーマとする意味は，非生物圏における課題の代表的存在としての気候変動と，生物圏における課題の代表的存在として生物多様性の問題を統合的に捉えていこうとする意図がある。

　人間の生存や生活に大きく影響する地球的レベルの課題に対処するためには，個々の脅威への対策に終始するのではなく，脅威の連鎖や相互関連を含めて包括的に捉えた対応が求められるため，企業は社会の抱える様々な課題の原因となっている構造をよく理解し，自社との関連の有無を積極的に確認すると

16 第1章 環境保全と企業の責任

ともに，社会課題に対して市民の一員としてその解決のために主体的に貢献することが期待されている。

(3) 生態系の変質と生態系サービスの現状

　地球生態系は，大気圏，水圏，地圏と，そこに生息する生物から成る生物圏，それに太陽（光・熱）を加えた5要素からできている[15]。それぞれの圏は相互に関連し合い，これらの相互作用によって地球生態系が維持されている。生物は，その機能から，生産者，消費者，分解者の3種類に分けられる。これらの3種類の生物群と，それらを取り巻く無機的な環境は，全体としてエネルギーや資源の流れに関して循環型のシステムを形成している。

　地球生態系では，太陽をエネルギー源として大気循環や水循環，炭素，窒素などの物質循環が起こり，それによって地球環境が安定化され，生物の生息が可能となっている。植物は太陽光からエネルギーを取り込み，光合成で有機物（糖類）を生産し，これを動物（消費者）が利用していく。動物や植物の死骸や糞，枯葉などは主に微生物によって処理され，土に還される。そして，これを肥料にして植物が成長し，先ほどの自然のリサイクルがまた回される。これらの過程を通じて，生産物が取り込んだエネルギーは消費されていき，生物体が無機化されていくといった物質循環が成り立っている。このように，自然の中でリサイクルがうまく行われており，「ごみを出さない自然のサイクル」となっている。

　生物と非生物は，この系の中で相互に影響を与え合って連鎖を構成し，様々に変化しつつ現在の姿に至っている。同時にこの相互連鎖によって現在の状況を保持している。われわれが自然界から受けている多くの恵みは，このような相互連鎖を続ける生態系から提供されているサービス（生態系サービス：Ecosystem service）といえる。

15　生態系は大気，水，土壌などの非生物的部分と，植物（生産者），動物（消費者），微生物（分解者）から構成される生物的部分からなっているという区分もなされる。

自然の恵み，例えば，農地や海は，様々な農産物や水産物を供給する。また，野生生物の原種を保全することが，遺伝子資源として，将来の医薬品の開発や農産物の品種改良に貢献する。豊かな森林はハイキングなどを通じて人々を癒すことによって文化的な価値をもたらす。豊かな水辺や森林は，水や空気を浄化したり，豪雨や洪水などの災害を起こりにくくするなどの自然の恵みをわれわれにもたらしている。これらのサービスを提供する生態系は，多種多様な数多くの種で構成される生産者（植物），消費者（動物），分解者（微生物）による物質の循環によって維持されている。

　一方，人間と生態系との相互関係に目を転ずると，人間の行動は，生態系サービスに依存すると同時に，環境資産や生態系サービスに対してプラス・マイナスの影響を及ぼしている。そして，人間の行動が，環境資産に負の影響を与え続け，生態系の変調を引き起こし，ある臨界点（Tipping point）を超えると，生態系は異なる生態系へと移行（レジームシフト）し，後戻りができなくなるものと考えられている。このように，後戻りできない状況のことを，「生態系リスク，あるいは，生態系崩壊のシステミックリスク」と呼んでいる。
　昨今の急速な生物多様性の喪失は，この自然界の連鎖が壊れつつあり，生態系資産の質・量を維持できなくなった状況（自然環境そのものの破壊の進行）を示すものと考えられ，極めて憂慮すべき事態とみなされる。
　地球生態系の保全対策として「自然との共生」の視点から，健全な生態系を確保するために，適切な緩和策と適応策を実施しなければならない。つまり，生物多様性の保全は，生態系が臨界点を超えずに現在われわれが享受しているものと同様の生態系サービスを次世代へも引き継ぐために必要な対応と整理される。

　社会構造の変化は人為活動を変化させる。環境問題を検討する際には，この観点を踏まえた検討が必要である。ここでは，自然環境と社会構造の変化の影響を大きく受ける農業について，現状の課題とその環境保全について振り返っておきたい。

18　第1章　環境保全と企業の責任

　農業の持続性のためには，環境を保全し，食料の生産性を向上させる必要がある。日本の農業は人が適切に手を加えることで維持されてきた。農林水産省は2022年4月に「地方への人の流れを加速化させ持続的低密度社会を実現するための新しい農村政策の構築」という報告書[16]を出している。この報告書の中に，農地の役割と現状の課題がまとめられている。少し長いが引用しておきたい。

　「わが国の農村には，農業生産の基盤である農地や水資源，森林などが存在し，食料の安定供給のみならず，災害防止を通じた安全な国土の形成，さらには，生態系の保全や歴史の伝承等の面で大きな役割を果たしている。しかしながら，わが国の農地は，昭和6年の609万ヘクタールをピークとし，都市化の進展等に応じて徐々に減少してきており，今後は，高齢化や労働不足により，農地としての維持管理が困難となり，こうした多面的機能の発揮に支障を及ぼすことが懸念されている。
　こうした中で，将来にわたる食糧の安定供給の確保や，災害に強い国土の形成などを考えると，生産基盤である農地について，環境への負荷を軽減し，土壌の健全性を高めながら持続的に確保していくことが重要である。しかしながら，中山間地域を中心として，農地の集積・集約化，新規就農，軽労化のためのスマート農業の普及等のあらゆる政策努力を払ってもなお，農地として維持することが困難な農地が，今後増加することが懸念される。」

　日本では，2005年に初めて人口が減少に転じた以降，耕作放棄地の増加が続いた。これまで耕作放棄地再生利用緊急対策交付金といった助成を行ってきたが，荒廃農地化に歯止めがかからない状況にある。荒廃農地化に対する見直しを検討すべき時期にある。農地として維持することが困難な耕作放棄地を自然へ還す対応が必要になってきている。農業者の高齢化等に伴い，中山間地や条

16　本報告書は，下記から入手可能。
　　https://www.maff.go.jp/j/study/tochi_kento/attach/pdf/index-121.pdf
　　本書で引用したのは，同報告書P.14からのものである。

件不利地を中心に再利用困難な荒廃が増加している。農地が放棄されると，自然の遷移が進み，動植物が生息できなくなり，荒廃農地が野草地化することで，周囲の農地に病害虫や野生鳥獣を引き起こすといったリスクにつながりかねない。また，近隣のうちに野草の種子が飛散するなど，様々な弊害をもたらすこととなる。

環境保全型農業に取り組む農業者を支援し，耕作放棄地に対して地域振興へもつながるような対応（例えば，養蜂業，茶草場農法[17]などへの利用）について検討が続けられている。様々な対応の方向性は，梶原宏之，楠戸建が次の類型に整理している[18]。

a	農地をほぼ諦めて，里山にする
b	文化的景観保全のために野焼きを維持する
c	生物多様性保全のために土地の用途を転換する
d	農地を諦めて原自然へ還し，管理する
e	農地を諦めて原自然へ還す
f	そのまま放棄する

⑷ 生物多様性の意義と生態系の現状

生態系と生物多様性との関係について考えてみたい。

生物群集の中では，食物連鎖や様々な種間の相互作用が存在する。また，生物種は，光，水分，栄養塩類などの様々な資源を利用して物質を生産している。多様な生態系がセットで存在することや，生物多様性の高い生物群集においては，例えば，特定の種の消滅や生態系の変化の影響は，生態系及び生物の多様性よって，全体として緩和される。また，生態系を構成する個々の種は資

17　野草地で刈られた草を茶園の畝間に敷き込むことで良質な茶栽培に活かす農法。伝統的な農法と，文化や景観，生物多様性などが組み合わさって世界農業遺産（GIAHS）に認定されている。

18　梶原宏之，楠戸建「耕作放棄地再生手法の類型と地域振興」矢部光保編著『自然再生による地域振興と限界地農業の支援—生物多様性保全施策の国際比較』（2023年，筑波書房）第1章 P.7。

源利用の様式が異なるために，多様性の高い群集ほど，全体として効率よく資源を利用でき，生産性も向上することが報告されている。このような関係から，生態系の安定性や生態系機能の維持に生物多様性が重要な役割を果たしている。逆に，生態系の多様性が生物多様性を維持するのにも貢献している。このように，生物多様性と健全な生態系の機能の維持との間には密接な関係がある。つまり，生物多様性の喪失は，生態系の劣化を意味し，生態系サービスの悪化を示すバロメータとみなすことができる。われわれが生態系サービスを持続的に得ようとすると，安定的な生態系の存続，生物多様性の維持・向上に努めなければならないこととなる。

　かつて絶滅危惧種の保護という形で，自然保護や種の保全運動が市民活動の中心となり展開されてきたが，現在進行している種の絶滅スピードは，もはや個別の種への対策で対処できるレベルではない。生態系そのものを守る必要がある。このような認識から，1980年代の半ば頃から，環境保全運動は絶滅危惧種の保全から生態系レベルの保全へと焦点が移っている。つまり，「絶滅危惧種」に代わる自然環境保全のシンボルとして「生物多様性」という概念が定着している。

　われわれの暮らしは食料や水の供給，気候の安定など，生物多様性を基盤とする生態系から得られる恵みによって支えられている。

　生態系サービスについて，国連の主導で行われた「ミレニアム生態系評価（Millennium Eco-system Assessment：MA）[19]」では，「供給サービス」「調整サービス」「文化的サービス」「基盤サービス」の4つに分類して評価が実施された（4つのサービスの意味については，コラム2の**図表①**を参照）。

　また，「生態系と生物多様性の経済学（The Economics of Ecosystem and Biodiversity：TEEB 2010）」のレポートの中では，「生態系サービス」とし

19　国連ミレニアム生態系評価は，アナン事務総長（当時）の提案により行われたもので，地球の生態系から得られる生態系サービスと人間の福利との関係について，過去と現在の状況を調査し，政策決定者のための指針とするため，2,000名以上の科学者が参加して2001年から2005年にかけて実施された。

て，「供給サービス」「調整サービス」「生息・生育サービス」「文化的サービス」の分類がなされており，MA の分類を基本としつつ，基盤サービスの代わりに「生息・生育地サービス」を追加している。

　1972年にローマクラブが発表した『成長の限界』は，人口増加と経済成長が資源枯渇と環境汚染を招くという破壊的なシナリオをシミュレーションで描き出して，成長信仰に対して警鐘を鳴らした[20]。

　ウィリアム・リースとマティス・ワケナゲルによって提唱された[21]，エコロジカル・フットプリント（Ecological footprint）は，「ある特定の地域の経済活動，またはある特定の物質水準の生活を営む人々の消費活動を永続的に支えるために必要とされる生産可能な土地および水域面積の合計」のことで，人間の生態系に与える負荷を表す指標である。つまり，地球に人間は何人住めるのだろうか？　といった視点から，人間1人が消費するすべての物質を，それを得るのに必要な土地面積に換算して表したものである。耕作地，牧草地，森林，海洋，市街地，化石燃料の6項目について計算し，合計した数値である。例えば，食料を生産するための農地や海の面積，化石燃料は炭素量に換算しそれを吸収する植生面積としている。

　2020年のエコロジカル・フットプリントによれば，世界全体で現在の消費水準を保つためには地球が1.6個分必要という計算となった。言い換えれば，現在，自然の再生能力であるバイオ・キャパシティを6割超えて人類が生態系を利用していることとなる。これは，自然の再生能力を上回って自然を酷使するエコロジカル・オーバーシュートの状況にある[22]ことを意味する。

　つまり，地球規模の「自然の負債」が隠れた経済的負債となっているが，政府予算，企業のバランスシート，金融リスクの枠組みからはほとんど見えなく

20　Meadows, D.H., Raeders, J., and Meadows, D.L., (1972) *The Limits to Growth*, Potomac Associates-Univers Books.（大来佐武郎監修『成長の限界』1972年，ダイヤモンド社）

21　Wackernagel, M. and Rees, W.E. (1996) *Our Ecological Footprint : Reducing Human Impact on the Earth*, Gabriola Island, BC, and Philadelphia, New Society Publishers. (1997) "Perceptual and structual barrriers to investing in natural capital : Economics from an ecological footprint perspective", *Ecological Economics*, 20(1), pp.3-24.

22 第1章 環境保全と企業の責任

なっている。これまでの経済発展は，自然資本が外部経済となっている結果，経済取引との関係で自然資本が毀損されようが価格に反映されなかったために発生したものとも考えられる。

　世界経済フォーラム（World Economic Forum：WEF）が2020年に公表したレポート「Nature Risk Rising：Why the Crisis Engulfing Nature Matters for Business and the Economy」によると，世界の総GDPの半分以上に相当する約44兆ドルの経済的価値の創出が，自然資本に依存しているものと推計されている。

　一方，生物多様性に目を転ずると，生物多様性の喪失が急速に進んでいることが懸念されている。生物多様性及び生態系サービスに関する政府間科学―政策プラットフォーム[23]（Intergovernmental Science-Policy Platform on Biodiversity and Ecosystem Services：IPBES）は，2019年に公表した生物多様性と生態系サービスに関する地球規模評価報告書の中で，推計100万種が既に絶滅の危機に瀕していること，地球上の種の現在の絶滅速度は過去1,000万年平均の少なくとも数十倍，あるいは数百倍に達していて，適切な対策を講じなければ，今後さらに加速する危険があることを指摘している。

　IPBESはこうした変化の要因として，人間の活動が大きく関わっていると指摘する。陸域の生態系に対して，特に大きな影響を与えているのが農地拡大である。かつて森林，湿地や草地であった土地の転用が進み，現在，作物栽培か畜産に利用されている土地は，陸地全体の3分の1以上にも及ぶ。海洋の生態系に対しては，魚介類の直接採取（特に乱獲）が最も深刻な影響を及ぼしている。このように，20世紀半ば以降，人間は「歴史上かつてない速さと規模で

22　自然資本の保全（投資）が十分でない中での使用拡大の結果生じた国・地域単位の自然資本の不足分は，資源を輸入するか，国内の自然を消費し続けることによってのみ埋め合わせることとなる（自然資源の赤字）。しかし，地球全体で自然が有限であることから，この赤字は結果的に，商品価格の高騰，雇用の喪失，資源不足など，社会経済および環境に大きな影響を及ぼすこととなる。

23　IPBESは，生物多様性と生態系サービスに関わる科学と政策のつながりを強化する政府間のプラットフォームとして2012年4月に設立された政府間組織で，2022年8月現在，約140か国が参加している。

生態系を改変」し，それ以前の改変と合わせると，もはや「地球上のすべての生態系が実質的に改変されてしまった」といわれている。

　日本では，生物多様性及び生態系サービスの状況について，生物多様性及び生態系サービスの総合評価（Japan Biodiversity Outlook：JBO）が実施されている。2016年の第2回の総合評価では，日本の生物多様性及び生態系サービスの価値や現状を国民に伝え，生物多様性保全に係る各主体の取り組みを促進するとともに，政策決定を支える客観的情報を整理することを目的として，「生物多様性の損失の要因」「生物多様性の損失への対策」「生物多様性の損失の状態」「人間の福利と生態系サービスの変化」が公表されている。そのうち，損失の要因と損失への対策は，「生物多様性の危機」別に，生態系別の損失の状態，人間の福利ごとに生態系サービスの評価が行われている。生物多様性と生態系サービスの総合評価は次のとおりである。

　生物多様性の概況については，前回評価時点である2010年から大きな変化はなく，依然として長期的には生物多様性の状態は悪化している傾向にある。その主要因についても，前回と変わらず，「第1の危機（開発・改変，直接的利用，水質汚濁）」「第2の危機（里地里山等の利用・管理の縮小）」「第3の危機（外来種，化学物質）」及び「第4の危機（地球規模で生じる気候変動）」が挙げられる，としている。

　このような生態系の特徴を踏まえて，日本の生物多様性国家戦略においては，「生物多様性の維持，回復と持続可能な利用を通じて，わが国の生物多様性の状態を現状以上に豊かなものとするとともに，生態系サービスを将来にわたって享受できる自然共生社会を実現する」ことを長期目標として掲げている。

　自然資本の劣化に伴う対応の必要性を整理すると，**図表1-4**のとおりである。

　自然資本の保全には，投資が必要である。国内に十分な自然資本が存在しな

図表 1 - 4　自然資本の劣化

地球環境の課題

自然資本（S）（ストック）

- 自然資本が提供するサービス
- エコロジカルフットプリント（G）（供給フロー）
- 自然資本を利用する＝インパクト（I）（需要フロー）

（エコロジカルフットプリントは、「人間が自然環境に依存している度合いをわかりやすく示した指標。ヒト1人が持続可能な生活を送るのに必要な量を自然環境の面積で表したもの。）

世界経済フォーラムの報告によると、世界のGDPの15%が自然資本に大きく依存しており、37%が「相当依存」している。利用後の自然の復元力を上回る需要によって自然資本が劣化。エコロジカルフットプリントは、人口の絶対数に依存。高所得の国ほどフットプリントが大きい。

地球の限界→持続可能な開発にとって喫緊の課題

インパクト（I）＞エコロジカルフットプリント（Gs）

IPBES（生物多様性版のIPCC）は、ここ数十年でSが減少し、I/Gが1.6に拡大したと報告

自然資本（ストック）は有限。利用後の自然の復元力を上回る需要によって自然資本がさらに劣化。

- 地球システム（大気、陸域、陸水域、海域）の変調

- 自然資本の毀損 → 臨界点を超えると生態系リスク、気候変動リスクが今までとは異なる次元に移行する恐れ（レジームシフト）がある → そうならないように緩和、保全、回復、再生。適応策を総合的に講じる必要がある（減少から回復へNP）。

- 自然保全と経済発展の両立（自然資本、人工資本（インフラ等）、人的資本の効果的な活用の検討）

- 事業会社の戦略的ビジネスモデルの変革、金融のファイナンス機能、保険業の補償機能におけるイノベーションの必要

気候と自然のつながり（Climate-Nature Nexus）

経済活動

- 人口増加（国連による2080年に100億人）
- ダムの建設 → 水資源の確保（含、農業用水）
- 食料増加の必要 → 農地の拡大 → 化学肥料の使用
- 森林（CO2固定・吸収）の減少 → 生物生息地の変化
- CO2濃度上昇 → 気温上昇
- 温暖化の進展→気温上昇
- 水の流れ、生物生息地の分断
- 自然災害の激甚化
- 生物多様性損失の拡大（相互依存している各種の減少）→（その連鎖）への対応策強化
- カーボンニュートラルとネイチャーポジティブの同時対応

気候変動への適応、緩和策、適応策の強化

自然資本の毀損の抑止、循環経済の推進（CE）
→環境外部性の存在（タダで使えるその種の需要が過剰になる（オーバーシュート：超過利用状態））。無駄な生産（例えば、食料廃棄）、自然資本枯渇の阻害（分解などして自然に戻さないプラスチック汚染等）、補助金などによる負の環境外部性の増幅といった課題への対策が必要。

エネルギー政策の転換
→再生可能エネルギーの拡大

脱炭素社会の実現（GX）

人口増加 → 豊かな社会の実現 → 経済の生産性向上の必要 → エネルギー革命 → 化石燃料の使用拡大 → CO2の排出拡大

い場合には，国内の自然を枯渇するまで消費し続けるか，消費の不足分を輸入することになる。つまり，「自然資源の赤字」ということになる。地球全体で，生物多様性保全のために必要な資金だけでも，2030年までに年間7,220億～9,670億米ドルになると推定されている[24]。

WEFが毎年公表する「グローバルリスク報告書」においても，今後10年間の最も重大なリスクとして，2020年以降，生物多様性の喪失がトップ5に入っている。最近の報告書（2022版）においても気候関連の項目と生物多様性関連の項目がトップ3を占めており[25]，気候変動と並び生物多様性への対策が必須であるとの共通認識がある（**図表1-5**参照）。

(5) 生態系サービスの経済的評価

米ロバート・コスタンザ博士（メリーランド大学）が，1997年の論文「生態系サービス」の中で，生態系サービスを貨幣価値に換算すると最高で54兆ドル（約4,300兆円）と試算した。当時の世界全体のGDPの2～3倍に相当する。その後，2014年にコスタンザは，1997年と2011年を比較し，森林破壊などの土地利用変化で失われた生態系サービスの金額を4.3～20.2兆ドルと見積もっている。この論文は，当時その額の多寡に関する議論を呼んだが，コスタンザにとっては，数字自体よりむしろ，経済的意思決定において自然資本を十分考慮しなければならない，と警鐘を鳴らすことに主目的があった。その後，2001年に国連がミレニアム生態系評価を公表した。またIPBESは，2019年に「生物多様性と生態系サービスに関する地球規模評価報告書」の中で生物多様性の損失を引き起こす直接的な要因を公表した。2020年に生物多様性条約事務局は「地球規模生物多様性概況第5版（GBO5）」を公表し，生物多様性損失要因への対応や保全再生の取り組みについて報告している。同報告では，自然は，人類の生存と良質な生活に不可欠で，自然の寄与（Nature Contribution to

---

24 Global Footprint Network, National Footprint and Biocapacity Accounts 2023
https://www.footprintnetwork.org/licenses/public-data-package-free/
25 https://www3.weforum.org/docs/WEF_The_Global_Risks_Report_2022.pdf

図表1−5　トップリスクの変遷

上位5リスク：発生する可能性順

	2008	2009	2010	2011	2012	2013	2014
1	資産価格の暴落	資産価格の暴落	資産価格の暴落	ハリケーンとサイクロン	深刻な所得格差	深刻な所得格差	所得格差
2	中東情勢不安	中国経済の減速（6%以下）	中国経済の減速（6%以下）	洪水	慢性的な財政の不均衡	慢性的な財政の不均衡	異常気象
3	失敗国家	慢性疾患	慢性疾患	政治腐敗	温室効果ガスの排出増加	温室効果ガスの排出増加	失業と不完全雇用
4	原油・天然ガス価格の急騰	国際的なガバナンス・ギャップ	財政危機	生物多様性の減少	サイバー攻撃	水危機	気候変動
5	先進国における慢性疾患	新興国におけるグローバル化の後退	国際的なガバナンス・ギャップ	気候変動	水危機	高齢化への誤った対応	サイバー攻撃

	2015	2016	2017	2018	2019	2020	2021
1	地域情勢に悪影響を与える国家間対立	大規模な非自発的移住	異常気象	異常気象	異常気象	異常気象	異常気象
2	異常気象	異常気象	大規模な非自発的移住	自然災害	気候行動失敗	気候行動失敗	気候変動への適応（あるいは対応）の失敗
3	国家統治の失敗	気候変動に対する緩和策・適応策の失敗	大規模な自然災害	サイバー攻撃	自然災害	自然災害	人為的な環境災害
4	国家の危機または崩壊	地域情勢に悪影響を与える国家間対立	大規模なテロ攻撃	データの偽装・盗難	データの偽装・盗難	生物多様性の損失	感染症
5	構造的失業または不完全雇用の増加	大規模な自然災害	データの大規模な偽装または盗難	気候変動に対する緩和策・適応策の失敗	サイバー攻撃	人為的な環境災害	生物多様性の喪失

注　新たなリスク要因の出現やリスク間の関連性の変化によりグローバル・リスクの定義は常に更新されているため，時系列で厳密な比較は困難である。

（出典）WEF 2007-2021, Global Risks Report より

経済　環境　地政学　社会　■ テクノロジー

上位5リスク：影響の大きさ順

	2008	2009	2010	2011	2012	2013	2014
1	資産価格の暴落	資産価格の暴落	資産価格の暴落	財政危機	金融システムの破綻	金融システムの破綻	財政危機
2	先進国におけるグローバル化の後退	先進国におけるグローバル化の後退	先進国におけるグローバル化の後退	気候変動	水資源供給の危機	水資源供給の危機	気候変動
3	中国経済の減速（6%以下）	原油・天然ガス価格の急騰	原油価格の急騰	地政学的な対立	食糧危機	慢性的な財政の不均衡	水資源危機
4	原油・天然ガス価格の急騰	慢性疾患	慢性疾患	資産価格の暴落	慢性的な財政の不均衡	大量破壊兵器の拡散	失業と不完全雇用
5	感染症の世界的な流行	財政危機	財政危機	エネルギー価格の急激な変動	エネルギー・農作物価格の急変	気候変動に対する緩和策・適応策の失敗	重要な情報インフラの機能停止

	2015	2016	2017	2018	2019	2020	2021
1	水資源危機	気候変動に対する緩和策・適応策の失敗	大量破壊兵器の拡散	大量破壊兵器の拡散	大量破壊兵器の拡散	気候行動失敗	感染症
2	伝染病の急速かつ大規模な流行	大量破壊兵器の拡散	異常気象	異常気象	気候行動失敗	大量破壊兵器	気候変動への適応（あるいは対応）の失敗
3	大量破壊兵器の拡散	水資源危機	水資源危機	自然災害	異常気象	生物多様性の損失	大量破壊兵器
4	地域情勢に悪影響を与える国家間対立	大規模な非自発的移住	大規模な自然災害	気候変動に対する緩和策・適応策の失敗	水危機	異常気象	生物多様性の喪失
5	気候変動に対する緩和策・適応策の失敗	深刻なエネルギー価格ショック	気候変動に対する緩和策・適応策の失敗	水資源危機	自然災害	水危機	天然資源危機

注　新たなリスク要因の出現やリスク間の関連性の変化によりグローバル・リスクの定義は常に更新
　　されているため，時系列で厳密な比較は困難である。
（出典）WEF 2007–2021, Global Risks Report より

28　第 1 章　環境保全と企業の責任

■ 経済　■ 環境　■ 地政学　■ 社会　■ テクノロジー

今後10年間で最も深刻なリスク

	2022	2023	2024
1	気候変動への適応（あるいは対応）の失敗	気候変動の緩和策の失敗	極端な異常気象
2	異常気象	気候変動への対応策の失敗	地球システムの甚大な変化
3	生物多様性の喪失	自然災害と極端な異常気象	生物多様性の喪失や喪失の生態系の崩壊
4	社会的結束の新色	生物多様性の喪失や喪失の生態系の崩壊	天然資源危機
5	生活破綻（生活苦）	大規模な非自発的移住	誤報や偽情報
6	感染症の広がり	天然資源危機	AIテクノロジーの苦影響
7	人為的な環境災害	社会的結束の新色と二極化	非自発的移住
8	天然資源危機	サイバー犯罪の拡大とサイバーセキュリティの低下	サイバーセキュリティの低下
9	債務危機	地経学上の対立	社会の二極化
10	地経学上の対立	大規模な環境破壊事象	汚染や公害

（出典）WEF 2022–2024, Global Risks Report より

People：NCP）の大部分は完全に代替することはできない点を指摘し，警鐘を鳴らしている。

　ほとんどの生態系サービスは市場で取引されていないので，市場価格に基づいてその価値を評価することはできない。そこで，市場価格以外の情報に基づいて価値を評価する環境評価手法（非市場評価法）が，環境経済学の分野で開発されてきた。

　環境価値評価に関する研究は1960年代から開始され，これまでに膨大な研究が蓄積され，手法の洗練化が行われてきた。しかし，生物多様性に関連する経済価値評価が開始されたのは1990年代であり，本格的に研究が行われたのは2000年代以降のことであるといわれている。そのため，世界的に見ても研究蓄積は多くはない。生物多様性は，地球温暖化の要因がGHG排出量へ収斂するのとは異なり，地域によってまったく特性や状況が異なる。そのため，ある国の評価額結果を他の国に適用することも難しい状況にある。さらに，生物多様性や生態系に関する価値認識は人によって様々である。生物多様性の価値評価についてはまだ形成途上にあり，必ずしも明確な枠組みが構築されているとはいえない。

　環境経済学では，その価値の性格を「利用価値」と「非利用価値」に分けて考える。「利用価値」とは，人々が森林を直接または間接的に利用することで得られる価値のことである。「直接的利用価値」は木材生産等のように森林を市場財として消費することで得られる価値である。
　「間接的利用価値」は市場財として消費することはないが，森林を訪れて美しい景観を眺めることで森林を間接的に利用する場合に得られる価値のことである。例えば，屋久島のように生物多様性の高い地域が特有の景観を構成し，それを目的に人々が訪れるような場合には，生物多様性の保全によって景観価値が発生する。しかし，熱帯林の奥地のように観光客がほとんど訪れない場所では，生物多様性を保全しても間接的利用価値はほとんど発生しないこととなる。

「オプション価値」とは，現在は利用しないが将来利用するかもしれないので森林を保存しておくことである。熱帯林には多数の植物が生息しており，その中には現在は利用されていないものの，将来は医薬品として利用できる可能性のある植物も存在するかもしれない。しかし，熱帯林が開発によって失われてしまうと，医薬品として利用するチャンスも失われてしまうので，熱帯林の遺伝資源を守るべきとの意見が見られる。この場合，オプション価値が発生していると考えられる。

「非利用価値」には「遺産価値」と「存在価値」がある。「遺産価値」とは自分自身が環境を利用することはないが，将来世代に今ある環境を残したいと考えるときに発生する価値である。例えば，屋久島は生物多様性が高いことから世界自然遺産に指定されているが，世界自然遺産とは祖先から受け継いだ貴重な自然を将来世代に遺産として残すことを目的としていることから，世界自然遺産は遺産価値としての性質が強いものである。そして，現在世代も将来世代も利用しないとしても，生物種を絶滅させるべきではないと考える人は多い。また，森林には GHG を吸収して地球温暖化を防ぐ役割があるが，温暖化防止のために森林を整備したとき，その恩恵は現在世代ではなく将来世代で発生することから，森林の温暖化を防ぐ役割は遺産価値に属するといえる。

「存在価値」は，自分自身も将来世代も利用することはないかもしれないが，そこに森林が存在すること自体が価値を持つ場合に発生する。

評価手法は，顕示選好法（Revealed Preferences：RP）と表明選好法（Stated Preferences：SP）に大別される。顕示選好法とは，環境が人々の経済活動に及ぼす影響を観測することで間接的に環境の価値を評価する方法のことである。代替法，トラベルコスト法，ヘドニック法などが含まれる。一方の表明選好法とは，環境の価値を人々に直接尋ねることで評価する方法のことである。仮想評価法（Contingent Valuation Method：CVM）とコンジョイント分析などが含まれる。その概要は**図表 1-6** のとおり整理される。

1　地球環境問題が提起する変革　　31

図表1－6　環境の経済的評価方法

評価手法	顕示選好法			表明選好法	
	代替法	トラベルコスト法	ヘドニック法	CVM	コンジョイント分析
内容	環境財を市場財で置換するときの費用をもとに環境価値を評価	対象地までの旅行費用をもとに環境価値を評価	環境資源の存在が地代や賃金に与える影響をもとに環境価値を評価	環境変化に対する支払意思額や受入意思額を尋ねることで寛容価値を評価	複数の代替案を回答者に示して，その好ましさを尋ねることで環境価値を評価
適用範囲	利用価値　水源保全，国土保全，水質などに限定	利用価値　レクリエーション，景観などに限定	利用価値　地域アメニティ，大気汚染，騒音などに限定	利用価値及び非利用価値レクリエーション，景観，野生生物，生物多様性，生態系など非常に幅広い	利用価値及び非利用価値レクリエーション，景観，野生生物，生物多様性，生態系など非常に幅広い
利点	必要な情報が少ない　置換する市場財の価値のみ	必要な情報が少ない　旅行費用と訪問率などのみ	情報入手コストが少ない　地代，賃金などの市場データから得られる	適用範囲が広い存在価値やオプション価値などの非利用価値も評価可能	適用範囲が広い存在価値やオプション価値などの非利用価値も評価可能
問題点	環境財に相当する市場財が存在しない場合は評価できない	適用範囲がレクリエーションに関係するものに限定される	適用範囲が地域的なものに限定される　推定時に多重共線性の影響を受けやすい	アンケート調査の必要があるので情報入手コストが大きいバイアスの影響を受けやすい	アンケート調査の必要があるので情報入手コストが大きい　バイアスの影響を受けやすい，最新の手法のため研究蓄積が少なく，信頼性が不明

（出典）栗山浩一『公共事業と環境の価値―CVM ガイドブック』（1999年，築地書館）及び『環境の価値と評価手法―CVM による経済評価』（1998年，北海道大学図書刊行会）p.151

生物多様性への評価について考えてみたい。

顕示選好法は非利用価値を評価できない。例えば，絶滅危惧種を保全することで生物多様性を守る対策の価値を評価する場合，生物種の絶滅を人工物で代替することは不可能なので代替法では評価できない。また，熱帯林を訪問したことのない人であっても熱帯林の生物多様性を守りたいと考えている人がいた場合，生物多様性は訪問行動とは関係しないのでトラベルコスト法では評価できない。そして，生物多様性の損失の影響は地球的規模で発生することから住宅選択行動には影響が見られず，ヘドニック法で評価できない。このように，生物多様性の価値を評価する際には，非利用価値を評価する表明選好法を用いることとなる。事実，これまでの生物多様性の経済価値を評価する手法は，ほとんどCVM，コンジョイント分析，選択実験などの表明選好法が採用されている。

CVMの場合，生物多様性を守るための具体的な保全政策を回答者に示し，この保全政策を実施するためにいくら支払うかを尋ねることで生物多様性の価値を金銭単位で評価することが可能である。コンジョイント分析の場合は，生物多様性の保全政策に関して複数の代替案を回答者に示して，どれが好ましいかを尋ねることで各代替案別に生物多様性の価値を評価することが可能である。ただし，これらの手法はアンケートを用いることから，調査票や調査手順に問題があるとバイアスが発生して評価額の信頼性が低下する恐れがあることに注意が必要である。

コラム1 システム思考

本コラムでは，システム思考（Complex systems thinking）の概要について紹介する。そして，今後企業が自然システムと人間活動からなる社会システムとの間に生じる社会生態系の課題に対して適切に対処するためにも，システム思考をどのように活用すればよいのかを考えてみたい。

システムの特徴

システムは，各要素が関係を持って全体を構成している。各要素は相互に作用し，この相互作用によって個々の要素の機能よりも大きな機能を発揮し，個々の要素の機能とは異なる機能も発現する，と説明される。システムの要素を決める際，システムの境界を決め，システムの内側にある要素を抽出する必要がある。ロジックツリーなどの手法を使って，重要な要素を漏れなく抽出するといった作業が行われる。

人工的なシステムを作ったり，自然のシステムに人工的に介入を施す際，何を達成させたいのか，その目的は何かを明確にする必要がある。このように，システムの目的を定めて，必要な要素を明らかにし，要素間の関係を考えることをシステムアーキテクチャーと呼んでいる。これを分析する方法として，例えばPLETECHが使われている。これは，発災によってシステムのコンテキストが極度に変化してしまうことを網羅的に分析する方法で，政治（Politics），法律・規制（Law/Legal），経済（Economics），技術（Technology），環境（Environment），文化（Culture），人間（Human）の7つの視点に着目して分析する枠組みである。

既存のシステムへ何らかの介入をしようとする際には，システムの構造を明らかにし，要素間でどのような影響が及ぼされているのか，複数の要素の関係が平衡をもたらすのか，増強をもたらすのか，について理解が深まる。そして，要素間の影響について相互の因果関係を知ることによって，システムの動態的な状況の特徴を理解できるようになる。

システム思考の必要性

複雑なシステムにおける課題に取り組んだとき，短期的には効果があったが，長期的には事態を悪化させる意図せざる結果になったという失敗経験はよくある。また，うまくいかなくなったとき，最初うまくいったのだから，やり足りなかったものと勘違いしてその対処療法を繰り返すといった間違いを犯すこともある。人は，現状から得られる便益を保ちながら，変化した場合の便益も実

現したいと考える傾向があるが，このような理想的な解決策は存在しないケースが多い。

　現在のシステムで発生している現実の問題点は，既存のシステムから起こるべくして起こっていることも多く，応急処置によって短期的な症状の緩和を図ろうとしても，長期的視点ではシステム自体が現状維持に終わり，根本的な問題解決にはつながらないケースも多い。換言すれば，真の対応策の論議を進めるためには，現在のシステムから得ている利益を手放し，システムの構造自体に変化をもたらすような根本的対応を検討しなければならない。

　システム思考とは，複雑なシステムにおけるつながりを含む全体像について大局の流れを掴みシステムの本質的な構造を理解することによって持続的な成果をあげようとする考え方であり，社会的課題へのアプローチに有効だといわれている。その理由は，通常の問題解決によく使用されるアプローチは，課題の原因を絞り込んで対処するというものであるが，課題部分に焦点を当て，それを最適化しようとする。これは，線形の思考法と呼ばれるもので，例えば，手を切ったので傷口が治るように絆創膏を貼るというような因果関係が明白な問題の場合は有効である。しかし，因果関係が明白でなく，複雑かつ慢性的な社会問題や環境問題においては，顕在化している課題への応急処置はかえって予期せぬ結果をもたらしかねない。長期的には何も変わらないか，事態が悪化することさえ起こりうる。つまり，症状への対処に留まっていると，根本的な問題での解決にはつながらず，意図せざるマイナスの結果を生んだり，長期的なインパクトによって短期的な効果が徐々に損なわれていくことが起こりうる。このような課題への対応には，課題に関する状況について，要素間の相互のつながりをよく理解するために，システム全体を見るレンズが必要となり，システム思考が有効といわれている。

　失敗の原因の１つとして，システムの持つ動態的（ダイナミック）な構造をよく理解していなかったことを挙げることができる。システムの構造を理解するために利用されるシステム原型の概念がある。これは，自己強化型ループ，バランス型ループと呼ばれるもので，それらの組み合わせで複雑なシステムが構築されているものと考える。

　このように，システム思考では，システム原型を使って描写した上で，システム原型間の配線を変えることによってどのような変化が起こるかを検討する。また，システムが変容するのにたくさんの変化が必ずしも必要というわけではなく，むしろ有効な介入点（レバレッジ・ポイント）と呼ばれるものを抽出し，その変化を実現するために，時間をかけて取り組むことが全体を変えることにつながることも認識されている。

システム思考の概要

　システム思考について，ドネラ・H・メドウズは次のとおり説明している。

　「システムとは，何かを達成するように一貫性を持って組織されている，相互につながっている一連の構成要素である。システムの構造とは，互いに連動しているストック，フロー，フィードバック・ループを箱と矢印で表現したものである。システム思考は，出来事と，その結果としての挙動との関係をシステム構造とのつながりで理解しようとする[注1]。」

　あらゆるシステムは常に変化している。好循環の時期もあれば悪循環に陥ることもある。目の前に見える現象にのみ囚われて対処療法を繰り返していても根本的な解決につながらない。このように，システムの特徴は基本的に不安定なことである。つまり，均衡から離れようとする仕組みがあり，均衡から離れようとした場合，小さな差異や効果が自己組織化し，成長への力となり，他との大きな差をもたらすことがある。現象が増幅して，悪循環や好循環を生み出し，放っておけば爆発的な成長や崩壊がもたらされるといった増大がさらなる増大を生む。このような動きのことを，「自己強化型ループ」と呼ぶ。しかし，このループは永続するわけではなく，限界を持っている。システムの暴走や内部崩壊を防ぐ働きをする。これまでよい方向に進んでいたものが限界に直面したときシステムは，短期的もしくは長期的にその限界を回避できるやり方を見つけるかもしれないが，最終的にはある種の適応が起こる。システムがその制約に合わせるか，制約がシステムに合わせるか，または互いが互いに合わせたりする様子が観察される。この制約として機能するのが，「バランス型ループ」である。どんなシステムにも2種類のフィードバック・ループがあり，これらのフィードバック・ループは，ストックとフローを結ぶ要素となる。

システムダイナミクスの視点

　永遠に成長し続けられる物理的なシステムは現実には存在しない。世の中の仕組みをフローとストックの変化の関係で捉え，その全体の構造を理解しようとするシステムダイナミクスの研究が1950年代から社会科学分野で展開されてきた。その目的は，ビジネスの成長や衰退，景気や在庫の循環，問題解決の成否など，ビジネスで起こる様々な現象について，その底辺を流れるパターンやそのパターンを形づくる構造をシステム的に捉えることによって，ビジネスを成功させるための洞察力を高めていくことにあった。ダイナミックなシステムに関する研究は，何が起こるかを予測するためのものではなく，数多くの原動

（注1）　ドネラ・H・メドウズ『世界はシステムで動く―いま起きていることの本質をつかむ考え方』（枝廣淳子訳，小田理一郎解説，2015年，英治出版）P.32，144，145。

力となる要因が様々なやり方で展開される場合に，何が起こりうるかを模索するためのものであるといわれる。今起こっている，そして今後起ころうとしている事態に適切に対処するためには，システムがいかにして脆弱になり破綻するのかを構造的に理解することが重要である。

システム全体のパフォーマンスを最大化するためには，関係者たちは，システムにおける自分たちの部分を最適化しようとする方向から，その構成要素間の関係性を改善する方向へと行動を変える必要がある。そのためには，システムの構造[注2]やシステムが現在どのように作用しているのか，今後変化しようとする方向やそのように動かしている原因を多面的に理解することを助け，システム全体のパフォーマンスを修正するための重要な要素を洞察する助けとなるシステム思考が必要となる。

デイヴィッド・ピーター・ストローが，システム原型の特徴と，気候変動の悪循環の構造について説明しており参考になるので，**図表①・②**にそれぞれ紹介しておきたい。

自然システムとシステム思考

自然界は複雑なシステムであるが，単純に入り込んだシステムではなく，複雑適応系のシステムであるといわれている。よく使われる比喩として次のような説明がある。仮にシステムが歯車（Cogu）でつながった複雑な構造（コグ・ワールド）であったとしても，大小様々な歯車がすべて連結されているとするなら，何らかの外的変化によってある歯車の回転速度が変えられたとしても，

（注2） デイヴィッド・ピーター・ストローは，慢性的かつ複雑な「問題の根本原因は，その根底にあるシステム構造—その部分間に存在する，循環し，相互につながり合った，そして時間的遅れもありうる多くの関係—に見出せるだろう」と指摘し，目に見えやすい出来事や傾向とそれを形成している，根底にあるシステム構造を区別することの重要性について氷山モデルを引き合いに出し次のとおり説明している。「システム思考でよく使用される氷山モデルを使って説明するならば，われわれの目に見える出来事レベルと，時間の経過に沿って多くの出来事をつなげた傾向やパターンとを区別し，さらに深く掘り下げ，この根底にあるシステム構造（氷山の90％を占める見えない部分であり，傾向や出来事を形成るのに最も大きな悪影響をもたらすもの）を明らかにする。システム構造には，パフォーマンスを形成するプレッシャー，施策や政策，権限の動態などの目に見えやすい要素が含まれる。また，認識（人がそのシステムについて本当だと信じている，または想定していること）や目的（人々の挙動を誘導する意図）など，目に見えにくい力も含まれる。人々の洞察のレベルが深くなればなるほど，その人たちがシステムの振る舞い方を変える可能性が大きくなる（デイヴィッド・ピーター・ストロー『社会変革のためのシステム思考実践ガイド』（小田理一郎監訳，2018年，英治出版，P.78，79））。

連結されているすべての歯車の回転速度が応分に変化していくため，外的変化によってもシステムを構成する各要素自体の特性は変化せず，線形的に将来の動きを予測できることになる。

　一方，システムが多数の虫（Bug）で構成されていた場合には，全体が相互に関わり合っていたとしても，外的変化に対する反応は個体差がありばらついた応答になる。そして，この行動の違いがシステム全体を改変（自己組織化）していく可能性もある。このような複雑適応システム（バグ・ワールド）の変化は非線形となり予測が困難となる。このようなバグ・ワールドに対して，コグ・ワールドに適合する線形的予測に基づく対応を行うことは危険であることがわかる。バグ・ワールドのシステムをコグ・ワールドのように要素ごとに管理したり，短期的変化にのみ着目して管理しようとすると，問題解決ができず予想外の結末を招くケースがある[注3]。

　ここで，生態系サービスの変化の分析にシステム思考を適用する場合のアプローチを考えてみたい。まず生態系サービスを自然というストックから供給されるフローとして捉える必要がある。その上で，ストックとしての生態系自体の状況変化がフローとしてのサービスにどのような影響を及ぼしているのかを観察しなければならない。生態系は1つの複雑なシステムであるが，システム思考の知見を反映させれば，フィードバック・ループがどのような状況になって現在の変化が生じているかを確認していくこととなる。生態系の状況は個々に異なっているため，生態系サービスへの対応の検討も個別具体的に考えていくこととなる。現在の生態系の変化が，自己強化型ループから始まり，やがて限界，つまりバランス型ループにぶつかっているために起こっている変化だとする。その場合，その限界をもたらしているより大きなシステムに関連する要因を見つけ出すことが，生態系サービス改善のための対応策を示唆することとなる。

地球環境リスクへの応用

　システム思考による理解を踏まえて，企業の気候変動リスクへの対応の検討に応用してみたい。次のアプローチが考えられる。（）の中には，気候変動問題に関係するキーワードを示している。

① 　地球温暖化の構造を長期的視点で据えたときに重要となる要素（GHG の大気中濃度の上昇）に着目し，課題を生み出す仕組みの理解（GHG 排出を伴う

（注3） ブライアン・ウォーカー，デヴィッド・ソルトは，『レジリエンス思考　変わりゆく環境と生きる』（黒川耕大訳，2020年，みすず書房）の中で，各国が取り組んだ自然環境保全への5つの取り組み事例を使って，システム思考の重要性を説明している。

図表① システム原型の特徴

2つの変数AとBの変化の関係を観察する

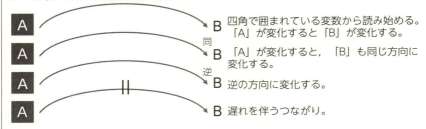

次に両変数間の変化の関係にシステム構造がどのように関与しているかをシステム原型（自己強化型ループ：Reinforcing Loop, バランス型ループ：Balancing Loop）に基づき観察する。

＜自己強化型ループ＞

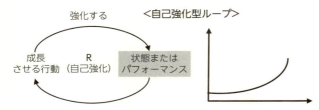

原則1：このループを伴うストーリーは，増幅，好循環または悪循環，急激な増加または減少に関するものである。
原則2：このループ図中には「逆」のつながりが，まったくないか，偶数個ある。

＜バランス型ループ＞

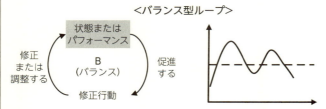

原則1：このストーリーは，バランスをとる，抑制する，制限する，または自己調節するプロセスを物語る。
原則2：このループ図中には「逆」のつながりが奇数個ある。

（出典）デヴィッド・ピーター・ストロー『社会変革のためのシステム思考 実践ガイド』（小田理一郎監訳，2018年，英治出版）P.101，図4-3より。

1 地球環境問題が提起する変革   39

図表② 気候変動の悪循環の構造

大気中の温室効果ガス（GHG）が増加すると，地球システムが気温をさらに上昇させる自己強化型ループが観察される。その結果，地球の平均気温をさらに上昇させるという悪循環が生ずる。
この悪循環には，複数の悪循環が関与しているものと観察される。デイヴィッド・ピーター・ストロー『社会変革のためのシステム思考 実践ガイド』小田理一郎監訳，2018 年，英治出版，P.371 付録 A では，次のループ図を示し，森林ループ，アルベド効果ループ，メタンループ，氷の高度ループ，融氷による水流ループを説明している。

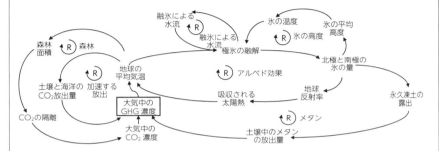

自己強化型の「加速する放出」ループが示すように，GHG 濃度と気温が上昇すると，土壌と海洋が放出する CO_2 がともに増える。森林面積が減少すると，木が保持（つまり隔離）する CO_2 の量が減るので，それによって大気中に放出される CO_2 の量が増える（「森林」ループ）。
さらに，気温が上昇すると北極と南極の氷が解け，それが他の増幅するマイナスの影響をもたらす。北極と南極の氷が減ると，地球が太陽の光を反射する量が減り，それによって吸収される太陽の熱が増え，気温が上がる（「アルベド効果」ループ）。
また，氷が解けると永久凍土が露出することになり，CO_2 よりもさらに有害な温室効果ガスであるメタンが放出される（「メタン」ループ）。
さらには，両極の氷が減ると，氷全体の平均温度が低くなり，それによって氷の温度が上がり，氷の解けるスピードがさらに速くなる（「氷の高度」ループ）。
最後に，氷の融解が及ぼす影響が比較的小さい可能性があるものとして，融氷の生み出す水の流れがあり，これも氷の解けるスピードをいっそう加速させる（「融氷による水流」ループ）。

(出典) Andrew Jones, Climate Interactive, 2015を改変

　経済活動と気候システムの臨界点）とその解決に必要な有効な介入点（レバレッジ・ポイント；脱炭素）に対策を絞る。
② レバレッジ・ポイントへの具体的な選択肢を洗い出し，将来への帰結を予測し（気候シナリオに基づく気温上昇とその影響の予測），緩和策（パリ協定に基づく脱炭素への取り組み），適応策（レジリエンス対応）を検討する。
③ ②の対応の方向性を踏まえて，自社のビジネス・モデルに基づき将来の環境について長期の予測を立てる。
④ 将来の経営環境をシナリオとして予測し，その環境で事業がどのような影響を受け，どのような対応が可能か分析する（シナリオ分析）。
⑤ ④の分析を踏まえて，長期戦略を立て，企業価値へのインパクトを予測する（長期の企業価値分析）。

40　第1章　環境保全と企業の責任

⑥　⑤の分析を踏まえ，企業価値の変動を分析し，リスク処理を検討する（長期のリスク管理）。
⑦　①～⑥までの分析を通じて，検討すべき重要な要素をトリガーポイントとして設定し，その臨界点やシステムのレジリエンスなどを考慮し，エマージングリスクのモニタリングやストレステストなどを行う。
⑧　⑦のモニタリング結果を踏まえ，適宜長期の経営計画を見直す。

　現在の地球環境問題への解決を単に課税（例えば，炭素税など）をして企業に好ましくない行動を是正しようとしたとしても，それは対処療法にすぎず，根本的な解決にはつながらないともいえよう。地球環境問題を拡大させた原因は，構造的な問題を市場メカニズムの中に組み込まずに進んできたこれまでの市場資本主義自体にあったと考えたとする。そして，このような問題を発生させてきた根本原因は，市場資本主義が作ってきた社会・経済構造にあると考え，ドーナツ経済のような異なる枠組みから考察し，経済構造そのものを変えていくための有効な介入点として，社会的課題を解決する企業活動に対して，資金をつけて，それを収益に変えていく仕組みとして，インパクト投資を拡大し，その成功を新たなインセンティブとして自己強化させることによってインパクト経済へとその経済構造自体を変えていくことが解決の近道と考えられることとなる。このように考えると，インパクト投資は，現在の経済構造上の課題に対してシステム思考に基づく対応策の1つと捉えることもできる。

（参考）
　社会問題へのアプローチにおけるシステム思考の事例研究については，デイヴィッド・ピーター・ストロー「社会変革のためのシステム思考実践ガイド」（小田理一郎監訳，2018年，英治出版）が，また環境管理に対する事例研究については，ブライアン・ウォーカー，ディヴィッド・ソルト「レジリエンス思考」（黒川耕大訳，2020年，みすず書房）が参考になる。

2 気候変動問題と生物多様性問題への対応

(1) 両問題の相互関係

　IPCC と生物多様性版の IPCC と呼ばれる IPBES の合同ワークショップ報告書が，2021年6月に発表された。気候変動によって生物多様性の損失が進む一方，生物多様性が失われると CO_2 吸収量が減って気候変動に影響するなど，両者の相互関連性が指摘されている。

　南極では1945年以来50年間で年間平均気温が2.5℃上昇し，地球平均の2〜3倍の速さで温暖化が進行しているといわれている。1990年頃から，温暖化の影響で南極大陸の氷河が崩壊し流出している，と報道されている。南極の氷河あるいは氷床が海にせり出し浮いている部分のことを棚氷（たなごおり）と呼ぶ。この棚氷は南極の海岸線の約半分を覆っており，南極の面積の約11％に当たる。現在，棚氷の流出は拡大している。また，南極半島では，夏は氷が消えて「スノー・アルジェ」と呼ばれる雪氷藻類が繁茂し，コケが緑やピンクに映える。このような変化が，冬に氷が必要なアデリーペンギンを65％減少させ，氷がなくとも平気なジェンツーペンギンを増加させるといったように，生態系や生物の変化が拡大している。

　IPCC によると，陸域による大気中の炭素吸収速度は23億トン C/ 年程度，海洋全体の炭素吸収速度は24億トン C/ 年程度と見積もられている。海域で CO_2 が吸収され海中に貯留された炭素のことをブルーカーボンと呼ぶ。UAE で開催された第28回国連気候変動枠組み条約締約国会議（COP28）で，日本はブルーカーボンの重要性を主張した。海底には年間1.9億〜2.4億トンの炭素が新たに埋没し貯留されると推定され，浅海域はそのうち約73〜79％が貯留されている。世界第6位の海岸線延長を持つ日本は，世界的にも主要なブルーカーボン貯留国といえる[26]。しかし，グリーンカーボン（森林による CO_2 吸収）と異なり，吸収量に関する知見が限られている理由から，国連気候変動枠

42 第1章 環境保全と企業の責任

組条約における算定は任意扱いとなっている。

　化石燃料の使用に加え，人口増加に伴う食料増産による農業要因は，気候変動の主要な原因である。また，森林破壊や生物多様性の喪失を引き起こす最大の要因でもある。

　GHG排出量の30％は，主に森林伐採による土地利用に伴う生態系の破壊や，農業による土壌の質の劣化などによる生物多様性の消失が原因とされている。世界中の土壌の50％は質が劣化している。食料システムと土地利用方法は紐づいており，炭素固定吸収に寄与している森林の破壊の75％は，食料システムに起因した農地や牧場開拓などによるものといわれる。家畜が排出するメタンガスも気候変動に加担していることがわかっている。

　地球の平均温度の上昇が引き起こす気候システムの慢性的変化は，陸域，淡水，海洋生物の生息域の変化や水量や水質を含む水資源に影響を及ぼしている。また近年の気象の変化による農業分野への影響も顕在化している。例えば，高温障害で米の品質劣化，りんご，ぶどうの着色不良が果実の日焼け障害が発生している。このような状況を踏まえ，様々な品質改良も進められている。例えば，より温暖な気候を良い機会として，亜熱帯作物（マンゴー，パイナップル，パパイアなど）の栽培が開始されている。また，耐寒性の品種から暖かい気候に適した品種に変えることなどの対応が行われている。急性的変化

26　横浜市や福岡市では，アマモ場（海草藻場）の多面的機能に着目し，アマモ場づくりの活動を進めている。横浜市は，わかめの地産地消や海水ヒートポンプ導入による CO_2 削減量（ブルーリソース）をオフセットクレジットとして認証することから始め，2019年にはアマモの保全活動全体を対象としたブルーカーボンのクレジット認証も行っている。
　アマモ場は，CO_2 の吸収だけでなく，窒素やリンなどを取り込んで成長することによる「水質浄化」，稚魚の隠れ場や貝類の生息場として機能することによる「食料生産」，多様な生物の生息場合かつ海域の中でもアクセスが容易であるため，「環境教育の場」として機能する。さらに，良好なアマモ場が維持され，砂浜と一体で整備されれば，「観光資源」「観光資源」「レクリエーションの場」「健康増進，治癒の場」などの機能も期待される（グリーンインフラ研究会編『実践版　グリーンインフラ』（2020年，日経BP社）P.415〜416を参照した）。

については，自然災害の激甚化や異常気象の発生頻度が高まるなどの変化が観察されており，防災・減災対策が急がれる。

2022年2月に公表されたIPCC第6次評価報告書（WG2）では，気候変動が人間社会へ及ぼす影響が顕在化し広範囲に及んでいることを指摘している。例えば，水不足，食料生産量の減少，感染症や熱射病など健康への波及，洪水や暴風雨による都市やインフラへの被害など，その影響範囲は広く多様である。

これまでの例示からもわかるとおり，気候変動問題と生物多様性問題は相互関連性が強い。この点を踏まえた対応が必要となる。

(2) 社会生態系の視点

今われわれは，社会活動と生態系との相互作用システム，すなわち社会生態系システム（Socio-Ecological System：SES）を強く意識した多面的な課題を包括的に解決することが求められている。

社会生態系を構成するサブシステムとして，社会システム，経済システム，環境システム，生態システムなどが存在するが，いずれも絶えず変わり続ける複雑なシステムといえる。これまでの経済発展が，自然資本の劣化を無視してきたと指摘される。経済的視点を超えたより大きな視点で社会の発展と経済的成長の両立を考えていかなければならない。例えば，経済発展のための生産性向上のために化石燃料が大量に使用され，その結果温暖化を惹起したとするなら，温暖化による地球環境の劣化を抑止する脱炭素対策が不可欠となり，炭素に頼らない経済成長を模索していくこととなる[27]。

人間と地域社会の共生関係を前提として，人間の集団とその環境との関係を研究する社会学の一分野として社会生態学は発展してきた。第一次世界大戦後，アメリカのパークやバージェス，ついでマッケンジーなどによって研究が進められた。

44 第1章 環境保全と企業の責任

　竹村幸裕，佐藤剛介による社会生態学的アプローチについての説明を要約して紹介しておきたい。

　「社会生態学的アプローチとは何か。それは，自然環境や社会環境がどのように人間の心理プロセス・行動傾向に影響するか，また，そうして影響を受けた心理・行動がどのように環境に対してフィードバックを与えるか，その相互構成メカニズムに注目する研究方略である（Oishi & Graham, 2010）。
　通常，「生態学」的アプローチとした場合には，生物にとって適応対象である自然環境要因（e. g., 食料資源の分布状況）と生物の行動傾向を含む形質の関係を分析することを示唆する。しかしここでは，自然環境だけでなく社会環境も重要な適応対象であること（Dunbar, 1998）に注目し，社会生態学的アプローチとの呼称を用いている。
…社会生態学的アプローチでは，説明対象たる心理・行動傾向とは独立に測定可能な環境要因に注目し，環境と心理・行動傾向の相互構成メカニズムの解明を目指している。また，社会生態学的アプローチのもう1つの特徴に，心理・行動傾向が個人にもたらす帰結を考える際に，その個人を取り巻く環境の特徴を踏まえて分析することが挙げられる。これは，行動やその背後にある心理過程を環境に対する適応ツールとみなして分析する適応論と共通の分析的視点である。
…社会生態学的アプローチが扱う環境要因は多岐にわたる。社会生態学的環境とは，つまるところ，個体の心理・行動等の特性がその個体に対してもたらす帰結に影響する，個体にとって外在的な要因のことを指し，従って非常に多様な範囲のものがここに含まれる。自然環境の代表的な例を挙げるならば，気候

27　二酸化炭素の排出と GDP による経済成長との関係について，ケイト・ラワースは，ロバート・エアーズとベンジャミン・ウォーによる分析を紹介している。次に引用して紹介しておきたい。「二人は労働力と資本という古典的な要素のほか，第三の要素として，エネルギー，より正確にはエクセルギー（有効エネルギー）を生産要素に加えた。エクセルギーとは，廃熱として失われず，有効な仕事に使われるエネルギーのことだ。この三つの生産要素からなるモデルを，米国，英国，日本，オーストラリアの二十世紀の成長のデータに適用してみたところ，四か国のそれぞれの経済成長の大半を説明できることがわかった。」（ケイト・ラワース，前掲注9，P.374, 375.）

（e. g., Kashima & Kashima, 2003）や病原体の蔓延度（e. g., Gangestad, Haselton, & Buss, 2006），大陸の形状（Diamond, 1997）など，また，社会環境要因の例としては生業（e. g., 農耕，狩猟採集；Berry, 1967, 1979）や社会関係の流動性（Yuki et al., 2007），都市化度（e. g., Fischer, 1982）などが挙げられる。こうした環境要因の下で，行為者の特性がどのように異なった帰結をもたらすかに注目し，そうした視点からどのような条件下でどのような心理プロセスや行動傾向が見られやすくなるのかを分析するのが社会生態学的アプローチである。」[28]

　日本でも世界でも環境問題の重要性が浸透し，環境負荷の少ない社会の実現が世界共通の課題となっている。自然共生社会の実現に向けて，生物多様性，生態系の健全性，生態系サービスの状態を評価し，その変化の原因を探求することが世界的課題となっている。

　このような背景から，日本学術会議統合生物委員会生態科学分科会は，日本の生態学の現状をレビューし，さらなる発展に関与する事項について検討を重ね，また急速に発展すべき研究分野についての議論を進め，2017年7月に日本生態学会仙台大会で公開シンポジウムを開き，意見集約した内容を，「生態学の展望」として報告し，その重要性を指摘した。

⑶　土地改変による気候システム，生態系への影響

　気候変動や生態系サービスへの影響を考える場合，陸域への影響と海域への影響には当然違いがある。ここでは，陸域（含む河川，湖沼）を中心に検討し，海域についてはその特徴についてのみ整理しておきたい。

　動植物が生息地の環境に影響を受けることは，陸域においても海域においても同じである。しかし海域には陸域にない特徴がある。例えば，水産動植物の

28　竹村幸裕，佐藤剛介「幸福感に対する社会生態学的アプローチ」（2012年，Japanese Psychological Review, Vol.55 No.1, P.47〜63）P.47〜49を参照した。

成長，生残や再生産は，生息する場の環境条件に大きな影響を受ける。環境と水産資源の間には，年によって，稚魚の生残率や個体の成長に大きな違いがあり，年によって資源の増え方が100倍以上の変動も観察されており，水産資源管理上の重要要素となっている。また，海洋環境は，エルニーニョやラニーニョなどに代表されるように，様々な時空間スケールで変動を繰り返している。10年規模の時間スケールで，広域での気象条件，海流の強さ，流路などの環境変化により，海水温，水質，流向，流速などが変化するのに伴い，水域に生息する水産資源の産卵，成長，生残，回遊経路や分布などが変化しており，この現象をレジームシフトと呼んでいる。

　この例が示すように，海域は陸域とは異なる特徴がある。このように生態系は，対象域によってそれぞれ固有の特徴を持っていることや同じ対象域でも具体的なロケーションによって異なる状況がある点を踏まえて，個別対応が基本になる点に留意が必要である。

　海は地球上の生命の誕生の場であり，すべての大陸，世界中の国々をつなげるいわば巨大な生態系である。そして，陸域と海域がつながっていることによって様々な関連性が生じることとなる。例えば，陸の水は海に注ぐ。海ゴミ，公害問題問題などに代表されるように陸上での人間活動は直接的に海に影響する。豊かな漁場の源泉である栄養塩は，豊かな森から河川や地下水を通じても供給され，さらに河川からの土砂の供給は，海岸線や砂浜の保全にも不可欠である。このように，陸域と海域の保全を考える場合に，実際には両者を切り離しては考えらず，特に環境保全においては，沿岸の陸域と海域を一体として捉え，総合的に調整，連携した取り組みが必要となる。

　また，このことは当然海の保全が他の領域における重要な課題や目標と深く関連していることを意味する。この点は，SDGsの文脈からも読み取ることが可能である。SDGsの目標14は，「海の豊かさを守ろう」と設定されている。この目標が設定された理由は，海が食料生産やエネルギー，鉱物資源開発，レクリエーションなどを通じて沿岸社会の人々に多様な雇用を生み，沿岸地域の持続的な経済成長や技術革新の可能性をもたらすこと，気候変動や世界の食料安全保障において大きな役割を果たすことを考えると当然と思われるであろ

う。そして，目標14の達成はその他の目標，例えば貧困（目標 1），飢餓(2)，経済成長(8)など多くの目標と連動していることからも，その重要性が理解できるであろう[29]。

　さて，それでは話題を陸域における人による土地利用の影響に戻したい。
　人間活動が拡大し，開発によって生育・生息場所の破壊，分断化，環境悪化が引き起こされた結果，生物多様性の喪失の原因を生む結果となってきた。日本では，かつて高度経済成長時代に，住宅地の開発，高速道路やダムの建設，ゴルフ場，スキー場，リゾート施設などの様々な開発事業が進められた。これらの事業によって消滅した森林や湿地の面積は膨大である。また河川を含む自然の縦断，横断方向の環境の連続性が失われた。さらにその変化によって生じた自然撹乱などにより，生育，生息地（ハビタット）の破壊や分断，孤立化が生じ，そこに生息，生育していた動植物が消滅した。
　河川におけるダムの建設，森林の伐採と住宅地や農地への改変，あるいは，土地開発による湿地やため池の埋め立てなど，人間活動によって生息地は大きく影響を受けた。すなわち，生息地の破壊によって生息地の面積が減少する。分断化によって個々の生息地が小さくなって他から孤立する。孤立化すると生物の移動が妨げられることとなる。これらが，生物多様性喪失の原因となったと考えられている。

　土地を改変すると，元に戻すことが非常に困難なため，改変の対象となる場所が重要な動植物の生息の場となっていないか，特に稀少種などに影響を及ぼさないかの事前調査は欠かせない。

29　国連海洋法条約によって，距岸12カイリの排他的経済水域（EEZ），大陸棚の制度が規定されている。日本は陸域面積の12倍に相当する447万 km^{2}という世界で 6 番目に広い海域について，天然資源の開発などに関する管轄権を有している。多様な生態系と豊かな生物資源が存在するとともに，鉱物資源やエネルギー源としても大きな可能性を有している。日本にとっては，国家戦略的要素も大きい総合海洋政策のための基本法として，2007年に海洋基本法が制定されている。同法の基本理念の第 1 には，海洋の開発及び利用と海洋環境の保全と調和が謳われている。

土地利用の変化は水に関しても様々な影響を及ぼす。例えば、都市化は、一般道路、高速道路、屋上、駐車場といった水を浸透させない硬質な地表面を増やす。これは、舗装されていない土地ならば雨が地中へ浸透するが、硬質の土地は、雨水を浸透させないため浸透できなかった雨水は雨水管へ排出されて河川、湖沼、小川などに流入する。また、雨水は歩道、屋根の上、芝生の上などを流れる際、そこに付着していたガソリンや農薬などに含まれる汚染物質を拾い上げて輸送し、河川や湖沼の水質を劣化させる。さらに、雨水管を通って大量の雨水が輸送され放出されることによって、低地では洪水の原因となる。

汚染された雨水は河川や湖沼、沿岸水域を汚染し、そこから飲料水を集水する際の公衆衛生に脅威をもたらす。殺虫剤やポリ塩化ビフェニル（PCB）など銅や鉛のような重金属と同様に摂取すると病気になる有毒化学物質は、汚水流出水の中で発見される。細菌や下水、有毒アオコ、過剰栄養物などの汚染物質で汚染された水域で泳いだり、甲殻類を食べたりした場合には、胃腸疾患や感染症が発生する。流出水の中で一般的に見られる汚染物質である窒素が飲料水の供給地を汚染すると、硝酸塩や亜硝酸塩が人間の体内で酸素を供給する血液の能力を阻害し、メトヘモグロビン血症を引き起こす。

また農業は、次の形で自然の改変を進めていく。

作物を栽培するためには、光、水、養分（栄養塩類）が必要である。そのため、農地は光を得るために原生の自然を破壊して農地を開墾する。水を得るために、灌漑、治水技術を発達させ農地までの水路を作る。栄養塩類を得るために、農地に肥料を投入する。例えば、家畜の糞尿を肥料として使った場合には、窒素とリン酸が流出し、富栄養化によって水質汚染の原因となる。さらに、20世紀半ばにおいて、高収量品種の導入と化学肥料の大量投入による農業技術の発達は、穀物の増産をもたらしたが、生態系への影響を拡大させた。

これらの事例からわかるように、人為活動と地球環境との関係を十分考慮したアプローチが今後の地球環境リスク対策には求められることを指摘しておきたい。

ミレニアム生態系評価

　国連ミレニアム生態系評価（Millennium Eco-system Assessment）は、アナン事務総長（当時）の提案により、現在の地球の生態系と、それから得られる生態系サービスと人間の福利との関係の過去と現在の状況を調査し、政策決定者のための指針とするため、2,000名以上の科学者が参加して行われた事業である。当該評価は、2001年から2005年にかけ実施された。

　同評価は、生態系と人間の福利との間のつながりについて、特に「生態系サービス」に焦点を合わせ、その変化がいかに人間の福利に影響するかを検証するためのものである。4つの国際条約（生物多様性条約、国連砂漠化対処条約、湿地に関するラムサール条約、移動性生物種に関する条約）から得られる情報に対する学術文献及び関連する専門家によって評価されたデータセットとモデルから得られた情報を統合しており、各国政府の要請に応えるものであり、経済界、公衆衛生部門、NGO、地域のコミュニティ、先住民などの利害関係者の必要性に合致させている。

　同評価では、生態系に由来する人類の利益となる機能（生態系サービス）を次の4つに分類している。

● 供給サービス（Provisioning services）」
　生態系で生産される生物由来資源を供給するサービスで、食糧、水、木材、衣服、薬品など生活必需品を供給する機能である。このサービスによって、人間社会は生態系に依存して栄養や住居を得ている。

● 調整サービス（Regulating services）
　生態系が環境の変化を緩和し、人間社会に対する影響をやわらげ、クッションの役割を果たしていることを指す。地球温暖化などの気候の変動、害虫や病気の急激な発生、集中豪雨などの急激な気象の変化に対し、多様な生き物のネットワークやリスク分散作用が働くことで、人間にとっての安定がもたらされている。特に、人間を含む動植物の疫病や病気は、多様な生物が存在することで拡大が抑えられている。

● 文化的サービス（Cultural services）
　生態系が文化や精神の面での生活に豊かさをもたらしている機能を指す。例えばレジャーでも、日々の散策、スキューバ・ダイビング、紅葉狩りなど、多様な生き物やその生息地の季節や地域ごとの特色を味わうものは多い。また、俳句の季語などのように文学的な活動にも生態系は欠かせない重要な役割を担っている。

● **基盤サービス（Supporting services）**
　生態系サービスの土台を築くもので、そもそも人間社会を含む生物種や生息域が存在するための環境、すなわち命のインフラを形成している機能を指す。上記、「供給サービス」「調整サービス」「文化的サービス」の供給を支えるサービスのこと。例えば、光合成による酸素の生成、土壌形成、栄養循環、水循環などが当たる。
　それぞれのサービスは、安全性、豊かさ、快適性（よりよい生活に必要なもの）、健康、良好な社会関係などに直結している。だが、その結びつきには強弱があり、社会経済的な影響や相関関係は一様ではない。「国連ミレニアム生態系評価」は、その関係を図表化し、わかりやすい形で提示している（**図表①**参照）。

図表① 国連ミレニアム生態系評価における生態系サービスの分類と機能

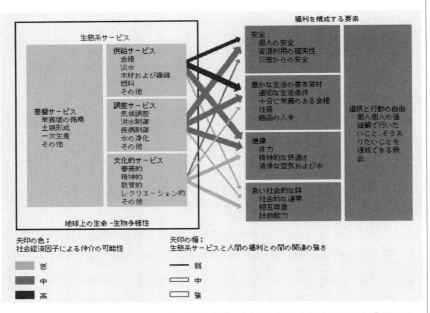

（出典）国連『ミレニアム生態系評価報告書』横浜国立大学21世紀COE翻訳委員会『国連ミレニアム　エコシステム評価　生態系サービスと人類の将来』（2007年、オーム社）

　矢印の太さで生態系サービスと人間との要素の結びつきの強度を示している。また、色の濃さは社会経済的なインパクト、結びつきの強弱を示している。物資の供給や安全性に関わる領域で、社会経済には大きなインパクトがあることが読み取れる。

これらの生態系サービスが，2050年の状況に焦点を合わせた今後のシナリオによってどのように変化するかが分析されている。シナリオは，地球の進むべき2つの道と，生態系への2つのアプローチに関するシナリオの4つが設定されている。すなわち，ますますグローバル化が進むというシナリオ（世界協調（Global orchestration）シナリオ），逆にますます地域化が進むというシナリオ（力による秩序（Order from strength）シナリオ）。また，問題に対するアプローチ方法についても2つのアプローチ，つまり，ほとんどの問題に対してそれが明らかとなった後に，事後対応的に対策に取り組むというアプローチと，予防的な生態系管理を志向し，長期的な生態系サービスの維持を意識的に追求するアプローチを加味したシナリオとして，次の2つを追加している。つまり，地域化の存在を現実的な問題として一定前提にしつつ，事前対応をとるシナリオ（順応的モザイク（Adapting mosaic）シナリオ）と，グローバルに連結された世界を想定して，環境の健全性を損なわない科学技術へ強い信頼を置き，生態系サービスを得るために高度に管理し，しばしば人工的に加工された生態系を利用するシナリオ（テクノガーデン（Techno garden）シナリオ）である。

この4つのシナリオに基づき，各国政府の省庁の管轄区分（農業，水産業，林業など）にリンクした10の生態システムにカテゴリー分けしている[注1]。そして，このカテゴリーに基づき，それぞれのシステム（同じカテゴリーに含まれる生態系は，生物学的，気候的，社会的要因を共有している）の中に存在するバイオーム[注2]ごとに，これまでの変化，例えば，1950年以前，1950〜1990年，2050年までの予測値（4つのシナリオの平均値）といった形で，その改変の動向を観察，予測している。

同報告書の概要を整理すると，**図表②**のとおりである。
また，主要な要因による影響については**図表③**のとおりまとめられている。

（**注1**）　森林システム，農耕地システム，乾燥地システム，沿岸システム，海洋システム，都市システム，極地システム，陸水システム，島嶼システム，山岳地システムである。

（**注2**）　生態系の最も大きな単位であり，例えば，陸上バイオームの中には，温帯広葉樹林，山岳草原，砂漠，ツンドラなどがある。

52　第1章　環境保全と企業の責任

図表②　国連ミレニアム生態評価（2005）の概要

レポートの概要	
問題意識と評価の目的	生態系に加えられた改革が，生態系サービスを急速に劣化させてきた。これはミレニアム開発目標達成の障害となる。
シナリオの設定	生態系の改革要因やその相互作用について，4つのシナリオを設定（世界協調，力による秩序，順応的モザイク，テクノガーデン）。
評価方法（含むロケーション）	森林，乾燥地，陸水域，沿岸域，海洋，島嶼，山岳地，極地の地域ごとに生態系に加えられた改革（生息地の改革，気候変動，外来種，過度の資源利用，汚染（窒素やリン）の現在までの変化の度合いと生物多様性に及ぼす影響の強さ）を評価。
評価の対象	付録Aで生態系サービス（供給，調整，文化的基盤）の変化を評価。 付録Bで政策を促進させるための施策の有効性について考察。
評価の視点	●生態系サービス共有の将来の変化 ●人間の福利への影響 ●確実要素 ●生態系保全に有効なツールや方法論
評価方法	2000年時点を基準に過去数十年間の変化について，地方，流域，国，広域，世界規模での評価を実施し，それを統合しマルチスケール評価を実施。下記の基準で変化の確度を評価。

確度が非常に高い	98%
確度が高い	85-98%
中程度	65-85%
確度が低い	52-65%
確度が非常に低い	50-52%

活用の視点
●様々な生態系サービスとの負のトレードオフを減らし，正の相乗効果を拡大するために生態系サービスの保全の対策に関する選択肢を検討する際の材料が提供されている。
●グローバルベースで8地域における生態系サービスの劣化状況を鳥瞰できる。
●付録A，Bの内容のうち，特に事業への影響（Aの供給サービス），防災（Aの調整サービス）への参考となる政策連携（B）の検討の視点を鳥瞰できる。
●事務活動において，生態系に加えられる可能性のある改革が想定される場合，グローバルの視点による留意点を確認でき，シナリオ分析時の参考となる。
●財務的インパクト分析を実施する場合は，ミレニアム生態評価による生態サービスの劣化状況を踏まえ，自然資本プロトコルに基づき経済的評価を試みる。

図表③ 生物多様性と生態系を改変する主な直接的要因の影響

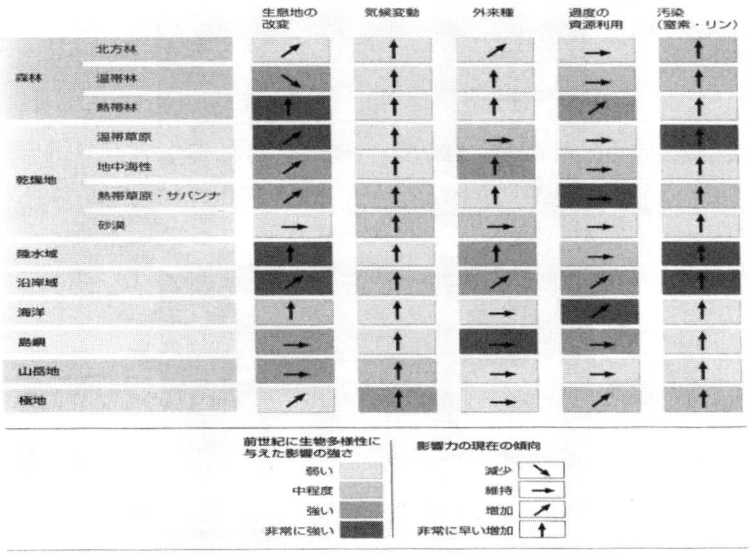

（出典）国連『ミレニアム生態系評価報告書』横浜国立大学21世紀COE翻訳委員会『国連ミレニアム　エコシステム評価　生態系サービスと人類の将来』（2007年，オーム社）

3 自然資本を経営管理に取り込む意義

(1) 社会的価値と経済的価値との関係

気候変動問題や生物多様性問題について，企業は，前掲の**図表1-6**で整理された関係を踏まえ，自社の事業内容との重要な関係性を確認し，中長期的視点から自然と企業活動の関係を検討してみる必要があろう。

企業の社会的価値に対する取り組みは，ガバナンスレベル（トップマネジメントの方針や考え方，組織への浸透のための内部統制など），マネジメントレベル（業務管理，現場管理）への組み込みが必要となる。企業の取り組み方針や活動については，その結果を発信し，ステークホルダーの反応や取り組み計画の進捗を踏まえ適宜修正しつつ対応していくという順応的管理が求められよう。

ここで，気候変動リスクと生態系及び生物多様性リスクを経営に実装するための構造（**図表1-7**）について参考までに提示しておきたい。

それではどのような活動が社会的価値として評価され，それがどのような形で企業の経済的価値として評価されていくのであろうか。企業のESG活動を多面的に評価するための情報として，ESGスコアが利用されている。しかし同スコアについて，例えば株価に着目した実証分析も試みられているが，明確な傾向を見いだせていない現状にある。この事実から企業の社会的価値への取り組みが企業価値とどのように関連づけられるのかについての検討が深められる必要がある（詳しくは**第3章**で検討する予定である）。

(2) 自然システムの持つダイナミズム

気候変動も生態系の問題もともに自然環境という意味で共通点も多い。企業としては，自然資本が提供する様々な恩恵と企業活動との関係を改めて整理する必要がある。そして，その自然資本の変化やその変化が社会や企業活動に及

図表1-7 気候変動リスクと生態系および生物多様性リスクの経営実装の構造

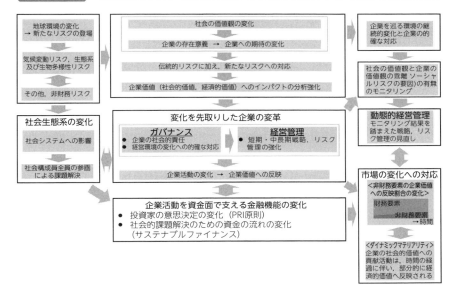

ぼす影響について分析する必要がある。例えば、気候システムの変化に伴う災害の激甚化の原因やメカニズム（例えば、水の循環、大気の循環といった基本的な自然資源の地球上の循環システムなど）を考えるとわかるように、それは単純な構造ではなく、複雑な相互作用による循環の中で維持され、変化するものである。

自然の循環メカニズムの変化は、これまで企業が主として取り扱ってきた財務要素と違って、時間軸やシステム特性に大きな相違点があることに留意しなければならない。われわれは一般に速い変化に敏感ではあっても、遅い変化については気づかないことも多い。気づいたときにはもう事態が相当悪化しているケースも多い[30]。システムの様々な階層で回っている「急成長」「保全」「解放」「再組織化」という4つの段階を移行していくさま、すなわち「適応サイ

---

30 プロスペクト理論が示すとおり、われわれは、変化幅が大きいものには反応するが、変化し続けるものには反応が鈍る傾向がある。また、複雑なシステムにおいて表層の変化には気づくが、深い層の変化には気づかないことが多いことに留意しなければならない。

56 第1章 環境保全と企業の責任

クル」に着目することは，未知の現象の全体像を把握する助けとなる。ダイナ
ミックなシステムに関する研究は，何が起こるかを予測するためのものではな
く，むしろ数多くの原動力となる要因が様々なやり方で展開される場合に，何
が起こりうるかを模索するためのものであるといわれている。今後企業がこれ
らの社会問題を経営管理に取り込んでいくためには，例えば，気候変動や生物
多様性の問題を検討する際，それぞれが影響を受けているシステムの動態的な
特徴や構造を理解することが合理的なアプローチには欠かせない。実際に取り
組むべき重要ロケーションにおいて，システムの持つ固有の特徴を意識した上
で対策を検討しなければならない。

(3) 気候変動への取り組み

現在気候変動への取り組みについては，グローバルなコンセンサスができて
いる。気候変動問題に取り組む企業は，パリ協定[31]の枠組みに照らして温暖化
への緩和策を検討する必要がある。ここで，同協定で示されている産業革命以
前の状態から2℃，1.5℃の上昇に抑える，という意味について改めて整理し
ておきたい。

気温上昇で永久凍土の融解が進むと，凍土に固定されたメタンなどが放出さ
れ，さらに気温が上昇するといった「自然のフィードバック」を引き起こし，
それらが連鎖反応を起こす可能性が指摘されている。気温上昇がある臨界点を
超えると，たとえ人間社会がGHGの排出をゼロにしたとしても，自然の作用
によって気温が4～5℃上昇してしまうリスクがあると考えられている（ホッ
トハウス・アース）。

水が摂氏100度を超えると液体から気体に変化するように，ある臨界点を超
えると劇的に様相が変化するという現象は自然界には多数存在するものであ
る。そして，気候システムも，ある気温を超えてしまうとドミノ倒しのスイッ
チが入り，人間の手に負えなくなる。具体的レベルを正確に立証することは難
しいが，これまでの研究では，そのスイッチが入る臨界点（Tipping point）

---

31 2015年の国連気候変動枠組み条約締約国会議（COP21）で採択，2016年に発効した気候
変動問題に関する国際的な枠組みのこと。

が「2℃前後」であるものと考えられている[32]。

　気候変動に関するIPCCの分析によると，1.5℃と2℃の上昇では，例えば，その自然災害被害に大きな差が出ることが知られている。これが，COP26で，気温上昇目標を1.5℃以内に変更し対策を強化する国際的合意に至った理由の1つとなっている。このような社会的認識の下で，危機に至るドミノ倒しのスイッチを入れないよう経済活動自体を変革することが社会的要請となっており，企業の存続条件や社会的責任につながるものと考えられている。

　温暖化は地球の大気中のGHG濃度によって影響を受けた結果の現象である。したがって，温暖化を抑制するための対策（緩和策）については，この大気中のGHG濃度を減少させるためのGHG排出量の削減と，大気中に残っているGHGの収集，貯留といった対策が検討されることとなる。

⑷　生物多様性への取り組み

　生態系及び生物多様性の問題を発生させている要因は，温暖化のように，GHG濃度の増大といった要因や指標に収斂されるほど単純ではない。地球システムにおける温度化の進展によって生じる全般的変化に伴い各地域の具体的な気象の影響とその結果（物理的現象）は個々のロケーションごとに個別性を持って変化することとなる。企業は，その状況に応じて，具体的な対応策（適応策）を検討しなければならない。

　国連の呼びかけで実施され2005年に公表されたミレニアム生態系評価では，変化の直接的要因として，次の5点を挙げ，人間の様々な選択と行動が生態系に間接的または直接的な影響を及ぼす要因を作り出し，結果として生態系サー

32　Steffen, W., Rockstrom, J., Richardson, K., Lenton, T.M., Folke, C., Liverman, D., Summerhayes, C.P., Barnosky, A.D., Cornell, S.E., Crucifix, M., Donges, J.F., Fetzer, I., Lade, S.J., Sceffer, M., Winkelmann, R., and Schellnhunber, H.J. (2018) "Trajectories of the Earth System in the Anthropocene", *The Proceedings of the National Academy of Sciences.*
https://www.pnas.org/doi/pdf/10.1073/pnas.1810141115より入手可能。

ビスとしてわれわれに戻ってきて，様々な形で影響を与えているものと整理している。

① 地域的な土地の利用及び被覆の変化
② 生物種の導入あるいは除去
③ 科学技術への適合および使用
④ 外からのインプット（肥料の使用，害虫駆除，灌漑など）
⑤ 自然的，物理的および生物的要因（火山，進化など）

　生物多様性問題は，特定の生息地における絶滅危惧種を保全する問題だと矮小化して捉えるべき問題では決してない。生物多様性喪失は，生息地の環境劣化の進行を意味する。環境劣化の進行を阻止し，回復を図らなければ，将来の生態系サービスの喪失が拡大するからである。

　生物多様性条約や生物多様性基本法では，生態系の多様性（森林・草原，河川，湖沼，干潟，岩礁，サンゴ礁，海洋などの自然），種の多様性（動植物，昆虫などの種），遺伝子の多様性（同じ種の生物でもDNAが違っている）を含んだ概念として捉えている。自然は，食料や飼料，エネルギー，薬品や遺伝資源などを供給している。例えば，推計40億人が医療・健康のために主に自然由来の薬を使用している。そのうち75％以上は動物を利用しているという。がん治療薬のおよそ70％は自然由来または自然界から着想を得た製品である。また，自然は，大気，淡水と土壌の質を保ち，淡水を供給し，気候を調整し，受粉と害虫抑制に貢献し，自然災害の影響を緩和する。世界の食料作物の75％以上は動物による花粉媒介に依存し，昆虫による受粉なしでコーヒー，カカオ豆，アーモンドなど果物・野菜は実をつけられない。このような自然からの恩恵は見過ごされそうな危険がある。そして，現在この恩恵が喪失されようとしている点が，日常生活や企業活動における本質的部分として構成されている。

　企業は，この生態系サービスの変化が長期的な企業価値にどのような影響を及ぼすのか，という視点から生態系との依存関係や企業活動が及ぼす影響について分析する必要がある。そして，その維持・保全・回復することの意義を企業の長期戦略との関係性を整理し，対応策を検討していくこととなる。

4 包括的な課題解決へのアプローチ

(1) 自然資本へのアプローチ

　企業が自然資本に関わる課題に対して組織的に活動を進めその成果を挙げようとするならば，合理的な目標設定が必要となる。この点について有用な知見とツールを提供してくれるのが，科学的根拠に基づく目標（Science Based Targets：SBT）である（SBTの概要については，コラム3を参照）。

　SBTネットワーク（Science Based Targets Network）は，現在TNFDのナレッジパートナーであり，グローバル・コモンズ・アライアンス（GCA[33]）のメンバーである。先行する気候変動問題においては，気候変動の分野で国際的に重要な役割を果たしている4つの団体（世界自然保護基金，CDP[34]，世界資源研究所，国連グローバル・コンパクト）が進めるイニシアティブ（Science Based Target Initiative：SBTi）として，科学的な目標設定（SBT）のガイダンスや支援ツールの開発，企業が立てた目標の適切性を認定するなどの活動を行ってきた。既に2050年にネットゼロを達成するための科学的根拠に基づく目標（Science-Based Target，「気候変動SBT」）について，定義，設定手法，認証のルールを開発し，運用している。世界中の企業がそのルール，手法に基づいたGHG排出量目標の設定や設定した目標への認証（SBTiによる認証スキーム）の取得を行っている。

　SBTは，「世界の気温上昇を1.5℃（または2℃を大幅に下回る）に抑えるという目標を踏まえ，個社の削減目標を適切に設定するためのツール」であり，次のような枠組みとなっている。

33 　地球上のすべての人々が共有する生命維持のためのシステム）」の保護と世界経済の発展の両立を実現するよう経済システムの変革を目指す国際的な同盟。

34 　英国の事前団体が管理する非政府組織（NGO）であり，2000年に発足した。投資家，企業，国家，地域，都市が自らの環境影響を管理するためのグローバルな情報開示システムを運営している。

気温上昇抑制に照らした累積排出上限の確認，IPCCや国際エネルギー機関（International Energy Agency：IEA）等の排出経路を用いて時間軸で炭素予算を配分する。この予算をSBTのツールである収縮法（Contraction）または収斂法（Convergence）に基づいて個社レベルの削減目標に落とし込む（これらの手法については，コラム3を参照）。SBTの設定ツールを適用するためには，基本となる情報として，目標の時間軸（基準年（排出量のデータが存在する最新年）と達成年（目標を提出した時点から，最短で5年，最長で15年以内）），対象となる温室効果ガスの範囲（スコープ1～3），目標のレベル感（IPCC等を参照し，炭素予算の配分，削減の幅）を決めていく必要がある。目標指標としてのGHG排出量の算定の方法は，**図表1-8**のとおりである。

図表1-8　温室効果ガス排出量の算定

温室効果ガス排出量は，直接大気を測定するのではなく，統計データなどに基づき算定している。排出量は下図に示すように，活動量に排出係数をかけることにより算出され，更に地球温暖化係数（GWP）をかけることによりCO_2換算として算出される。

例えば，水稲作付によるCH_4の排出量（CO_2換算）は，

　「水稲作付によるCH_4の排出量（CO_2換算）＝
　　水稲作付面積（活動量）×面積当たりのCH_4排出量（排出係数）×CH_4の温暖化係数」

で表される。

　SBTネットワークの現在の活動は，生物多様性，気候，淡水，土地，海洋といった自然のあらゆる側面を対象に統合したSBTの検討である。企業が人類にとって安全に生活を送るために超えてはいけない（超えると地球が破綻する）とされる環境負荷の限界（プラネタリー・バウンダリー）の範囲内に活動をとどめ，持続可能な社会を実現するための目標として「自然に関する科学に基づく目標設定（SBTs for Nature：SBTN）」を提唱している。

⑵　自然を基盤とした解決策

　SDGS の特徴は，持続可能な開発に関する枠組みにおいて，環境面の課題の
みを扱うのではなく，経済，社会的な課題にもその対象を広げ包括的に扱って
いる。このような流れの中で，気候変動問題と生物多様性問題をいかに統合的
に捉えていくのかについて考えてみたい。

　包括的に取り扱うという意味を示す具体例の 1 つとして，2019年 9 月に
ニューヨークで開催された国連気候行動サミット（UN Climate Action
Summit 2019）における「自然を基盤とした解決策（Nature-based Solution：
NbS）」の議論をみておきたい。これは，自然の有する多機能性や働きを賢く
活用して，社会課題の解決に役立てようとする考え方である。従来から使われ
てきた自然保護（Nature Conservation）という用語は，「自然を守る」ことを
第一の目的として，生物種やその生息地の喪失に対処することを優先的な活動
としていたのに対して，NbS では，「人間社会を守る」ことを第一義的な目的
として社会の問題や課題の解決（例えば，SDGs）を優先課題としつつ，それ
が結果的に生物多様性の保全にも貢献する道を目指している。

　国際自然保護連合（International Union for Conservation of Nature：
IUCN）が，NbS において考慮しなければならない重要な視点として次の 8 つ
の基準を提示している。NbS を実践する際に参考にすべきであろう。

基準 1 ：NbS は， 1 つ以上の社会課題に効果的に対処する。

基準 2 ：NbS の設計は，より大きなスケールの影響も考慮して行われる。

基準 3 ：NbS は，生物多様性と生態系の完全性に正味の便益をもたらす。

基準 4 ：NbS は，経済的にも財政的にも実行可能である。

基準 5 ：NbS は，包括的で透明性があり，力をもったガバナンスプロセス
　　　　に基づいている。

基準 6 ：NbS は，主要な目標達成と複数便益の継続的な供給間のトレード
　　　　オフを公平にとる。

基準 7：NbS は，証拠に基づいて順応的に管理される。
基準 8：NbS は，単独の時間制限介入を超えて主流化される。

　NbS の下部概念として，生態系を活用した防災・減災（Ecosystem-based Disaster Risk Reduction：Eco-DRR）や生態系を活用した適応（Ecosystem-based Adaptation：EbA）が位置づけられる。

　社会の発展と自然環境保全を統合的に捉えるという発想から，気候変動問題へ対応しつつ，同時に生態系の環境保全をしようとする取り組みの中から改めて自然の機能を賢く活用しようとする取り組みも進められている。自然の多様な機能を活用するものとして，「グリーンインフラ」の推進が注目されている。グリーンインフラには，2 つの点で特徴があるといわれている（**第 6 章**で詳しく説明する）。

　1 つは，環境のプラスの価値に光を当てていることである。これは，自然環境の保護に焦点を当てすぎる結果，生態系サービスの持つ多様な恩恵が十分意識されない弊害を避けなければならないという側面を強調している点である。

　2 点目に，関係者の協働による革新性の発揮が重視されていることである。これは，生態系の持つ多様な機能を意識した地域社会を含めた広い関係者による協働において，多面的な効果，多様な時間軸を交流する中から生まれる革新的な地域社会への実装の取り組みが，これまでにない付加価値を創造する可能性を秘めていることを意味している。

　日本においては，NbS の活用に関して，気候変動による災害の激甚化といった環境の変化と同時に，人口減少や高齢化，社会資本の老朽化といった社会状況の変化が進んでいることから，自然が持つ多様な機能を活用して災害リスクの低減等を図るため，グリーンインフラや Eco-DRR による災害に強く自然と調和した地域づくりの推進が進められている。環境省では，全国規模ベースの Eco-DRR の適地を示す「生態系保全，再生ポテンシャルマップ」を 2023 年 3 月に公開し，活用方策の手引きを作成している。

環境省が2016年にまとめた「生態系を活用した防災・減災に関する考え方」の中で，Eco-DRR の概念を次のとおり整理している。

「地域住民をはじめとした多様なステークホルダーの参画により，生態系の保全と再生，持続的な管理を行うことを通じて，自然災害に脆弱な土地の開発や利用を避け災害への暴露を回避する。それとともに，防災，減災など生態系が有する多様な機能を活かして社会の脆弱性を低減する。これらによって，地域の防災，減災機能の強化，生物多様性と生態系サービスの確保を図り，持続的で安全で豊かな自然共生型社会の構築に寄与する。」

Eco-DRR は，気候変動への適応策との関係が非常に強く，環境省が2015年にまとめた「生物多様性分野における気候変動への適応の基本的考え方」の中では，適応策の重要な視点として，EbA を位置づけている。

2018年には気候変動適応法が施行された。この法律に基づき閣議決定された「気候変動適応計画」では，グリーンインフラや生態系を基盤とするアプローチ（EbA 及び Eco-DRR）を，適応と相乗効果をもたらす施策として，位置づけ，目的や地域特性に応じて活用する重要性が明記されている。

NbS が示しているアプローチは，企業が直面している社会課題，例えば気候変動問題や生態系及び生物多様性問題をいかに統合的にアプローチしうるかという課題に対して具体的な事例を提供しているものと考えられる。

科学に準拠した目標

気候変動と科学に準拠した目標

気候変動への対応のための国際的な枠組みであるパリ協定が求める水準と整合した5～10年先の目標として，企業が設定する温室効果ガス（Green House Gas：GHG）排出削減目標のことを，科学に準拠したGHG排出削減目標（Science Based Targets：SBT）と呼んでいる。

これまでのIPCCの作業を通じて，温暖化の原因は，GHG排出が寄与していることが確認されている。そのため，脱炭素の進捗を確認する指標としてGHG排出量が尺度として適用されている。そのような背景から，GHG排出削減目標を科学に準拠する形で設定することの重要性が認識されるに至った。

「GHGプロトコル・企業の算定と報告の標準（2004）」（企業がそれぞれのGHG排出量を定量化して報告するための標準化された方法論，企業基準と呼ばれる）が，GHG排出量の算定と報告に関する世界で最も標準的なガイダンスとして公表されている。GHGプロトコルは，1998年に立ち上げられたWorld Resources Institute（WRI）とWorld Business Council for Sustainable Development（WBCSD）が招請した実業家，非政府組織（NGO），政府とその他の関係者で構成されるパートナーシップによって検討されたものである。その使命は，低排出量経済を達成するために，国際的に認知されたGHGの算定と報告の標準とツールを開発し，その採用を広めることである。

各国の法令で定められた算出方法は，GHGプロトコルに準拠している。日本では，省エネ法，温対法に定められた方法によって明確化されている。日本では一定の規模以上の事業所においては，行政当局への報告義務があり，スコープ1，2を算定するための基準が統一されている。

スコープごとの計測

以下のスコープ1～3を合わせて，事業活動に関係するあらゆる排出を合計した排出量（サプライチェーン排出量）と呼んでいる[注1]。

本来は，スコープ1～2とスコープ3は性格が異なるため，単純合算には馴染まない。これは，排出源によるスコープやカテゴリーは人間による便宜的な

（注1） サステナビリティ情報審査協会『ESG情報の外部保証ガイドブック』（2021年，税務経理協会）P.149～158。

分類にすぎないので，地球全体に温室効果をもたらすという作用は本来等しいことから，排出削減の対象を確認し，削減に向けて取り組むことが重要という考え方がベースにあるものと考えられている。SBT でも削減対象として合算値を対象としている。

- スコープ1（企業が直接排出する GHG）
  - ✓エネルギー起源の排出量
    燃料として使用される油類（ガソリン，重油，灯油，軽油など）とガス類（天然ガス，石油ガスなど）が該当する。エネルギー種類別に，消費量 x 排出係数で計算し，合計する。CO_2への換算重量も示されている。エネルギーの種類は省エネ法で定められ，排出係数は温対法で規定されている。
  - ✓非エネルギー起源の排出量
    メタンや一酸化二窒素は製造工程だけでなく廃棄物や燃焼からも発生する。また，冷媒などに使用されるフロン類（HFCs）は，冷媒の交換時に大気中に漏れ出ることがある。把握された非エネルギー起源の GHG は，地球温暖化係数（GWP）が国際的に定められている。
- スコープ2（間接排出）
  企業が自らの事業活動において外部から電気や熱を購入する際に，供給会社がエネルギーを供給するために排出する GHG である。
  エネルギーの種類別に算定し合計する。電気事業者から購入する場合の排出係数は省エネ法，温対法に基づいて計算された値が毎年公表される。事業者ごとに係数が公表される。
- スコープ3（その他の間接排出）
  企業の事業外，上流（原料調達，物流），下流（販売した製品の消費，廃棄，投資など）において他社が活動することによって間接的に排出される GHG である。スコープ3は，GHG プロトコルによって15のカテゴリーに分類されている。

気候変動と SBT

　世界全体の削減目標（炭素予算）を個別企業の目標に落とし込んでいき，適切な企業の目標の在り方を示しているのが SBT である。SBT は，気候変動の分野で著名な4つの団体（世界自然保護基金，CDP，世界資源研究所，国連グローバル・コンパクト）が進めるイニシアティブであり，科学的な目標設定のガイダンスや支援ツールの開発，企業が立てた目標の適切性の認定などの活動を行っている。

　SBT は，「世界の気温上昇を1.5℃（または2℃を大幅にした回る）に抑えるという目標を踏まえ，個社の削減目標を適切に設定するためのツール」である。つまり，気温上昇抑制に照らした累積排出上限の確認，IPCC，IEA 等の排出経路を用いて時間軸で炭素予算を配分，この予算を個社レベルに落とし込むため

のガイドライン（収縮法（Contraction）または収斂法（Convergence））を提示している。SBT の設定ツールを適用するためには，基本となる情報として，目標の時間軸（基準年（排出量のデータが存在する最新年）と達成年（目標を提出した時点から，最短で 5 年，最長で15年以内）），対象となる GHG の範囲（スコープ 1 〜 3 ），目標のレベル感（IPCC 等を参照し，炭素予算の配分，削減の幅）が重要となる。

　SBT は，例えば1.5℃に整合する目標の基本的な水準を GHG の総量の年率4.2％削減と設定している。これは，このペースの削減を続ければ，GHG の排出量を12〜13年目に半減し，15年後には約60％削減することが可能となる水準である。このアプローチは，企業にとって達成可能なものという視点ではなく，必要とされているものを客観的・科学的評価に基づいて設定したものといえる。企業がフォワードルッキング型の積み上げ方式で目標を設定するのではなく，将来の目標から現在に線を引いた形のバックキャスティング型の設定といえる。

SBTN

　SBT ネットワークの現在の活動は，生物多様性，気候，淡水，土地，海洋といった自然のあらゆる側面を対象に統合した SBT の検討である。企業が人類にとって安全に生活を送るために超えてはいけない（超えると地球が破綻する）とされる環境負荷の限界「プラネタリー・バウンダリー」の範囲内に活動をとどめ，持続可能な社会を実現するための目標として「自然に関する科学に基づく目標設定（SBTs for Nature：SBTN）」を提唱している。

　SBTN については，2020年 9 月に「企業のための初期ガイダンス」を公表した。この中で，気候変動 SBT の場合のように具体的指標を提示するのではなく，その目標設定は，社会目標と整合しており，かつ『地球の限界』内にあること（aligned to societal goals and to staying within Earth's limits)」と説明している。そのため，企業はここから翻訳する形で自社の目標を設定することとなる。

　2023年 5 月に「技術ガイダンス v1.0」が公表された。これによると，目標達成のためには，企業が自社事業（直接操業）における自然への直接的な負荷を回避または軽減し，復元及び再生によって自然を回復させること，さらにはバリューチェーンの上流や下流における自然への間接的な負荷に対処するために社会システムを変革することが求められる。また SBTN は，目標達成のために企業が踏むべき 5 つのステップを公表している。TNFD の情報開示フレームワークには SBTN の自然への影響と依存の定義が採用されている。また，上記のステップは，TNFD の自然関連リスク機会を評価・管理するための方法論である「LEAP アプローチ」とも類似性を有する。それゆえ，企業は TNFD に基づく開示の準備において，SBTN のガイダンスを合わせて参照することが有用となる。

4　包括的な課題解決へのアプローチ　　67

　「技術ガイダンス v1.0」では，企業が自社の活動を評価・優先順位付けし，行動目標を設定，実行するための 5 つのステップのうち，最初の 3 ステップが示された。ステップ 1 と 2 は全領域共通，ステップ 3 以降は個別領域ごとのガイダンスが作成されている。今回のリリースには，ステップ1,2とステップ 3 の一部（土地と淡水）が含まれている。今後，関連事項の補足ガイダンスなどを作成しながら，2025年をめどに残りのステップを含めてフレームワーク全体を開発するとしている。

　ステップ 1 （分析・評価）では，マテリアリティ分析とバリューチェーンのプレッシャー評価を実施する。このステップの目的は，バリューチェーンにおける様々な企業活動を整理し，企業が比較的簡単なアセスメントによって，自然へのインパクトが最も大きい部分を特定することである。重要セクターを特定するマテリアリティスクリーニングツール，自然への付加の大きいコモディティのリスト，自然へのインパクトを評価するツールの一覧表もリリースされており，これらを駆使して事業活動の初期評価及びバリューチェーンの重要課題の特定を行うイメージとなる。v1.0ではバリューチェーンの上流・直接操業のみが対象となっており，下流の評価は求められていない。今後のガイダンスで下流の評価方法の提示があるものと考えられる。

　ステップ 2 （解釈・優先順位付け）では，ステップ 1 の分析結果を踏まえて，実際に目標設定をすべき課題や場所を絞り込むこととなる。事業活動ごとのプレッシャーのデータ，自然の状態のデータ，それらの活動に紐づく直接操業拠点の地理情報を用いて，優先的に対応する事業や拠点を洗い出す。この相対的評価によりインパクトや緊急度の高い操業拠点のランキングを作成することとなる。優先順位付けをするにあたっては，プレッシャーや自然の状態の定量的なデータだけでなく，事業活動に関係するステークホルダーの存在等といった定性情報も考慮する必要がある。

　ステップ 3 （計測，設定＆開示）では，領域ごとにベースラインを決めて，測定可能な行動目標を設定し，その目標と行動計画を開示することとなる。淡水と土地に関するステップ 3 の概要が例示されているので，以下，紹介しておきたい。

　【淡水】淡水の「水量（取水量）」と「水質（排水におけるリン・窒素の浸水量）」の 2 つの観点での SBT 目標設定方法について，以下の手順が示されている。
① 　関連ステークホルダーとの協議による適切な流域モデルの選択
　　SBTN 流域閾値ツール（開発中）を活用して，事業活動流域ごとに，適切な流域モデルを選択する
② 　ベースラインの測定
　　事業活動流域ごとに，淡水の量 / 質に関する現状値を測定し，ベースラインとする

③　最大許容プレッシャーの特定
　　事業活動流域ごとに，「自然の望ましい状態」と「②のベースライン」の間のギャップから，許容される最大のプレッシャーレベルを特定する
④　目標値の設定・開示
　　淡水の量／質に関する目標を設定し，検証と開示のために SBTN に提出する

　【土地】　3 種類の土地 SBT の設定方法が解説されている。
①　自然生態系の転換の停止
　目標と要件の理解，Natural Land Map ツールを活用したベースラインデータの準備，中核自然地による優先順位付け，目標の設定と検証
②　土地のフットプリントの削減
　ベースライン内のフットプリントの計算，フットプリント削減方法の選択，削減目標の設定と検証
③　ランドスケープエンゲージメント
　ランドスケープの選択，ベースラインの計算，改善のコミット，行動計画の策定，目標の設定と検証

第 2 章

非財務要素による
企業価値への影響

第2章のポイント

　気候変動，生物多様性が大きな社会課題になっているとともに，この問題について企業がいかに対応していくかに関心が高まっている。そこで，企業が社会課題解決への貢献を行うことと，それが企業の経済的価値にどのように関係してくるのか，といった検討が必要になってくる。このような背景から，本章では，企業のこの種の活動による価値をどのように評価するかについて，企業価値評価との関係で検討する。

　まず，財務情報と企業価値評価との関係についての課題を整理する。これを踏まえて，非財務要素の企業にとっての意味，その取り扱いをめぐる課題について，国際サステナビリティ基準審議会（ISSB）の動きをレビューするとともに，今後の企業価値評価について整理する。

1 財務情報と企業価値評価

⑴ 財務報告の企業価値評価への寄与度の変化

　企業活動は様々なステークホルダーとの協働・支援の下で成り立っている。このため，企業は様々なステークホルダーに対して，その意思決定に資するための情報提供（外部報告）を行っている。しかし今日では，企業を取り巻く環境と企業活動の意味を理解するためには，従来の財務情報のみでは不十分との認識がある。物事の変化を観察するためには，一般に時間の経過に伴い変化したもの，変化していないものを区別し，その変化の影響を確認する必要がある。その際，この変化を明らかにするために，同じ基準と様式で作成された報告書を時間軸に沿って比較することが効果的である。そこに，共通の会計基準によって作成された財務報告書の存在意義がある。

　ただ，その基準と様式で取り上げられる項目が，企業の活動状況を十分捕捉し得ていない場合には，報告書は読み手をミスリードすることにもなる。今，非財務要素が注目されている理由の１つは，企業価値評価が財務報告書の内容で十分説明されていないといった批判への対応策となっている点にもある。

　非財務情報は，財務情報を補完するものとして，企業の持続的成長を判断する際に必要な情報と位置づけられている。サステナビリティ関連の外部報告事項は，シー・ディー・ビー（CDP），気候変動開示基準審議会（Climate Disclosure Standard Board：CDSB），グローバル・レポーティング・イニシアティブ（Global Reporting Initiative：GRI），国際統合報告評議会 8 International Integrated Reporting Council：IIRC），米国サステナビリティ会計基準審議会（Sustainability Accounting Standards Board：SASB）といった諸機関が整合性協議を行い，2020年９月に「包括的な企業報告に向けた協議についての共同声明」を公表した。それによると，非財務情報は次の３つの領域に分類される。

- 財務諸表，注記による報告（領域Ⅰ）
- 企業価値の創造に重要性を持つ事項（領域Ⅱ）

72 第2章 非財務要素による企業価値への影響

・企業の経済，環境，社会への重要な影響についての報告（領域Ⅲ）

それぞれの報告対象を決定する基準となる重要性について，領域Ⅰ，Ⅱを財務マテリアリティ，Ⅲをインパクトマテリアリティと呼んでいる。これらは，概念的には比較的容易に区別されるものの，現時点ではサステナビリティ報告基準のグローバルな統一化の見通しは立っていないことや，ステークホルダーの情報ニーズも変化しつつあることより，現実の区別には多くの判断を伴うことになる。

非財務情報の意義を投資価値の視点，財務情報との関係について整理したのが**図表2-1**である。これからもわかるとおり，今後の経営環境と企業価値との関係を踏まえると，将来の企業価値を判断するための情報は多様化している。

これまでも，会計システムは，関連する価値観や他の基準・枠組みの動向にも注視しつつ対応し，発展を遂げてきた。例えば，財務状態及び経営成績に関する経営者の討議と分析（Management Discussion and Analysis：MD&A）を充実させることによって弱点を補うなどの取り組みが行われてきた。また，企業の任意開示として，非財務要素と企業活動との関わりに関する情報を含めた統合報告書が作成され，企業価値に関連する情報が開示されるようになった。そして社会的価値観の変化の方向性が明白になった今，変化する社会に対応して持続的成長を果たすために，企業は長期的視点から見た企業価値の向上のために，ビジネスモデルの変更を視野に入れた取り組みが必要になってくるものと考えている。

非財務要素をめぐる諸基準等について検討が進められている。**図表2-2**のとおりである。ここで重要な点は，企業が開示内容を企業価値との関係で充実させるためには，具体的な対策を経営管理に実装し，PDCAのマネジメントサイクルを回していくことにより，企業価値の向上を図っていかなければならないという点である。

バルーク・レブとフェン・グーは，1950年～2013年における米国上場企業の財務報告書の中の重要な指標である純利益と純資産が企業の時価総額（株価x

1 財務情報と企業価値評価　　73

図表 2 - 1　非財務情報の重要性の高まり

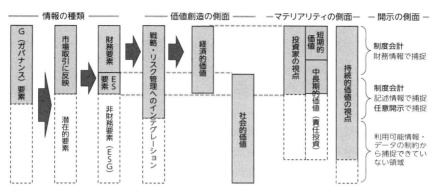

注）範囲はあくまでもイメージ
　　■先進企業により捕捉が進んでいる領域を示す
　　┆┆認識はしているが実現していない領域を示す（今後，認識が進み拡大する可能性が高い）
（出典）後藤茂之・鶯地隆継編著『気候変動時代の「経営管理」と「開示」』（2022年，中央経済社）
　　　　P.218

図表 2 - 2　非財務要素を巡る諸基準等の検討

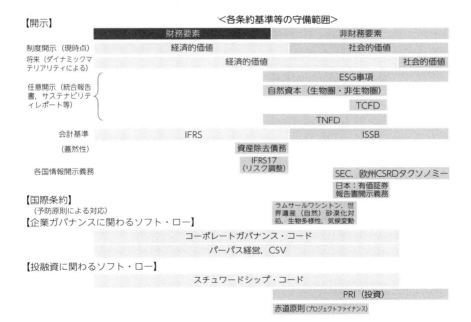

株式総数）についてどこまで説明力があるかについて，回帰分析に基づく決定係数（R2）を検証した。そして，財務情報の企業価値評価の判断材料としての寄与度は，1950年代と1960年代は約80～90％だったが，今日では50％に低下している[1]，と説明している。

バルーク・レブらは，6つの重要な財務指標（売上高，売上原価，販売費及び一般管理費，純利益，総資産，総負債）についてもほぼ同様の傾向を回帰分析で確認し，この財務指標の寄与度の低下傾向と経済と企業の産業化時代から情報化時代への移行時期との符合性から，無形資産が企業価値に及ぼす影響の拡大を財務情報寄与度低下の重要な要因として説明している[2]。

彼らは，その背景として，米国経済に起きた過去40年間の変化が他の先進国との類似性の度合いを変えたと指摘している。つまり，米国の有形資産に対する総投資額が3分の1超減少した一方，無形資産（特許，ノウハウ，ブランド，情報及びビジネスシステム，人的資本）への企業の投資額が約60％増加し，総付加価値に占める割合は9％から14％へと上昇し，この傾向は拡大し続けている，と説明している。そして，無形資産は企業価値と競争力をますます高めている一方で，有形資産は本質的に「コモディティ」であり，すべての競争他社が等しく利用可能で，さらにいえば重要な価値を創り出したり競争上の優位性を与えたりすることはできない。つまり，事業の第一の価値創造主体として無形資産が台頭した事実を指摘している[3]。

別の分析によると，**図表2-3**で示すとおり，その後もこの傾向は進んでいることが指摘されている[4]。

---

1 バルーク・レブ，フェン・グー『会計の再生―21世紀の投資家，経営者のための対話革命』（伊藤邦雄監訳，2018年，中央経済社）P.54～56.
2 バルーク・レブ，フェン・グー，前掲注1，P.59～61.
3 バルーク・レブ，フェン・グー，前掲注1，P.110.
4 OCEAN TOMO Intangible Asset Market Value Study（2022）では，1995年から2020年の主要国の株式時価総額に占める無形資産の割合についての分析がなされている。GAFAに代表されるIT企業を多く抱える米国市場において，この傾向は最も顕著に表れている。

図表2-3 企業価値評価における無形資産の割合の拡大と非財務情報開示の重要性

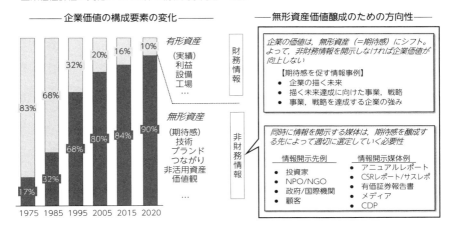

(出典) Components of S&P 500 Market Value

(2) 無形資産の評価の難しさと財務情報において蓋然性が重視される理由

　企業価値に関する評価において，制度化された財務情報の寄与度が低下していることが指摘されている。一方，これを補完すべく任意開示を強化する動きがある。しかし，強制的基準の存在しない任意開示内容に影響を受ける範囲が拡大していることは，発信者による情報の質のばらつきを拡大し，読み手の情報の取り扱いの多様性と同時に比較可能性の困難さを生み，意思決定に不確実性を孕む結果にもつながっている。

　投資はフローで資産はストックである。投資が増えればストックの価値も増す。だが，ストックの価値が減価償却すれば，その価値は減る。それゆえ，少なくとも，ストックへの追加分は投資として計測できる。一方，当該投資がキャッシュフローの拡大に貢献するなら，その減価償却の間中，収益の増加に貢献する。収益の増加は，純資産（ストック）の増加に貢献する。この増加，減少のネット部分が計測できれば，無形財産の投資効果を把握できる。

しかし，無形資産は有形資産とは異なる次の4つの特徴を持っており，この特徴が，企業価値との関係では，企業価値変動の不確実性を拡大させる要素（Sを頭文字とする下記の「4S」）となる。この4つの特徴が，今後の結果を容易に予測できないものとしている。

① スケーラビリティ（Scalability）性：ブランドや運営プロセス，サプライチェーンなどを通じてネットワーク効果を持つ。

② サンク（Sunk）性：企業が無形投資をして，後に撤退したいと思っても，それまで作った資産を売却して費用を回収することは難しい。有形資産と比較し，無形資産は標準化の度合いがはるかに小さいため，その費用は埋没していることが多い。このため，不当に評価すると，バブルを膨らませてしまうこととなる。

③ スピルオーバー（Spillover）性：特許のような法的手段で阻止できない限り，他の企業が他人のアイデアや知識といった無形資産を利用するのは簡単である。

④ シナジー（Synergy）効果：アイデアは他のアイデアと組み合わさることで，イノベーションを誘発する。そして，アイデア，新デザイン，新しいビジネスモデル，マーケティング方法などは組み合わせによって価値を高めるというように，お互いにシナジー（相乗作用による効果）を持つ。

　価値あるスケーラブルな無形資産を持ち，他の企業からのスピルオーバーを獲得することに成功する企業は，生産性が高く，利潤をあげ，競合他社を凌駕することが想像できる。ただし，無形資産の持つ上記4Sの効果は，支出とキャッシュフローの流出に直接的かつ迅速に反映されるものではなく，紆余曲折を経て表れ，その効果も様々な要素によって変動する。したがって，長期的視点でその効果を観察しなければならない。しかしながら，時間が経過すればするほど他の要素も登場して影響を及ぼすので，効果の特定には困難が伴う。

　また無形資産の重要性の高まりは同時に，他の無形資産とのシナジー効果を発揮させるために，優れた人材を必要とすることとなる。それゆえ，無形資産への注目は人的資本への関心の高まりとも同期することとなる[5]。

過去の情報を重視する意味について，バルーク・レブらが興味深い指摘をしているので，紹介しておきたい。

「企業の将来キャッシュフロー，製品，市場シェアといった未来の業績に基づいて行われる投資家の意思決定のために，（企業の財務報告書といった）過去志向情報はどのようにして有用性を持つのだろうか。その答えはある一定の範囲で過去の業績はそれが繰り返される傾向があると人々が一般に信じているからである。もし過去のパターンが将来繰り返す保証が極めて低いという状況が予想されるとするなら，ますます将来の予測として過去志向情報は利用価値を失うことを意味する。」

バルーク・レブらは，現在の財務報告書が，無形資産を十分取り込んでいない原因として，投資と費用を適切に区別できていないため，将来の企業価値創造（企業業績と競争優位性）に貢献する取り組みを十分読み取ることができない現実を指摘する。そして，会計の有用性喪失を克服するものとして，持続的な競争優位を獲得するにあたって，投資家が事業の戦略（ビジネスモデル）やその経営者による実行の程度を評価するために必要となる本質的な情報を投資家に提供することを狙いとした「戦略的資源・帰着報告書（Strategic Resources & Consequences Report：SR&CR）」の作成を提案している[6]。これは，長期的視点から見た将来の企業価値創造について分析した報告書である。IR においてアナリストからの質問の多い事項に関する回答となるべき報告書ともいえる。例えば，メディア・エンターテイメント会社における顧客獲得という戦略的資源について，投資コストに対する顧客成長（ベネフィット）

5　従業員コストは，今日，企業経費の20％～70％を占めている。この数値を適切に評価できないと，人的資本への投資に対するリターン（ROI：Return on Investment）の測定を誤ることとなる。経営幹部は，抱える人員のコストや生産性カーブを記述し測定するための評価尺度を必要とする。定量尺度は，「何が起こったか」をわれわれに語るが，定性尺度は，「なぜそれが起こったか」について情報を与える。定性尺度と定量尺度を併せ持つことで，結果及びその促進要因への洞察力，あるいは，原因への分析において重要である（ジャック・フィッツエンツ『人的資本のROI』（田中公一訳，2010年，生産性出版）P.35）。

6　バルーク・レブ，フェン・グー，前掲注1，P.176

を紐づけさせ，その顧客の増加がもたらす将来利益から，投下資本利益率（ROI）を評価して報告するなど，読み手にとって従来の財務報告書では明らかとならない情報を提供するものである。

そして，メディア・エンターテイメント，損害保険，医療・バイオ技術，石油・ガス会社といった4セクターを具体的に取り上げ，これらのセクターにおける戦略的資源，帰結報告書に記載されるべき具体的内容，すなわち，将来の企業価値を予測する際の長期的な競争力を維持する能力を評価するための視点（資源開発（投資），戦略的資源，資源保持，資源展開，価値創造）を提示し，それらを価値創造ストーリーとして関連づける開示を例示することによって，当該報告書の有用性を提案している[7]。

これらから明らかになる点は，セクターごとにそれぞれの視点から提示される項目が固有性を持って異なっていること，これらの内容や関係を財務情報システムから読み取ることは困難を伴うことである。企業の非財務要素への対応にあてはめるとするなら，社会的価値と経済的価値の両立について，いかにビジネスモデルを変革し，長期的視点から企業価値の向上につなげていくのかをどのように開示していくのかといった問題といえよう。この成果が確定情報として反映されるまでには，相当の時間を要することとなる。そのため，価値創造ストーリーを提示し，いかに効果的に説明できるかを検討することが重要となろう。

(3) 蓋然性と可能性との相克

現在は，期間損益計算を中心とした現行会計の枠組みから国際会計基準に代表される将来予測（見積）の会計の枠組みへの移行期にある。現行会計では，原則，取得原価主義で資産・負債を評価し，一定期間中に発生した費用と実現した収益を基礎に当期の実現利益を計測する。ここでは，資産，負債，費用，収益とも過去の確定数値をベースとしている。

一方，現在保有する資産，負債を評価時点の市場整合的な価値で評価する国際会計基準では，現実に市場価格がない場合の対応として公正価値で評価する

7　詳しくは，バルーク・レブ，フェン・グー，前掲注1，P.177～252を参照。

ことが規定されている（IFRS 第13号（公正価値測定））。公正価値が市場を基礎とした測定であり，企業固有の測定ではないということを明確にしている。

　また，観察可能なインプットと観察可能でないインプットを区別し，関連性のある観察可能なインプットの使用を最大化し，観察可能でないインプットの使用を最小化することを企業に要求している。

　IFRS 第13号では「同一の資産又は負債についての価格が観察可能でない場合には，企業は公正価値を他の評価技法を用いて測定する。その評価技法は，関連性のある観察可能なインプットの使用を最大限とし，観察可能でないインプットの使用を最小限とする。公正価値は市場を基礎とする測定であるため，市場参加者が当該資産又は負債の価格付けを行う際に用いるであろう仮定（リスクに関する仮定を含む）を用いて測定する。(IFRS 第13号，第 3 項)」という手順を示している。

　そして，インプットを 3 つのレベルに分けて，レベル 1 のインプットが最も優先度が高く，レベル 3 のインプットが最も優先度が低いとしている。レベル 1 のインプットは，活発な市場における無調整な相場価格。レベル 2 のインプットは，レベル 1 に含まれる相場価格以外のインプットのうち，資産又は負債について直接または間接に観察可能なものである。レベル 3 のインプットは，資産又は負債に関する観察可能でないインプットといった公正価値ヒエラルキーという概念を導入している。

　企業の生み出すネットキャッシュフローを合理的に見積もる際には，蓋然性（Probability）が重視される。蓋然性は確率論上の概念である。つまり，確率分布を想定した場合の期待値を意味する。これは，多くの過去のデータからその集合的特徴として確率分布を導いた上で得られる確率加重平均値のことである。ただ，この期待値を用いた将来予測の合理性担保の条件は，過去の集合の特徴が将来も変化しないということが前提となる。

　期待値から乖離する部分（＝リスク）については，リスク管理の領域で取り扱うこととなる。ここで，リスクの影響が深刻である領域，例えば，保険契約について考えてみる。保険契約は，リスクを積極的にとり，これをポートフォ

リオの形で管理するのを業とする保険会社が主として取り扱っている。このような契約には，IFRS第17号（保険契約）[8]が適用される。保険契約の負債評価には，「リスク調整」という概念が導入されている。ただ，このような取り扱いは，保険契約にのみ限定されている。

　2010年4月から資産除去債務が適用されている。環境債務（Environmental Liability）との関係で参考になる点はないか考えてみたい。環境債務は，将来支払うべき環境対策費用の総称で，固定資産には限定されない。また，資産の除去時に支払われるものに限定されないものであり，直接関連するものとはいえないが，何らかの気づきが得られる可能性はないかと考えるからである。

　資産除去債務に関する会計基準[9]では，該当する環境債務を含め，原状回復費用などの資産除去債務を計上することが求められている。環境債務については見積もりが困難であることも多く，会計基準の適用後，計上された資産除去債務の多くは，賃借物件等の原状回復費用であった。

　会計基準では，資産除去債務に該当する事象であっても，その金額が合理的に見積もることができるようになった時点で負債として計上すると規定されている。一方，資産除去債務の履行時期や除去方法が明確にならないことなどにより，その金額が確定しない場合でも，履行時期の範囲及び蓋然性について合理的に見積もるための情報が入手可能なときは，資産除去債務を合理的に見積

8　詳しくは，有限責任監査法人トーマツ『最新IFRS保険契約―理論と仕組みを徹底分析』（2022年，保険毎日新聞社）を参照されたい。

9　2008年3月に企業会計基準委員会から公表された「資産除去債務に関する会計基準」と「資産除去債務に関する会計基準の適用指針」に基づき処理される資産除去債務とは，「有形固定資産の取得，建設，開発または通常の使用によって生じ，当該有形固定資産の除去に関して法令または契約で要求される法律上の義務およびそれに準ずるものをいう」と説明されている。有形固定資産を除去する際に，当該有形固定資産に使用されている有害物質等を法律等の要求による特別な方法で除去する義務がある場合，この除去に直接関わる費用が資産除去債務となる。通常の使用とは，有形固定資産を意図した目的のために正常に稼働させることと定義づけ，不適切な操業等の異常な原因によって発生した場合は，資産除去債務の対象外としており，このような通常の操業ではない事故から発生した土壌汚染については，資産除去債務として扱うのではなく，引当金や減損の対象として扱うこととなる。

もることができるケースに該当する。例えば，キャッシュフローの発生額は確定していないが，キャッシュフローの発生確率の分布が推定可能であるために当該発生額の見積もりが可能な場合には，資産除去債務を合理的に見積もって，負債として計上することが必要となる。ただし，法的義務によって環境債務が取り扱われることも否定できない。このような事例における会計上の取り扱いについても，今後の動向に注視が必要となろう。

　将来の測定の合理性を高めようとすると，蓋然性の確保が必要となるが，蓋然性を厳格に扱えば扱うほど，投資家にとっての企業価値に関する判断情報の範囲を狭めてしまうこととなる。つまり，蓋然性と可能性の相克をどのように整理するかが今後の検討ポイントの1つと思われる。

　TNFDの最終報告の公表以降，企業における自然資本への任意開示が進められている。会計の取り扱いについては，今後の基準の公表を待つ必要がある。

　非財務要素への企業活動が企業価値へどのように反映されるのかについて今後観察していく必要がある。企業価値への重要性への影響は，今後，時間の経過とともに変化していくもの（ダイナミックマテリアリティ）と考えられるため，市場関係者の意思決定の変化をモニタリングしていく必要がある。

2　非財務要素への対応

(1)　国際サステナビリティ基準審議会（ISSB）の動き

　財務情報の有用性をめぐる議論については，本章1で既に述べたところであるが，この点を踏まえて，会計情報の中に非財務要素がどのような形で取り入れられ，どのように情報化されるのかについては，今後とも注視していく必要がある。非財務要素の影響の拡大に伴い，企業価値を評価するための情報として，現在検討が進められている国際サステナビリティ基準審議会（International

82 第2章 非財務要素による企業価値への影響

Sustainability Standards Board：ISSB）の検討にも関心が高まることとなる。

　ISSBは，投資家の情報ニーズを満たす包括的なグローバル・ベースのサステ
ナビリティ開示基準を開発する目的のために国際財務報告基準（IFRS）財団に
よって2021年11月に設立された。最初のIFRSサステナビリティ開示基準とし
て，2023年6月にIFRS S1号及びIFRS S2号を公表した[10]。ISSBは，財務諸
表とつながりのある情報（Connected information）としてのサステナビリティ
関連財務情報の関連性を重視している。S1号の目的は，一般目的財務報告書
の主要な利用者が意思決定において，企業のサステナビリティ関連のリスク及
び機会に関する有用な情報を企業に開示することを要求することにある。ここ
では，企業がサステナビリティ関連財務開示をどのように作成し，報告するの
かを規定している。開示された情報が企業に資源を提供する投資家の意思決定
に活用されるよう，開示の内容及び表示に関する全般的要求事項を定めている。
つまり，企業の見通しに影響を与えると合理的に予想されるサステナビリティ
関連のリスク及び機会に関連する重要な情報[11]を，S1号で定めた原則に従った
表現で，一般目的財務報告書の一部として提供することを要求している。

　短期，中期，長期にわたりキャッシュ・フローを生み出す企業の能力は，企
業とその利害関係者，社会，経済及び企業のバリュー・チェーン[12]全体の自然
環境との相互作用と密接に結びついているため，サステナビリティ関連のリス

10　IFRS S1号，S2号の中身やその特徴については，詳しくは，有限責任監査法人トーマ
　　ツ「サステナビリティ報告のグローバル実務」（2024年，中央経済社）を参照願いたい。
11　トーマツ，前掲注10，P.47では次の説明がある。「重要性の定義は抽象的で少しわかりに
　　くいが，それを省略したり，誤表示したり不明瞭にしたりしたときに，特定の報告企業に
　　関する財務諸表とサステナビリティ関連財務開示を含む一般目的財務報告書の主要な利用
　　者が，当該報告書に基づいて行う意思決定に，当該情報が影響を与えると合理的に予想し
　　うる場合には，重要性があるとされている。」
12　ここで，バリュー・チェーンとは，製品またはサービスの構想から提供，消費及び終了
　　まで，企業が製品またはサービスを生み出すために使用し依存する活動，資源及び関係を
　　含んだ概念である。これには，企業のオペレーション（人的資源など），企業の供給，マー
　　ケティング及び流通チャネルにおける活動，資源及び関係が含まれる。また，企業がオペ
　　レーションを行う財務的環境，地理的環境，地政学的環境及び規制環境などが含まれる。

ク及び機会に関する情報は，利用者にとって重要である。これは，企業とその
バリュー・チェーン全体にわたる資源及び関係が一緒になって，企業が運営す
る相互依存システムを形成し，これらの資源及び関係に対する企業の依存関係
と，それらの資源と関係に与える影響が，企業のサステナビリティ関連のリス
ク及び機会を創出するものと考えているからである。

　S2号はテーマ別の開示基準であり，該当テーマの開示がある場合は，この
テーマ別の基準に従う必要がある。テーマ別基準として最初に公表されたの
が，気候関連のリスクと機会に関する情報開示基準となるS2号である[13]。な
おIFRS基準に準拠するためには，これらの基準のうちの1つではなく，すべ
ての基準に準拠することが求められている。
　S1，2号で求められる開示事項は，気候関連財務情報開示タスクフォース
（TCFD）の基準と同様，「ガバナンス」「戦略」「リスク管理」「指標と目標」
の4つを柱としている[14]。
　S1号は，短期，中期，長期にわたり企業のキャッシュ・フロー，資金調達
へのアクセス，または資本コストに影響を与えると合理的に予想されるすべて
のサステナビリティに関連するリスク及び機会に関する情報を開示することを
企業に要求している。
　S2号では，気候変動に関連する事項が規定されている。そして，TCFDの
提言を適用する企業にとって，気候関連シナリオ分析は既によく知られている
という事実を踏まえ，S2号ではシナリオ分析を要求している。
　定量的情報を提供する際，企業は単一の金額または範囲を開示する場合があ
る。S2号は，企業が使用したインプットに関する情報（例えば，分析に使用

13　気候変動以外のテーマについても策定していく予定であり，ISSBが2023年5月に今後
　2年間のアジェンダの優先度に関する意見募集によると，①生物多様性，生態系，生態系
　サービス，②人的資本，③人権，④報告における統合が挙げられている。
14　生物多様性などを含む「自然」にフォーカスする機関として2021年に設立された自然関
　連財務情報開示タスクフォース（TNFD）が2023年9月に公表したTNFD提言において
　もTCFDの4つの柱は継承されている。ただ，TNFDでは，自然に対して企業は「依存」
　と同時に「影響」を与えていることを重視し，TCFDにおける「リスク管理」という用語
　を「リスクと影響の管理」と修正している（詳しくは，第6章2(1)を参照）。

した気候関連シナリオとその情報源，分析に多様な気候関連のシナリオが含まれていたかどうか，そのシナリオの中で，企業が気候変動に関する最新の国際協定（パリ協定）に沿った気候関連シナリオを使用したかどうか）を含む，気候関連のシナリオ分析に関する具体的な開示を要求している。

　気候変動への緩和策は，IPPC やパリ協定，気候変動枠組条約の下で，GHG の削減目標が共有されており，各国単位でそれに向けた削減目標を提示し公表している。GHG 排出量の測定方法についても標準的な基準が公表されている。しかし，温暖化による現実の物理的リスク（気温の変化や自然災害の発生など）への影響は地域差が大きい。また，生物の生息環境も地域性が大きく影響する。そこで，対応策は個別問題として講じていかなければならないと整理される。

　ただ，生態系及び生物多様性問題は，特に一部のセクター（不動産，飲料水，林業など）においては，現実の事業との関連性が強い。それゆえ，将来の事業価値への影響は直接的である。しかしながら，時間軸を踏まえると，不動産のように土地開発が直接土地改変による自然環境への悪影響につながり，対策を打つ必要性が明確である場合を除き，例えば，飲料水関連業においても，その影響は中長期的である。企業価値への反映の経路としては，インプット，アクティビティ，アウトプット，アウトカム（社会的インパクト）につながり，この過程で企業価値に影響を及ぼすため，現時点で将来の企業価値への影響を蓋然性を持って予測することは困難といえる。この点は**第 3 章**でさらに検討したい。

(2)　社会的価値，経済的価値向上の両立

　企業が社会的価値と経済的価値の両立を考えることは，2022年 8 月に発表された経済産業省の「サステナブルな企業価値創造のための長期経営，長期投資に資する対話研究会（SX 研究会）」の報告書の中で，「社会のサステナビリティと企業のサステナビリティの同期化」と表現されている内容を具体化することとなる。

　企業が社会的価値への貢献と経済的価値向上を連動させようとするために

は，そのための明確な長期戦略と投資計画を検討する必要がある。したがって，少なくとも企業の立場からすると，中長期的視点で見た場合，企業の経済的価値へ反映される必要がある。つまり，**図表2-4**のような関係を想定する必要がある。

図表2-4　企業にとっての社会的価値と経済的価値の両立の意味

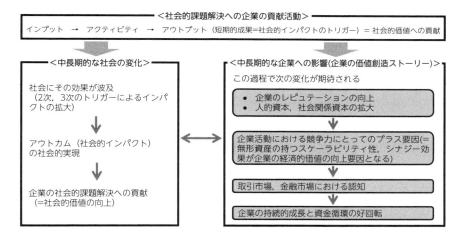

社会的価値と経済的価値の両立を図っていくためには，上図における左側の流れにあるとおりの成果を実現するための取り組みと右側の効果を想定した対外発信を十分検討する必要がある。そのためには，右側の流れにあるとおり，企業価値向上へとつながっていくための価値創造戦略と達成のためのマネジメントが重要となる。また，ステークホルダーとの間で価値観を共有し，その達成のために企業の企図する構想をステークホルダーへ積極的にアピールすることが重要となる。

このため企業の戦略や計画は，目指す社会的変化についての明確な考え方と同期していなければならないこととなるが，社会的インパクト達成の評価の難しさについては次の指摘がある。

「市場は，企業の戦略や製品が通用するかを見極める最終試験の場だ。顧客のリピート購入という形でのフィードバック，あるいは株価を通じて瞬時に伝わる株主からのフィードバックは，即時的でわかりやすい。企業は，これらのフィードバックに対応して戦略や業務を修正する。だが社会的インパクトを目標に掲げる組織にとって，ミッションをどの程度達成できているかを見定める

のは非常に難しい。有効性を判定したりお褒めの言葉をくれたりするような市場のルールは存在しないからだ。」[15]

　ここでわかるとおり，企業としての明確なビジョンとプロアクティブな設計，関係者への効果的な発信が極めて重要となる。

　ある企業が社会の価値観の変化を将来の企業活動との関係の中で整理し，将来の企業の成長と社会の発展を同期するための長期戦略を推進しようとする状況を想定してみたい。ここで，企業価値へ反映させるためには，企業活動を社会的価値，経済的価値の両立を前提に，社会的価値への対応を通じて中長期的にどのように企業価値を向上させるかの道筋を投資家に説明する必要がある（この点については，**第3章3**(2)で改めて触れる）。

3　今後の企業価値評価

　IIRC[16]が提示した統合報告のためのフレームワークでは，企業の保持する資本として，財務資本に加え，製造資本，知的資本，人的資本，社会関係資本，自然資本へと拡大し，企業価値創造の担い手となる資本の概念を拡大している。そして企業は，これらの資本を活用して将来生み出す価値をいかに高めていくかという視点で統合報告書の中で情報を開示していくのかについて提案している（**図表2-5**参照）。

15　マーク・J・エプスタイン，クリスティ・ユーザンス『社会的インパクトとは何か』（鵜尾雅隆，鴨崎貴泰監訳，2015年，英治出版）P.142。
16　IIRC は，2010年に財務資本の提供者が利用可能な情報の改善，効率的に伝達するアプローチの確立等を目指して設立された，規制当局，投資家，企業，基準設定主体，会計専門家，学術団体，NGO により構成される国際組織である。2013年に統合報告書の作成に係る指導原則や内容要素をまとめた国際統合報告フレームワークを公表している。その後，2022年8月に IIRC は SASB と統合し，2021年6月に設立された Value Reporting Foundation（VRF）は，ESG 情報の国際的な開示基準を作成する IFRS 財団に総合されている。

図表2−5　統合報告フレームワークにおける非財務資本と企業価値との関係

価値創造，保全，毀損のプロセス

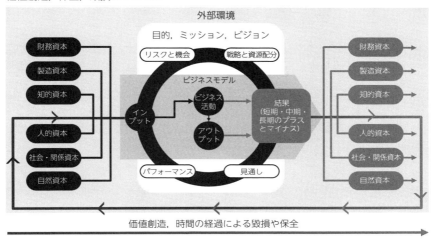

（出典）IIRC 国際統合報告フレームワーク2021年1月改訂版（試訳）

　経済産業省は2017年に「価値協創のための統合的開示・対話ガイダンス─ESG・非財務情報と無形資産投資─（価値協創ガイダンス）」を公表した。このガイダンスは，経済産業省に設置された「持続的成長に向けた長期投資（ESG・無形資産投資）研究会」における検討に基づいて策定されたものである。企業と投資家との間の対話や情報開示の質を高めるための基本的な枠組みを提示し，自主的・自発的な取り組みの「指針」となることを期待して作成，提案されたものである。

　価値協創ガイダンスは，無形資産投資やESGへの取り組みがどのようにして企業の稼ぐ力（強み・競争優位性）を確保・向上させ，中長期的な企業価値の創造につながるかというストーリー，すなわち「価値創造ストーリー」を説明するためのフレームワークとして，「価値観」「ビジネスモデル」「持続可能性・成長性」「戦略」「成果と重要な成果指標（KPI）」「ガバナンス」という一連の価値創造の流れを整理している。これは，競争優位やイノベーションの源

泉となる人材や知的財産，ブランド等の無形資産への投資を重視し，また，企業の持続可能性・成長性という観点から，ESG への取り組みも重視する考え方に基づくものである，と説明されている。

ESG に関しては，主に「持続可能性・成長性」「戦略」の項目で触れられており，そこでは，企業が自社の中長期的な企業価値やビジネスモデルの持続性に影響を与える，あるいは事業の存続そのものに対するリスクとして，どのような ESG 要素を特定しているか，その影響をどのように認識しているかを示すとともに，そのようなリスクへの対応や事業機会につなげるための取り組みを戦略として示すことの重要性が指摘されている。

価値協創ガイダンスは，企業と投資家が多面的視点から情報開示や対話を通じて互いの理解を深め，持続的な価値協創に向けた行動を促すことを目的としている。社会的価値と経済的価値の両立を検討する際にも参考にすべきものと考える。その観点から，このガイダンスには大きく分けて2つの役割が期待されている。
① 企業経営者の手引きとして企業経営者が，自らの経営理念やビジネスモデル，戦略，ガバナンス等を統合的に投資家に伝えるための手引きとしての役割が期待されている。このガイダンスの目的は，直接的には企業の情報開示や投資家との対話の質を高めることではあるが，それを通じて，経営者が企業価値創造に向けた自社の経営のあり方を整理し，振り返り，さらなる行動に結びつけていくことも期待されている。
② 投資家の手引きとして投資家が中長期的な観点から企業を評価し，投資判断やスチュワードシップ活動に役立てるための手引きとしての役割も期待されている。投資家やアナリストは，企業側か情報が開示・説明されることを待つのでなく，企業との情報・認識ギャップを埋めていくためにこのガイダンスを参照して企業と対話を行い，自らの投資判断等に必要な情報を把握することが期待されている。また，このガイダンスは，機関投資家がスチュワードシップ責任を果たすために行う投資先企業の状況把握や，対話・エンゲージメント等を実施するための枠組みとして活用されることも想定してい

3　今後の企業価値評価　89

る。

　企業の自然環境保全に関わる活動は，社会課題解決への貢献活動である。そして，この社会的価値向上に関わる活動は，事業と密接な依存関係を有する自然の提供サービス（特に生態系サービスのうちの供給サービスは事業との関係が直接的である）の保全につながる。同時に，この活用を通じた経験は将来の企業の人的資本や社会関係資本の向上につながっていくものと期待される。もちろんこれらの資本の向上が，将来の中長期的な企業競争力強化に貢献し，それらの資本の将来のキャッシュフロー生成能力の向上へとつながっていく保証はないが，企業が戦略的に取り組めば，将来の経済的価値に転じることが可能となる。

　中長期的視点から企業価値創造ストーリーを明確に描いて，その達成に向けて組織的に行動していくといった企業の強い意思は，積極的な情報発信によってステークホルダーへと届ける必要がある。開示においてその報告対象を決定する基準となる重要性については，次の2点に留意する必要があろう。
　第1は，サステナビリティを測る非財務トピックのうち企業価値創造にとって重要なものを特定して開示する必要がある。SASB[17]がこの観点に焦点を当てている。
　第2は，社会や環境などマルチステークホルダーに重要なインパクトを与える非財務トピックを開示する必要がある。

　第1と2の重要性の視点の相違は，ダブルマテリアリティと呼ばれている[18]。ただ，前述した社会的価値と経済的価値の両立という動きが進展する

17　SASBは，2011年に米国サンフランシスコを拠点に設立された非営利団体である。各セクター別のマテリアリティ・マップを公表している。
18　TCFDやISSBが採用しているのは，経済的価値を重視するシングルマテリアリティであり，主として投資家を対象とした開示を想定し，環境などが企業に与える財務的なリスクや機会の重要性に基づいて開示の判断をすることを想定している。一方，TNFD提言では，各法域の規制におけるアプローチに従うとしており，ダブルマテリアリティの考え方に立っている。

と，第2のマテリアリティが第1のマテリアリティに移行する状況も想定される。こうしたマテリアリティ間の動態に着目した考え方をダイナミックマテリアリティと呼んでいる。

　伊藤邦雄は，企業価値経営のための3つの視点として，「会計の視点」「財務の視点」「経営戦略の視点」が重要だとし，「これらを有機的に結合して初めて奥深い分析が可能になる。すなわち，企業の戦略や組織運営の成否を分析するには，アカウンティングの視点からその成果が凝縮して表現させている財務諸表を分析する必要があるし，財務諸表分析の結果を適切に解釈するにはマネジメントの視点からその経営戦略を理解する必要がある。そして，企業価値を定量化するには，ファイナンスの視点による分析が不可欠である[19]」と説明する。

　企業は，会計情報や市場の各種指標を使って，収益性，効率性，安全性，成長性などの視点から企業価値を分析・評価する（ファンダメンタル分析）。
　これらの会計情報は，企業の戦略や業務活動との関係で説明されてきた。経営学における様々な戦略論[20]もこれらの指標と密接な関連の下で展開される。企業活動を支える金融も財務の視点として，投資家の要求する最低限の期待収益率（Expected rate of return）を「資本コスト（Cost of capital）」を重視してファイナンスの判断を行っている。ファイナンス理論では，株主の期待収益率と債権者の期待収益率の双方を超過するキャッシュフローを企業が生み出すことによってはじめて価値を創造したとみなす。

　これまで，企業価値の概念として，株主資本価値を最狭義の企業価値とし，これに債権者資本価値を含めた総資本価値を広義の企業価値として捉えてきたことからもわかるとおり，財務資本中心の枠組みとなっていた。今後，財務情報に含まれていない非財務情報まで考慮して企業価値を捉えていく際，経済的価値だけでなく，社会的価値を含めた企業価値（最広義の企業価値）の視点を

19　伊藤邦雄『企業価値経営』（2021年，日本経済新聞出版版）P.60。
20　例えば，事業戦略において，ポジショニング，資源依存，ブルーオーシャンなどの理論がある。

意識することとなる。ここで，社会的価値が将来的に経済的価値に時間の経過とともに反映されていくものと考えるなら，時間軸を踏まえた企業価値評価の枠組みに関心が払われていくこととなろう。

第 3 章

社会的インパクトと
金融機能

94   第3章　社会的インパクトと金融機能

第3章のポイント

　SDGs への対応には，企業の貢献が期待されている。企業の継続的活動には資金が必要である。本章では，企業活動と表裏の関係にある金融の機能に焦点を当てて，社会課題の解決や環境保全の取り組みに関連するファイナンスについて検討する。

　金融機関は，企業の将来の経済的価値の向上に伴うリターンを目的として，リスクをとって資金提供を行う。古くから社会や環境に関わる資金提供は行われてきたが，本章では，ESG 投資の拡大とソーシャルインパクト投資といった新たな動きに着目して整理する。特に，インパクト投資が企図している社会的インパクトの実現に関連して，社会的インパクトの意義と企業価値との関連について検討する。この検討が，企業が社会的価値と経済的価値の両立を検討する際の参考になることを期待している。

1 企業の行動変化と社会的インパクト

⑴ 社会的インパクト実現のためのアプローチ

　GRI，国連グローバル・コンパクトや WBCSD（持続可能な発展のための世界経済人会議）が発行した SDG Compass（SDGs の企業行動指針）の中では，企業活動においてインプット→アクティビティ→アウトプット→アウトカムという流れの下で目標の進捗度を測るための指標の選択を要請している。WBCSD は，企業活動が自然資本や社会資本に依存し，同時にそれぞれにインパクトを与えている関係を可視化し情報発信することが，投資家やその他のステークホルダーの意思決定にも影響を与え，自然資本と社会資本のより良いマネジメントにつながっていくものと考えている。自然資本プロトコル（Natural Capital Coalition 2017）や社会資本プロトコル（Social & Human Capital Coalition 2019）の開発・公表はこのような考えに基づいている。

　企業としては，この社会的価値への働きかけが中長期的に経済的価値にどのように反映されていくのかを注意深くモニタリングしつつ，長期戦略を適宜修正していく努力が必要となる。

　社会課題に対する有効な企業活動を実施するためにも，企業活動と社会的インパクトとの関係を事前に検討しておくことが重要となる。社会課題の解決のための検討の手順として，社会課題の介在するシステムにおける具体的問題点を絞り込み，それをどのようにしたいのか，将来の姿を明らかにした上で，どのような形で対応するのかを検討することになる。その際，社会課題を変革する際に図式化して検討する枠組みとして利用される手法として，社会変革理論（Theory of Change）とロジックモデルがある。

　社会変革理論は，団体や事業の立ち位置や他のプレーヤーとの役割分担を描き，成果と活動を結び，どうやって目標を達成するのかを包括的に説明する図式として利用されることが多い。事業の境界線や貢献範囲を明確にするのを助

けるのに効果があるといわれている。

　また，社会変革理論に基づくインパクト測定アプローチの中核部分を占めるのが，ステークホルダー分析である。この分析では，解決しようとするある社会問題を特定し，どうすればこの問題を克服できるかを整理する。そして，この問題への解決に取り組む企業（社会的企業）を想定し，その問題に取り組む方法やその取り組みによって直接，間接に影響を受けるステークホルダーを洗い出す。ステークホルダーの企業への期待，影響などを分析し，社会的インパクト目標の設定と達成するためのステークホルダーごとの具体的目標の設定，インパクトの測定・報告方法を決めていくというプロセスをとる。

　ロジックモデルは，ステークホルダーの事業の構成要素を描いた上で，事業単位でインプット→アクティビティ→アウトプット→アウトカムを論理的な因果関係で，明示的に結びつけ図式化することによって解決のための達成関係を明確化する手法として活用されている。

　ステークホルダー分析，ロジックモデルを使った経路分析，社会へのインパクトの視点や目標について整理するインパクトマップなどの作成の過程で，アウトカムの測定において参考にする情報やデータの確認を行うこととなる。官民統計データや先行研究データが活用できるケースの確認や，定量的に把握することが困難な項目やデータが入手困難な項目の洗い出しも，この過程で行っていく。ただ，現状では利用可能なデータに制約があるのも事実である。入手困難な項目については，代替的かつ定性的なアプローチをあらかじめ想定しておく必要もあろう。また，当面その評価において，一定の条件つきで実施する旨を明確にしておくことも重要である。なぜなら，その後の時間経過の中で，インプット，アクティビティの再考やKPIの有効性の検証，活動内容の深掘，取り組み計画の修正へとつなげていかなければならないためである。

　ここで改めて，社会的インパクトの意味について考えてみたい。

　社会的インパクトは多様，かつ広範である。企業活動に対する社会や環境に対する1次的影響だけではなく，2次，3次の波及によって社会の変革へと導

かれることとなる[1]。これは裏返せば，社会課題を解決するためには，様々な関係者の関与とコンセンサス形成，これらの関係者の行動変容などを必要とする。つながり合う世界での社会的変化は，多くの利害関係者の関心を考慮しなければならない。初期の段階においては，効果的な介入点（レバレッジ・ポイント）を中心に展開していく活動が，その後多くの関係者の行動へと拡大し，社会の変革へとつながる活動の拡大・波及を維持するためには，継続的な学習を通じた広範な協調関係の構築と資金調達能力の拡大が必要であることが指摘されている。つまり，システムが自己強化型とバランス型を通じて課題解決への前進型の循環（Feedforward）へとつながり，持続的に未来を共創する形で進んでいくことが理想形といえる[2]。

(2) 社会的インパクト創造サイクルとシステム思考

マーク・J・エプスタイン，クリスティ・ユーザスは，「社会的インパクト創造サイクル（Social impact creation cycle）」の重要性を次のとおり指摘する[3]。「この創造サイクルを実現するためには，組織のアウトプット（事業が生み出す直接的結果）とそのアウトプットが生み出すインパクトとの関係を明確にし，重要だと考えられるインパクトを生み出すための計画立案とその実行

1　社会の変革へとつなげる社会的イノベーションを実現するためには，第1に創造的なアイデアが時間，資金，献身と情熱といった資源に結びつく必要がある。第2に，有望なアイデアを実践で試し，度重なる試行の過程でアイデアの原型化（プロトタイプ化）を実現していく必要がある。このように，早期のプロトタイプ化，ベンチャーキャピタルによる集中的な支援，資金を供給するための厳密な成果管理指標等，この時期を加速するためのいくつかの手法は開発されているものの，この成功が不確かな時期を防ぐ方法は存在しない，と指摘されている。そして，第3に，あるアイデアが実践の中でその価値を証明した後で，成長，複製，適応やフランチャイズ等を通じて成長する必要がある。第4に，アイデアが学習と適応を通じて変化を続ける必要がある，と説明されている（ジェフ・マルガン『ソーシャル・イノベーション』（青尾謙訳，2022年，ミネルヴァ書房）P.18〜36を参照した）。

2　デイヴィッド・ピーター・ストロー『社会変革のためのシステム思考　実践ガイド』（小田理一郎監訳，2018年，英治出版）Part 3（P.257〜290）には，未来共創のためのシステム思考について考察されており参考になる。

3　マーク・J・エプスタイン，クリスティ・ユーザス『社会的インパクトとは何か─社会変革のための投資・評価・事業戦略ガイド』（鵜尾雅隆，鴨崎貴泰監訳，英治出版）P.23, 24, 33。

98 第3章 社会的インパクトと金融機能

をしやすくするよう，そして途中で負の影響を極力生み出さないように（リソースが希少で限られており，そのリソースを使って最大限の社会的インパクトを生み出すように）設計される必要がある。」

エプスタイン，ユーザスは，同サイクルの各プロセスでの検討事項について次のとおり説明している[4]。

「第一段階の何を投資するのか？　つまり，投資目標を検討しなければならない。なぜ投資するのか？　この投資によって何を達成したいと思っているのか？　社会的リターンだけが目的なのか，それとも金銭的リターンも求めたいのか？　関係強化やブランド構築，受けた利益を還元するなど，ほかにも目標があるのか？　また，社会的変化のためにどのリソースを投資してもいいかについても考える必要がある。時間を投資するのか，資金か，専門知識か，ネットワークか？　第二段階で，どの問題に取り組むのか？　第三段階で，どのような手順を踏むのか？　第四段階では，成功はどのように測定するのか？　第五段階で，インパクトを大きくするにはどうすればいいのか？」

また次の留意点についても指摘している。

「ほとんどの組織が，アウトプットを測定している（例えば，食事を何食提供したとか，雇用をどれだけ生み出したなど）。社会的インパクトの測定は，こうした成果が最終的には個人や環境にどれほど影響を与えたかを評価する（例えば，生活の質の向上や，保護できた生物種など）こととなる。その中でも一番の困難が，活動の第一目標である社会的インパクト（活動や投資によって生み出される社会的，環境的変化）の測定（Measurement）である。」[5]

塚本一郎は，アウトカムとインパクトはしばしば混同される傾向があるし，評価者によって解釈も多義的になりうると指摘した上で，インパクトの捉え方

4　マーク・J・エプスタイン，クリスティ・ユーザス，前掲注3，P.40〜42。
5　マーク・J・エプスタイン，クリスティ・ユーザス，前掲注3，P.34, 35, 37。

には，大きく2つのアプローチがある，と説明する。すなわち，1つは，インパクトをより長期的な効果，あるいは社会により広範な影響を及ぼす波及効果とみなすアプローチであり，他方は，インパクトを，そのプロジェクトに直接起因する純粋なアウトカムとみなすアプローチである[6]，と説明する。

システム思考の概略や重要性については，**第1章1(4)，3(1)**で説明したところである。システム思考の重要な目的は，システムの構造（**図表3-1参照**）を理解して，1つの小さな変化でシステム全体の大きな違いをもたらすことのできる効果的な介入点（レバレッジ・ポイント）を探すことにある。

図表3-1　システム思考⇒成長とループの相互作用

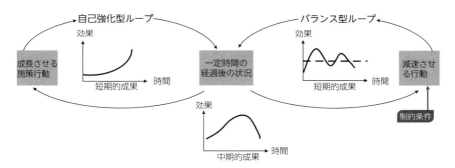

【留意点】
- 社会・経済の仕組みは単純ではない。複数のシステムの相互作用が繰り返されている動態的状況である。
- 様々な制約条件は常に発生し，バランス型ループを形成する。
- 持続的成長を志向するためには，成長の限界を自己強化型ループ，バランス型ループの相互作用として鳥瞰する中で，減速させている制約条件を洗い出す必要がある。
- 長期的視点で考えるなら，短期的な対処療法では解決しない。根本的対応のためには，バランス型ループを形成した制約条件を抽出し，それを弱めたり，取り除く必要がある。
- 現実の世界は，この動きの繰り返しである。常に発現の遅れやタイムラグの存在で変化に気づくのが遅れ，ゆでガエル現象が生ずる。小さな変化を見過ごすことなく，全体的システム思考が必要である。

6　塚本一郎，関正雄編著『インパクト評価と社会イノベーション』（2020年，第一法規）P.17，18。また，塚本は，エプスタインらは，インパクトを社会的目的組織の「究極のゴール」と同義に扱っているが，ゴールはしばしば計測困難あるいは計測不能であるとも述べている。つまり，より客観的なデータに基づき定量化された評価結果として示すことができるのは，「アウトカム」までであり，「インパクト」あるいは「社会的インパクト」としての評価結果は，その組織のゴールを基準に定性的に記述されることとなる，と説明している。

100　第3章　社会的インパクトと金融機能

　ここで，社会課題解決における有効なステップとその際に利用するシステム思考と社会変革理論，ロジックモデルの意義について整理しておきたい。

　システム思考，社会変革理論，ロジックモデルを活用することによって，複雑なシステム構造を有する環境・社会問題に対して，現在の課題を明確にし，その課題を生み出している現実の構造（As is）を明らかにする。そして，バックキャスティングによって望ましい将来の姿とその構造（To be）を描き，それを達成するための方策と変化の因果関係を図式に落とし込んでいくというプロセスが重要といえる。

　効果的な解決を図ろうとすると，現在のシステムがどのように作用しているか，そしてシステム上の課題はなぜそのように作用しているかを理解することが大切である。このようにシステムの構造や原因を理解し，レバレッジの効いた施策を洗い出すために，システム思考の知見は有益である。そして，社会の課題解決のためにシステムを変革しようとすると，そのシステムに関わり，課題解決のために必要となる多様な利害関係者の参画を求めて彼らと協働する必要がある。そのためには，どのような人や組織がその問題に影響を及ぼすか，またその問題から影響を受けるのかを整理し，それらの関係する人や組織がどのように協力しなければならないかを明らかにする必要がある。そこで，それらの関係する代表者が集まり意見交換することによって，問題解決のための組織化を図り，組織の課題解決のためのミッション，ビジョン，価値観を明確にすることが重要となる。このような共通の基盤づくりのためのツールとして，システム思考と社会変革理論，ロジックモデルは相互連携的に活用するのが有用といえる。

(3)　社会課題の解決と金融

　第1章1(4)で説明したとおり，エコロジカル・フットプリント（自然資本の需要）と生態系サービス（供給）との不均衡は1970年代から拡大傾向にある。2020年のエコロジカル・フットプリントによれば，世界全体で現在の消費水準を保つためには，地球が1.6個分必要となる。自然の再生能力を6割も上回るエコロジカル・オーバーシュートを解決するために，環境再生・保全が急がれている。この活動には巨額の資金が必要である。生物多様性保全のために必要

な資金だけでも，2030年までに年間7,220億～9,670億米ドルと推定されている[7]。これは，2019年にコミットされた生物多様性資金の推定1,240億～1,430億米ドルを大きく上回っている[8]こととなる。

現時点では自然保護と維持のために自然関連資金の80％以上が公共セクターから調達されていることから，大きく不足する資金を埋めるためには民間資金の流れを変えていく必要がある。

企業行動の変容と金融機能の変化は表裏の関係にある。企業活動は資金的な裏づけがなくては継続的に実行することはできないからである。既に**第1章**で述べたとおり，社会的価値観の変化は企業行動を変革させてきている。継続的な企業行動には継続的な資金提供が必要であり，金融の役割が重要となる。

金融機関は，これまでも環境汚染問題に貸し手責任として関わってきた。例えば，1980年にアメリカで制定された土壌，地下水汚染に関する浄化責任を規定した包括的環境対処補償責任法（通称スーパーファンド法）は，幅広い関係者を潜在的な汚染責任者と規定していたために，汚染に関わった企業や事業者に融資した金融機関の貸し手責任（Lender liability）についても問われる問題に発展した。これ以降，金融機関が融資等の際に貸し手の環境リスクから生じる責任から免責されるためには，一定の事前調査（デューデリジェンス）を行うことが慣例となった。これが，不動産証券化などで今日一般的となっているエンジニアリングレポートにおける土壌，地下水汚染調査に発展した。

こうした環境や労働関連のリスクに加え，事業の労働安全衛生問題や地域固有の文化等に関する配慮などを含めた環境や社会的な要素を考慮することを規定したルールが，2003年に大手金融機関で策定された「赤道原則[9]（Equator

---

7　Global Footprint Network, National Footprint and Biocapacity Accounts 2023.
　　https://www.footprintnetwork.org/licenses/public-data-package-free/

8　The Nature Conservancy, and the Cornell Atkinson Center for Sustainability（2020）
　　Financing Nature: closing the Global Biodiversity Financing Gap, pp. 12-13.
　　https://www.paulsoninstitute.org/conservation/financing-nature-report/

Principles)」である。

赤道原則は，プロジェクトファイナンスに対するものであるが，その後，様々な業界別の原則が作られるベースとなり，責任投資原則（PRI），持続可能な保険原則（PSI），責任銀行原則（PRB）へとつながっていく。これらの進展の背景として，銀行や運用会社などが顧客から預かった資産運用に対して，経済的な側面だけではなく，環境や社会面の配慮をすることが受託者責任に反するのではないかという意見もあり，イギリスの大手法律事務所が主要国の法律を調査した結果，「環境や社会面に配慮することは受託者責任に反することではない」という結論を出すに至った。

投資の世界におけるサステナビリティの動きは，かつては社会的責任投資（SRI）という比較的特殊な戦略投資領域であった。しかし，PRI の賛同の広がりとともに，ESG 投資が急拡大した。そして今，社会課題解決への直接的紐づけとイノベーションの促進を求めるインパクト投資へとその関心が広がってきている。

投資の流れは常に単純な動き方はしない。時々の金融をめぐる様々な要因の影響を受けるからである。実際，社会環境投資（ESG ファンドへの投資）が2021年に2020年の 2 倍近い水準に跳ね上がり隆盛期に入ったが，2022年には一転して逆風にさらされた。これは，欧州においてグリーンウォッシングのような不正を排除する動き[10]があったことや，ロシアによるウクライナ侵攻などの影響から再生可能エネルギー企業の業績や株価の現実の動きを冷静に見極める投資家の動きが起きたといわれている。また，ロシアによるウクライナ侵攻で

9　イギリスで策定されたことから当初グリニッジ原則と命名される予定であったが，北半球だけではなく，世界全体の取り組みであるという意味を込めて，赤道原則になったという。

10　EU の情報開示規則（Sustainable Finance Disclosure Regulation：SFDR）によって投資信託をめぐるルールが変更され，投信が，6 条（ESG ファンドに該当しない），8 条（ESGを志向するファンド），9 条（ESG ファンド）に分類され，ESG ファンドを名乗りながら化石燃料にも投資していた一部のファンドは，8 条に格下げされ，ESG ファンドが一気に減少するとともに，投資家が格下げになったファンドから資金を引き揚げる動きが進んだ。

ロシア産原油や天然ガスの利用が減り，原材料価格が高騰し，インフレ圧力が
持続したことなどにより，再生可能エネルギー企業の粗利益率が大きく悪化し
た一方，化石燃料株は，原油や天然ガスなど資源高騰による収益拡大となった
ことなどがその主な原因と考えられている[11]。

　これらの状況変化は，企業として環境対策には前向きに取り組んでいくもの
の，油田開発の停止まで踏み込めば社会の要請に応えられないとの考え方が現
れたものと考えられている。社会の移行期においては，このような環境派と開
発重視派のせめぎ合いは当然存在するが，今後の変化を注視しなければならな
い。

2　ESG 投資とインパクト投資

(1)　ESG 投資の意義

　改めて，ESG 投資登場の背景を振り返っておきたい。
　ESG 投資は，2004年1月にアナン国連事務総長（同時）と彼のチームが，
世界の開発課題解決に向けて目標を設定して，その達成に必要な資金を確保す
るために，民間の投資家の活用増進を念頭に，世界の主要金融機関のトップに
手紙を出したことから始まった。新たに認識された ESG 投資の考え方は，
2015年頃から急速に浸透し出した。これは，国連が SDGs を採択したり，気候
変動のパリ協定が採択された時期と呼応している。

　しかし，ESG 投資についての明確な定義は存在しない[12]。2004年に国連と民
間大手投資家の間で意見交換が行われた。この中で，民間投資家は，投資から
より高いリターンを上げることが自らの第一義的な目的であると主張した。最
終的には，国連は，環境，社会，企業統治に関わる重要な社会課題について

11　山下真一『環境投資のジレンマ』（2024年，日本経済新聞出版）P.42〜55に詳しい。

104　第3章　社会的インパクトと金融機能

は，中長期的には，政府や社会や国民が法律や行動を変えることが予想され，短期的ではなく長期的なリターン向上を目指す投資家は，それらの長期的な社会課題における制度変更に伴うリスクの登場や新たな事業機会を投資判断に織り込むべきである，との考え方で同意した。この流れを踏まえ，責任投資原則（PRI）では，投資判断にESGを反映させるという内容に決着したといわれている[13]。

　脱炭素対策について，国際エネルギー機関（IEA）が2021年に公表したWorld Energy Outlookによると，2050年にカーボンニュートラルを達成するためには，世界全体で年間投資を2030年までに4兆ドルに増やす必要があると指摘している。この膨大な設備投資需要をどう円滑に賄っていくかが，金融の役割となる。

　企業にとってESG要素は，従来の財務要素に十分組み込まれていなかった要素といえる。EとSは外部不経済の課題があるため，企業がビジネスに取り込むためには，外部不経済の内部化が必要となる。また，Gについては，基本的に内部性の課題といえるが，経営環境が社会的価値の変化に伴い大きく変化している中で，経営者が従来の思考の枠組みから脱却することが求められる。
　一方，投資家のサイドからは，特に年金など国民の社会保障制度の根幹をなす超長期性資金を運用する機関投資家にとって，企業経営の持続可能性を測る上で，企業のESG課題への取り組みは中長期の企業価値を左右するものである。そのため，その因果性を重視し，企業の財務情報や経営情報だけではな

12　ESG投資の定義について，本田桂子，伊藤隆敏『ESG投資の成り立ち，実践と未来』（2023年，日本経済新聞出版）P.21〜46で整理されている。「様々な視点があり，ESG投資に対する期待も異なっており，投資家と国際機関やNGO，NPOの間で同床異夢状態になっている」と指摘している。つまり，世界的な標準化には至っていないことがわかる。また，全世界でESG投資に関する運用資産総額に関する厳密な調査はまだない。GSIが調査したESG投資資産総額は，欧州，米，日，カナダ，オーストラリア，ニュージーランドの投資家から7分類に基づき集計したものである。それぞれの各加盟団体の定義に基づく数値であり，複数の区分にまたがる投資が含まれているため，必ずしも厳密な数値とはいえないが，最も実態に近い調査だと考えられており，概略の様子は把握できる。

13　当時の経緯については，本田桂子，伊藤隆敏，前掲注12に詳しい（P.19〜21）。

く，環境問題への取り組み，人権問題など社会問題への取り組み，汚職や贈収賄防止，取締役会構成等の企業統治への取り組み（ESG活動）をも考慮して投資の意思決定を行うことが求められている。このような投資のことをESG投資と呼んでいる。

本田桂子と伊藤隆敏は，15社の機関投資家に対して実施したインタビュー結果を紹介している[14]。その中で，特に次の記述は興味深い。

ESG投資を行う理由として，調査先の6割が，「リスクをマネージして長期的リターン向上」を理由としている。

「ESGデータについては，80％が外部のESGデータ会社から購入しているものの，必ずしも満足していないため，75％が独自データベースを作っている，という。

リターン向上については，15％が少しプラス効果があった，80％は，短期的にはプラス効果もマイナス効果もまだ確認されていない，と答えている。

課題については，80％がデータの確保，信頼性，比較性を挙げていた。」

これらの内容から判断するなら，現時点で，投資家は，ESG投資を企業のESG活動といった非財務要素を投資判断に織り込んで，リスク・リターンの向上を目指す投資であると考えていることがわかる。そして，投資家にとっては，社会課題の解決や改善は副産物と位置づけられていると考えられる。ここで，企業のESG取り組みを評価するESGスコア[15]が投資効果とどのように関係づけられるのかについて考えてみたい。実際，ESGのカバーする分野は大変広く，ある項目，例えば，気候変動対策に優れた企業が，その他のESG項目において同様には優れていないケースもある。このような状況を踏まえる

14　本田桂子，伊藤隆敏，前掲注12，P.107〜113。
15　ESG評価会社は，企業が開示している情報や，直接企業から徴収する調査票を使って，各社の定義や評価の枠組みに従ってESGの取り組み状況の評価を行いステークホルダーへ提供する「ESGスコアサービス」を実施している。ただ，評価の枠組みや具体的な評価方法は各社によって異なっており，統一性，標準性が整備されている現状にはない。

106　第3章　社会的インパクトと金融機能

と，ESG スコアでの総合評価に基づき選択された企業で構成された ESG 投信が特定の社会課題の解決のために貢献する活動の資金になっているとの紐づけをすることはできない。

(2)　ESG 投資のリスク・リターン

ESG 投資は，純粋にリスク・リターンを優先する「投資原理主義」という伝統的な考え方に対して，ESG を評価軸に加える新たな価値観を盛り込むことから「投資修正主義」と呼ばれている。

投資理論において，「ESG 投資がある銘柄を排除する投資手法だとすると，投資ユニバースに制限をかけることとなるため，リスクを一定とすると，リターンは，ESG でない投資に比べて低くなる」といった考えがある。しかし，ESG 投資が将来の財務情報の変化を予想して投資を行うものと考えるなら，中長期の効率フロンティアは現在のものとは変化しているはずであるから中長期の効率フロンティア自身が将来は変化している可能性がある。その場合，将来の効率フロンティアは現在の情報のみからは描けないが，ESG 要素を踏まえた分析により，そのフロンティアを部分的に垣間見ることができると考えるならば，ESG 投資は将来のフロンティアの先取りとなり別の話となる。

この点は，投資家の意思決定における判断材料として財務情報のみならず非財務情報の開示を要請している動きとも通じることとなる。

ESG 投資がリターンに与える影響については，徐々に研究成果が蓄積されてきているが，リターンを高めるという実証研究と，低くするという実証研究が混在している状況にある。今後消費行動が変わり，企業価値も変化すると予想されるため，この問題に結論を出すためには，さらにデータの蓄積を待つ必要がある[16]。

企業価値は，ESG 要素によって影響を受け変化すると考えられ，将来の財

---

[16]　本田桂子，伊藤隆敏，前掲注12では，ESG 投資がリスク・リターンを高める可能性について，効率的フロンティアを使った5つの仮説を検証している（P.152〜170）。

務情報を現時点で垣間見るためのツールとして，ESG 要素の影響についてシナリオ分析を実施すると考えてみよう。これらの分析によって，資産運用ポートフォリオの構成銘柄，そのウエイトの調整を実施することは，将来のポートフォリオの価値を高める可能性がある。あるいは，エンゲージメントを使ってその潜在的可能性を促進することが可能となる。また，ESG 対応が将来の企業が活動するための前提となる存続条件になると考えられる場合，ESG 要素への対応は，企業の将来の競争力に影響を及ぼすものと考えられる。

　企業が社会において担うべき役割は，時代とともに変化している。同時に金融の機能も社会の変化に伴い変わっていく。

(3)　インパクト投資の登場とその特徴

　「インパクト投資」という用語が登場したのは，2007年のロックフェラー財団主催の会議で「地球のためになる行動の手段として害を与えることを最小限に抑えるだけでなく，プラスのインパクトを作り出し，積極的に良いものを作り出すこと」を意味するものとして提示された。この新たな概念は，かつて投資資金を得てテック起業家が社会に変化をもたらし，わずか数十年の間に大企業に代わって GAFA として急成長を遂げたように，社会・環境に対するインパクトを機会と捉え直す投資として認識された[17]。

　これまで地球環境問題への対応の主たる担い手は，国家や地方自治体であった。政府や地方公共団体の予算以外で主たる資金供給の担い手は，慈善団体や NGO などであった。しかし課題解決のためには民間金融資金の拡大が不可欠となる。金融市場の変化を見ると，PRI の浸透，サステナビリティファイナンスの拡大など，地球環境問題を含む社会課題解決に向けた資金の流れに変化が起こっているものの，資金面の充足までには程遠い状況にある。巨大資金の担い手である機関投資家の参入が不可欠と考えられているが，投資としての最大のリターンを目指す投資家の受託者責任を果たすための投資対象として，当該

17　インパクト投資の経緯やその後の展開については，ロナルド・コーエン『インパクト投資』（斎藤聖美訳，2021年，日経新聞出版）に詳しい。

市場は未成熟でリスクの高さが認識されている[18]。

このような中で，投資の成果をより明確化しようとする動きとして注目されるのがインパクト投資である。インパクト投資は，共有価値の創造（CSV）と同様の哲学を持ち，社会的，環境的経済価値を意図的に創出または維持しようとする投資といえる。主流の投資と異なり，財務以外のアウトプットとアウトカムを測定，管理することにコミットした投資のことである。実際インパクト投資には，フィランソロピー財団，富裕者，開発金融機関など様々な投資家から主流の資本市場とは異なるチャネルを介して資金が流れているといわれている。

社会・環境課題に対処しようとする際，純粋な寄付では100％資金の損失が確定するとともに，助成金や贈答品への依存も維持される弊害が生じ，社会的，経済的発展を阻害するとも指摘される。そのため，社会課題の解決へ取り組むベンチャー企業に資金を投入し，リターンを得ようとする考え方は望ましいものと考えられている[19]。

インパクト投資という金融面の動きを単なる新たな金融商品と捉えては，その本質を見誤ることとなる。これは，これまでの社会・経済発展の陰で拡大してきた課題を社会が認識し，これらへの対応が急務であるとの社会的価値観の変化があり，環境保全や社会的課題の解決に貢献するビジネスを展開する企業へ資金を回していこうとする新たな社会的な潮流（社会政策，経済，金融など）と捉える必要がある。つまり，インパクト投資の領域は，これまで国家レベル地方レベルで行政が主体的に関与してきた。しかし，社会・環境課題は，その予算レベルの対応では到底解決できないこと，対応が待ったなしの状況に

---

18 機関投資家が参入するための課題については，ベロニカ・ベッティほか編著『社会を変えるインパクト投資』（2021年，同文舘出版）がP.14, 15に整理している。この中で，案件規模の小ささ，投資適格な案件の少なさ，リスクの高さに対してリターンが魅力的でないなど，現時点で受託者責任を十分満たすことのできない課題が挙げられている。

19 インパクト投資のファンドマネジャーへのインタビューを通じて示唆されることは，安定性と利益と成長のポテンシャルの双方が期待される成長段階のベンチャー企業への投資が好まれているということである。そして，シード段階やアーリーステージのベンチャー企業への投資には十分な資金が回っていない現状を報告している。（前掲注18・『社会を変えるインパクト投資』P.44, 45）

あることなどから，民間を含むあらゆる社会，経済主体の関与の下で確実な成果を求めて取り組んでいかなければならない課題として強く認識されるに至ったことから，この変化が顕在化している。

インパクト投資については各国の財政・金融事情を踏まえた取り組みが行われている。例えば，インドにおいては，インパクト投資家と伝統的な主流投資家との役割分担と連携がなされた興味深い事例となっている[20]。次に要約して紹介しておきたい。

「現在のインドのインパクト投資モデルは，主流投資家のVC（ベンチャーキャピタル）手法に基づいている。しかし，主流投資家が，ファンドの物理的な所在地に地理的に近接するインパクト企業に投資するのに対して，インパクト投資家は，サービスが行き届いていない市場や重要なニーズを抱えるセクターで活躍し，低所得の消費者とかかわっている営利企業への初期段階への投資を嗜好する点で異なっている。

また，インパクト投資家は，先駆的リスクを負い，短期的な利益よりも長期的な規模拡大と持続可能性への支援を目指し，企業への財政的支援に加えて非財務的な観点（アドバイザリーサービス，インフラストラクチャーおよび技術支援へのアクセスなど）でも支援する忍耐強い投資家としての特徴がある。

さらに，インパクト投資家は，インパクト企業のビジネスモデルにおけるリスクを主流投資家にわかりやすく説明するうえで重要な役割を果たしており，完全に撤退する前に，共同投資を通じて投資可能性を残し主流投資家とのネットワーク作りに貢献する。」

国ごとの社会インフラ整備状況や財政・金融事情の違いを踏まえるなら，インドの事例は，インドの実情の下でそれを補完するための民間のインパクト投資が機能した事例として捉える必要があろう。

---

20 詳しくは，前掲注18・『社会を変えるインパクト投資』P.347〜367を参照。また，インドの母子保健（Utkrishut Impact Bond：UIB）の概要については，亀山卓二，諸泉瑤子「開発途上国におけるSDGs達成のためのDIB活用の効果と展望〜インド事例からの示唆〜」（日経研月報）2021.8, P.40〜45も参照。

110　第3章　社会的インパクトと金融機能

　ESG投資の目的は，どちらかといえば，環境や社会問題といったマイナスの影響を低減させる要素が強かった。しかし，インパクト投資は，マイナスのインパクトを回避するだけでなく，プラスのインパクトを作り出すことを目的としている。

　2024年3月に金融庁は，「インパクト投資（インパクトファイナンス）に関する基本的指針[21]」を公表している。それによると，インパクト投資を「投資として一定の「投資収益」確保を図りつつ，「社会・環境的 効果」の実現を企図する投資である」と定義している。そして，一定の「収益」を生み出すことを前提としつつ，個別の投資を通じて実現を図る具体的な社会・環境面での「効果」と，これを実現する戦略・因果関係等を特定する点で特徴がある，と説明している。

　ただ，インパクト投資に関与している投資家は様々な特徴を持っている。そして，その目的，使命（経済的リターン優先か，インパクト優先かによって，ファイナンス・ファースト，インパクト・ファーストと呼ばれている），信条は異なっている。インパクト優先の投資家は，社会的インパクトを最大化することに主眼があり，インパクトと引き換えにマーケットレートを下回る財務的リターンの受け入れを厭わない。これに対して，インパクトを得つつ，マーケットレートのリターンを求める財務優先型のインパクト投資家も存在する。したがって，インパクト投資は，その目指す目的などの違いによって，**図表3-2**のとおり，分類されている。

　また，インパクト投資は，様々な資産クラス[22]の様々な投資機会から構成されている。このように資産クラスを横断した投資アプローチであり，投資の意思決定を行う際のレンズを表している，と考えるとわかりやすい。

　例えば，インパクト投資では，プライベート・エクイティ（PE）とデットというアセットクラス（投資対象となる資産の種類）が活用されることが多

21　https://www.fsa.go.jp/singi/impact/siryou/20240329/01.pdf より入手可能。
22　現金，債券，プライベートエクイティ（PE），不動産，オルターナティブ（ヘッジファンド，インフラを含む）など。

図表 3 − 2　ESG 投資とインパクト投資

ESG 投資｜インパクト投資

一般的な投資	ESG投資（ネガティブスクリーン）	（ポジティブスクリーン）	インパクト投資				一般的な寄付
Financial Only	**Responsible**	**Sustainable**	**Impact**				**Impact Only**

市場競争力のある財務的リターンを創出可能な案件への投資

環境・社会・ガバナンスへの配慮・リスクの緩和を念頭に置いた投資・資金提供

環境・社会・ガバナンスへの取組に積極的な案件への投資・資金提供

社会的課題解決を目的とし、社会的インパクトが把握可能な案件への投資・資金提供

市場競争力ある経済的リターン有

マーケットレートよりも低い経済的リターン

経済的リターンの意図なし社会的リターンのみ

| ・経済的リターンを意図する従来型の投資スタイル
・環境・社会・ガバナンスに対する積極的な関心はない | ・財務面からだけではなく、企業価値を毀損しない観点から、環境・社会・ガバナンスに対する配慮やリスク緩和を念頭に置いた投資スタイル | ・価値上昇の観点から、環境・社会・ガバナンスを重視する投資スタイル | ・投資家に対して市場競争力のある経済的リターンを生みながら、社会的なリターンを同時に提供する | ・経済的なリターンを生みながら、社会的なリターンも同時に提供する。
・経済的なリターンは一般的なマーケットレートを下回る場合もある | ・経済的なリターンを生みながら、社会的なリターンも同時に提供する。
・経済的なリターンは一般的なマーケットレート以下である。 | | ・社会的課題解決を支える、投資家に対する経済的なリターンは目的としない。 |

（出典）GSG（Global Social Impact Investment Steering Group）国内諮問委員会「インパクト投資の拡大に向けた提言書2019」（2021年 2 月修正版），エグゼクティブサマリー P.1

い。これは PE とデットが，様々なインパクト投資戦略の下でインパクトと財務的リターンの間の好ましいバランスを投資家自らが決定しやすいという実施可能な柔軟性を持ち，かつアーリーステージの投資機会としての性格を持っているため，インパクト投資家にとって最も活用しやすい手段となっている[23]と考えられているからである。

23　インパクト投資型 PE ファンドを組成する際の考慮ポイントやファンドの規模について，インタビューから得られた情報を踏まえた興味深い説明がある。以下に要約して紹介する。「ファンドの規模を大きくすると，取引コストが低下するものの，より多くのベンチャー企業に投資するか，より多くの確立された事業に投資する必要がある。その場合，投資の質の低下を招き，収益性の低下，社会的インパクトの低下，あるいはその両方のリスクを高める可能性がある。またその結果，比較的短い期間に多くの資金を投入しなければならないという圧力を高めることとなる。これらの結果，質の低い投資や，資金の非効率的な投入，あるいはその両方につながる要因となる可能性がある。」
（前掲注18・『社会を変えるインパクト投資』P.42, 43）

112　第3章　社会的インパクトと金融機能

⑷　インパクト評価の意義

　インパクトをリスク，リターンに次ぐ第3の評価軸に取り上げることの意味，社会的価値と経済的価値の両立の意味について考えてみたい。

　これまで，社会的インパクトは，財務的リターンとは別物であるという考え方が存在した。しかし，社会課題を解決しつつ収益を上げるという発想の転換も必要となる。つまり，社会的インパクトのおかげで巨大な潜在的市場を掘り起こすことができれば，大きな収益をあげることができるからである[24]。

　伝統的な投資では，投資リターンによってリスク資本の配賦を行うが，インパクト投資では，投資リターンとリスクという2つの軸に加えて社会的影響という3つ目の軸が加わる。このように，従来のリスク・リターンの2軸に加え，インパクトという第3軸を組み入れた投資フロンティアを構成することによってインパクト投資の拡大を図ろうとするインパクトフロンティアの論者は，投資評価の2軸（リスク・リターン軸）による有効フロンティアに，インパクト軸を加えた立体的な有効フロンティアを想定しようとする。ただ，リスク・リターンの関係が線形で描きうるのに対し，インパクトは非線形であるため，現時点では，社会変革理論やロジックモデルを使って捕捉しようとしている現実がある。ここで，社会課題と顧客課題が一致している領域（社会的インパクトが顕在化し顧客価値に直結しているビジネス，つまり共有価値の創造（CSV）が顕在化している領域）では，当該製品・サービスは市場取引と類似的に考えられる。つまり，一定インパクトは，リスク・リターンに反映されていることとなる。

　また，従来，政府や自治体が提供していたサービス領域は，社会課題（市場の失敗）を解決する目的で展開していた領域である。政府サービスの効率化の目的で発展してきた英国のソーシャル・インパクト・ボンド（Social Impact

---

24　ロナルド，コーエンは，インパクト思考の重要性を，テクノロジーを使ったインパクト起業家の事例を紹介して説明する。例えば，ドローンを使って冷蔵の輸血用血液を地域病院へ輸送するジップライン社の例や，視覚障害を持つ人がデバイスを装着すると視覚情報を音声で伝えるウェアラブルテクノロジーによって障害のある人の生活を改善するアーカム社の事例などである。詳しくは，前掲注17・『インパクト投資』P.45〜55参照。

Bond：SIB）は，政府や自治体の予算，慈善団体や NGO の資金提供によって発展してきた（SIB については後述）。この領域は，一般の市場取引に組み込まれているわけではないため，リスク・リターンに反映されているとは言い難いが，これまで政府が行ってきた費用便益分析の手法を活用して社会的投資収益率（Social Return On Investment：SROI）の形でその効果を評価しうる領域といえる。

このように整理すると，社会課題のビジネス化といわれる領域は，前述した2つの顕在化した領域とそれ以外の潜在的領域に大別できる（**図表3－3**参照）。

図表3－3　インパクト投資の顧客価値としての顕在化と今後の拡大

インパクト投資が対象とする領域で，現在顕在化している領域を表示すると下図のとおりである。

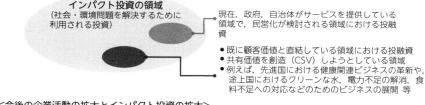

<今後の企業活動の拡大とインパクト投資の拡大>

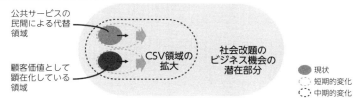

今後の企業による CSV の推進により，顕在化領域の拡大が期待されるものの，現実の投資効果の検討においては，両者は分けて考える必要がある。

しかし，これら以外の領域は，いまだ潜在化している巨大な領域であり，この領域に対していかに企業活動や金融が参入していくことができるかが，将来のインパクト投資の課題といえる。つまり，社会的価値と経済的価値はこれまで別次元の概念として整理されてきたが，前述の社会的価値観の変化の中で，企業価値評価においても従来の財務要素中心の「リスク・リターン軸」に加

え，新たに「インパクト軸」が認識されるようになってきたとの整理が自然であろう。

今後，この潜在化した領域に対する企業活動や金融の意思決定においては，リスク・リターン軸に加え，インパクト軸を意識することとなるが，インパクト効果は市場メカニズムに組み込まれていないので，当然貨幣価値評価されていない。そのため，今後インパクトを測る指標として，まずはKPIを設定しその領域に参入する企業活動のアウトプットを評価することによってアウトカム（社会的インパクト）へつながる測定方法を検討していく必要があろう。そして，この両軸は現時点では，同じ土俵の上で取り扱えるものではないため，別の枠組みで分析して両者を総合的に判断することになろう。今後時間の経過の中で，社会的価値と経済的価値の両立する領域が拡大するに伴い，インパクト軸がリスク・リターン軸に反映されてくる可能性があるものと整理されよう。

ここで，伝統的なアセットクラスとインパクト投資とは，時間軸や評価要素の違いを踏まえた管理が必要になる。インパクト投資の管理について，1つの考え方を示すなら，**図表3-4**のとおりである。

インパクト・ファーストの投資家は，多くの場合，社会的インパクトに目がいきがちになり，結果として，リスク・リターン軸だけで見ると，リスクに対して積極的なスタンスであるように見える。別の表現をすれば，「忍耐強い資本」にあてはまり，投資の回収期間が通常より長期であり，投資リターンが市場水準よりも低く設定される資本ともいえる。逆に，ファイナンス・ファーストの投資家は，市場リスクに見合ったリターンを目指しており，投資リターンに，おける社会的な影響に関しては，ある程度のプラスの効果くらいにしかみていない傾向があるといわれている。

(5) インパクト投資のポートフォリオ管理

インパクト投資に特化したファンドマネージャーのポートフォリオ戦略は次のとおり整理される[25]。

---

25 前掲注18・『社会を変えるインパクト投資』P.229〜249には，インパクト投資に特化したの実例が紹介されている。

2 ESG投資とインパクト投資

図表3－4　インパクト投資の資産運用ポートフォリオ内管理

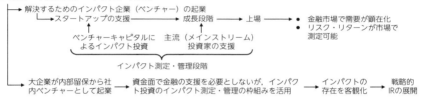

　まず，差し迫った社会的ニーズが存在するものの資金的サポートが不十分となっている市場を探索する。その際，特定の分野やインパクトテーマ（例えば，省エネによるエネルギー負荷の少ない住宅事業や，慈善団体とパートナーを組み，就学，就労，職業訓練を受けていない者に対する教育支援サービス，健康福祉に関連するテーマなど）に焦点を絞って，そのインパクトテーマに対して効果を生み出す可能性がある製品・サービス，場所，ビジネスモデルを有する事業者を探る。並行的にインパクト分析を実施し社会的インパクト実現への道筋を検討する。

　ここで，時間の経過とともに投資対象の企業が取り組む各テーマ同士が重なるスイートスポットが見いだせて，相互にシナジー効果を発揮できるとするなら，社会的成果を生むためのクラスターの形成が可能となる。そこで，そのような成果達成にリードできるようロジックモデルを構築し，ポートフォリオマネージャーとして各事業者へ働きかけ，投資家への働きかけを行う。

　そして，ポートフォリオの最適化や的確なインパクトリスクの管理を進める

こととなる。

金融機関の開示内容を見ると，サステナブル投資戦略を標榜し，伝統的ア
セットクラスの選択にESG要素を組み入れるとともにポートフォリオの一部
にインパクト投資を組み入れる方針を提示している金融機関も多い。例えば次
のようなポートフォリオ戦略である。
① 一定程度の社会的，環境的，または倫理的基準を満たさない企業やセク
　ターを除外する。（ネガティブスクリーニング[26]）
② 財務ファンダメンタルズ面とESG特性を分析し，持続可能性の高い証券
　へ投資する。これは，単純にESGパフォーマンス基準と財務特性を利用し
　て選択するのではなく，重要なESGリスクと成長機会を伝統的な証券評価
　（例えば，収益，成長性，割引率など）やポートフォリオ構築に直接組み込
　む（インテグレーション（Integration））ことを意味する。これらの銘柄に
　対して建設的対話（エンゲージメント[27]）を実施することとなる。
③ 金銭的リターンとともに測定可能な社会的及び環境的なインパクトを生み
　出す事業への明示的な投資を行う。ここで，インパクト測定は，特定の指標
　に関連づけ，基本ケース又はベンチマークと対比して測定されることが多い
　（インパクト投資）。

⑹ インパクト投資と社会的イノベーション

社会課題の解決につながる製品・サービスを提供するインパクト企業に対し

---

26 環境対策を強化する世界の年金基金や運用会社のダイベストメントは投資対象から外す
　ことで，企業が株式や債券を発行する際のコストを上昇させ，経営者に対して積極的に脱
　炭素に取り組むよう圧力をかける狙いがある。ダイベストについて，ある投資家が石炭企
　業の株式を売却し，ある銀行が石炭企業の融資から撤退しても，ほかの投資家や銀行が参
　入してくることから意味がない，という指摘がある。
27 エンゲージメントを効果的に進めるためには，同じ方針を持った会社が同盟を組んで対
　応することが有効であることから，ネットゼロを標榜する金融機関のイニシアティブへの
　参加の動きがある。しかし，一方で，米国のように，そのような動きは反トラスト法違反
　であるとの論拠で金融機関に圧力をかける反ESGの動きもある。現に批判を受け，脱退
　するという動きも観察されている。

てインパクト投資を実施することによって，各種のベンチャービジネスが始動し，異なる他のベンチャービジネスとの間にシナジー効果を発揮し，社会的イノベーションへと発展していくことも考えられる。金融機関がその主体的な機能を発揮して新たなエコシステム形成に寄与するようなインパクト投資を拡大していくという好循環は，社会変革につながっていくこととなる。このような取り組みに参画したインパクト企業にとっては，製造資本，知的資本，人的資本，社会関係資本などの非財務資本の蓄積へとつながっていく可能性を秘めている。これが将来ネットキャッシュフローの創造へと反映され，企業価値の向上につながる可能性がある。

　また，金融機関にとってベンチャー企業に対するインパクト投資は，かつてデジタル革命を牽引してきたGAFAのようなベンチャー企業を発掘し育成する投資戦略を意味する。イノベーションの開始点は満たされていないニーズと，それがどうあり得るかについての着想である，といわれる。企業活動と金融，社会的インパクトが相互に連動し，インパクト投資が主流投資家へも拡大し，エコシステム形成に寄与し，スケーラビリティ性，スピルオーバー性，シナジー効果を生み，今後の社会，経済の持続的発展へとつながっていくことも期待される。

　ところで，今日の社会課題は，公的機関，民間企業，市民が絶えず変化し続けるネットワークでつながっていく中で発生している，といわれている。それゆえ，その諸課題もネットワーク化しており，他の様々な課題と結びついている。このような社会課題を解決しようとすると，その課題と様々なシステムとの関係やシステム構造上の重要な問題点を洗い出した上で，新しい視点からのアプローチが求められている中で，「デザイン思考[28]」が注目されてきた。
　デザイン思考を行う意義の1つは，「社会はデザインされており，現在の社会構造におけるわれわれ人間の概念も特定のデザインの下で成り立っている」

---

[28]　社会のウェルビーイング（幸福）にプラスの影響を及ぼすように設計されたデザインプロセスやソリューションという意味から「ソーシャルデザイン」と呼ばれることもある。

118   第3章　社会的インパクトと金融機能

という視点をわれわれに与えてくれることだといわれている。例えば，近代社
会が，理性中心の文化，人間中心主義，男性中心主義的，合理主義的な人間と
いった概念を特徴としているとするなら，そのように特定のデザインの下で形
成されている社会であるとみることができる。そして，社会課題を解決しよう
とする際，このデザイン自身の妥当性に対して検証を加えていくという視点か
ら発想できることが，関心を寄せる理由となっている（デザイン思考について
は，コラム4を参照）。

　インパクト投資と社会的インパクトの実現，企業価値拡大との理想的な関係
は**図表3-5**のとおり整理される。

　資産運用会社において，ESG投資の普及に伴いESGの要素を切り口とした
投資先の選択からリターンの向上を目指すという動きが起こってきている。イ
ンパクト投資は，ESG投資より直接的な社会インパクトの実現への企業の関
与を求めることから，企業の取り組みが新たな価値創造にいかに結びつくかに
金融市場は注目することとなろう。
　社会的インパクト・エコシステムの形成には，社会課題を解決し，次世代の
ウェルビーイングな社会の形成のために，社会的価値と経済的価値の両立を実
現する企業活動が必要である。同時に，金融機関によるインパクト投資の拡大
が呼応する枠組みが堅牢になる必要がある。これらの流れを確実にするために
も，社会的インパクトの測定・管理の枠組みの成熟化が求められることとな
る。

(7)　ポジティブ・インパクト金融と成果連動型契約

　これまで環境保全サービスの主体は行政であった。欧米では，1980年代後半
以降，ニュー・パブリック・マネジメント（New Public Management：
NPM）と呼ばれる行政改革が進められた。塚本一郎は，この背景について，
高度経済成長の時代が終焉し，戦後福祉国家体制を支えてきた国家観が問い直
される中，先進諸国を中心に，政府の役割の縮小，市場原理の活用，企業経営
的手法の応用，そして公的組織の効率性を可能な限り追求する行政改革思想が

図表 3 − 5 インパクト投資と中長期的企業価値拡大の関係

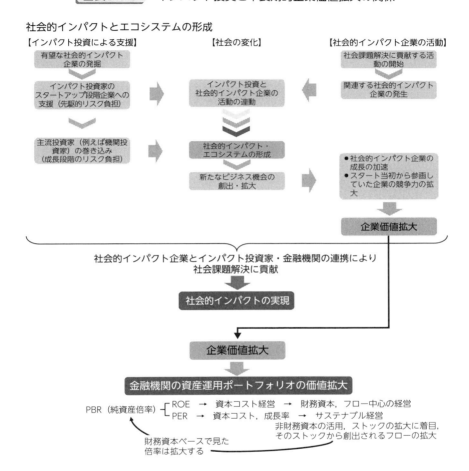

政策現場で支配的となったことを挙げている[29]。

---
29 塚本一郎「公共経営と価値共創パラダイム―NPMを超えて」塚本一郎，関正雄，馬場英朗編著「インパクト評価と価値創造経営」（2023年，第一法規）P.45, 46。

NPM の評価は様々であるが，政治，行政システムに一定の影響を与えたと評価されている。塚本は，NPM 型行政改革の唱道者は特に「政府の失敗」を強調する一方で，市場メカニズムを過度に信頼し「市場の失敗」を軽視する傾向があったことなど，NPM パラダイムの限界を踏まえ，ガバナンスやネットワーク，公共価値の観点から，あるいはサービス・ロジックあるいはサービス・ドミナント・ロジック，サービス・エコシステム等の価値共創マーケティング的な観点から，より体系的な批判が展開され，公共経営分野の理論をさらに発展させていく動きにつながっている[30]，と指摘している。

英国では，公共サービス改革の一環として，成果と連動して対価を支払う成果連動型契約（Payment by Result：PbR）が様々な公共サービス分野に導入された。その中で民間資本を活用するためにソーシャル・インパクト・ボンド[31]（SIB）が PbR の公共サービスへ比較的早い時期から導入され，政府内でも効果検証が行われ，先行研究の蓄積もある。

最初の SIB は，2010年英国において再犯防止分野で実施された。英国で国や地方自治体における公共サービスの改革の過程で導入された SIB は，通常の PbR とは異なり，リスク移転や事業の規模拡大を意図して，金銭的リターンだけではなく社会課題解決を動機に資金を提供する慈善投資家などの民間の資金提供者をスキームに呼び込んだものであった。これは，決められた社会事業分野で何らかの達成を目的とする組織とその成果に支払いをする「成果購入者」との間の業務委託契約であり，その社会問題に関心のある投資家が初期の

30　塚本一郎，関正雄，馬場英朗，前掲注29，P.57, 58.
31　米国では，PFS（Pay For Success），豪では，SBB（Social Benefit Bond），仏では SIC（Social Impact Contract）と呼ばれている。また，先進国では，SIB と呼ばれているが，途上国では SDGs 達成に向けた SIB のことを開発インパクトボンド（Development Impact Bond：DIB）と呼んでいる。
　SIB は，民間投資家が資金を出し，政府が成果購入者として支払いをする。しかし，多くの開発途上国政府には，成果に対して支払う資金がない。そこで，DIB では，財団と支援組織が介入して，新興国政府とともに成果購入者として支払いを行うこととなる。最初の DIB は2015年にインドの女子児童が教育を受けやすくすることを目的にして発行された。

目的達成のために資金を提供する仕組みとなっている。

　SIB は，投資家，成果購入者，社会サービス提供組織という 3 つの主要グループを 1 つにまとめる役割を果たす。慈善家は，投資家あるいは成果購入者のいずれかの役割を果たすことができる。そして，政府や慈善家は前もってお金をリスクにさらすのではなく，成果が出た後に支払うことが可能となった（ソーシャル・アウトカム契約（成果連動型民間委託契約）では，成果が達成された終了時に支払いが生じる）。

　このため，慈善家は，投資家として最初に資金を出すのであれば，目標達成時には資金を回収し，運用益を得る。最悪の場合，社会的に良い効果を出さずに慈善家は投資した資金を失う（実質この投資損失は寄付とみなすことができる）。慈善家が成果購入者の役割を果たすのであれば，成功裡に終わったときにだけ支払うこととなり，サービス提供の成否にかかわるリスクを自分たちから投資家に移すことができる。

　政府や地方自治体は経費削減や追加の収入を得るメリットがある。慈善家の場合は，投資家の役割を果たしたときには，運用益（英国では，ネットで年率 5 ％程度）を上げた上で，資金を回収することになるから，将来さらに多額の寄付ができる。

　その後英国では，政府によるアウトカム・ファンド（公的機関が資金プールを設立することにより，複数の SIB に資金提供できる仕組み）が SIB 普及に貢献している。

　日本では2019年 7 月に，内閣府に「成果連動型事業推進室」が設定され，PbR の普及・促進の動きが模索されている。気候変動において，活動とリンクした使途目的限定債（例えばグリーンボンド）が発行されている。そして，ESG 投資からインパクト投資へと，その検討ステージは深化したといわれることがある。例えば，GHG 排出量削減債などについて検討が始められている。現在日本では，インパクトファイナンスの概念をサステナビリティリンクローンやグリーンボンドを含めた資金調達も含めた形で論議されている。

122 第3章 社会的インパクトと金融機能

社会的インパクトへの成果とリンクする形の欧州の SIB を発展させるためには，インパクトを測定・管理する枠組みのさらなる検討が必要となろう。

3 インパクト評価の現状と課題

本章 1(2)で，社会的インパクト創造のためのアプローチについて検討した。資金提供者は自身の投資がその目的に対してプラスの効果をもたらしているのかどうかを知りたいと思い，また資金受領者は引き続き資金提供を受けられるようにしたいと考える。この両者のニーズを結びつけるものとして，投資に対する社会的インパクトをどのように評価するのかといった点が重要な関心事となる。本節では，社会課題をビジネス機会として捉え，社会的価値と経済的価値の両立を図り，企業の持続的成長を実現していく際に重要となるインパクト評価に焦点を当てて整理を行っていく。

(1) インパクト評価の概要

ここで改めて，インパクト評価の基本事項の整理を行っておきたい。

まず評価の意味であるが，キャロル・H・ワイズによれば，評価とは，「プログラムや政策の改善に寄与する手段として，プログラムや政策のオペレーションやアウトカムに関して一連の明示的あるいは非明示的な基準との比較をもとになされる体系的アセスメント」[32]であると説明されている。

インパクト評価は次の考え方に基づいている。

プロジェクトが実施されるという事実（Factual）の下で生じたアウトカムの変化と，プロジェクトが実施されないという反事実（Counterfactual）の下で生じたであろうアウトカムの変化を比較し，純粋に当該プロジェクトに起因して生じたアウトカムの変化分だけを因果関係のあるエビデンスとして，プロ

---

32 Carol H. Weiss（1998）*Evaluation : methods for studying programs and policies,* Prentice Hall.

ジェクトの効果とする。ここで、効果とは、政策や施策、事業によって発生する様々なメリットやデメリットのことであり、定性的に記述されるものもあれば、定量的に数値として把握できるものもある。

また、評価の概念は理論的発展の中で次の3つの類型に分類できると考えられている。

① 測定 (Measurement) は最も古く、業務や組織の業績の測定のことを意味する。
② 分析 (Analysis) は、事前的作業として、数学の応用で最適方法を探索するところに特徴がある。
③ 評価 (Evaluation) は、事後的作業として、政策の効果の測定を意味する。

したがって、社会課題を改善するためのプログラムの評価としては、プログラムがいかに適切に運営されているかを見るプロセス評価と、プログラムによって生じた効果を見るインパクト評価の側面を意識する必要があろう。そして、ある行動の成果を評価するためには、行動を測定し、結果を測定し、関係者に与えてきた影響を測定する必要がある。測定しないものを管理することはできないわけで、測定と管理は表裏の関係にあり、信憑性、信頼性のある標準化枠組みされた透明性のあるプロセスで測定が行われる必要がある。

インパクトへのアプローチとしては、組織活動における外部影響も含めたコストと便益を比較することで意思決定を最適化するアプローチと、インパクトの全体構造、波及効果を明らかにしようとするアプローチがある。

前者は、特定の目的における定量化に力点がある。定量化する手法として、フルコスト会計 (Full Cost Accounting)、費用便益分析 (Cost-Benefit Analysis：CBA)、社会的投資収益率 (Social Return on Investment：SROI)、インパクト加重会計[33] (Impact Weighted Accounts：IWA) が検討されている。社会的インパクト評価においては、定量的に測定できるものだけを対象にすることは、測定の本来の考え方から遠ざけて価値を下げることにつ

124　第3章　社会的インパクトと金融機能

ながるという点に注意を要する。また，多面的な社会または環境の事象をいくつかの単純な測定基準にまとめると，その複雑さや概念の多くが失われてしまう恐れがあることとなる。さらに，思い込みを裏づけるわずかな証拠に飛びつくことは，逆を示す証拠を無視したり切り捨てたりしてしまうことにつながる危険について注意しなければならない。

　後者については，具体的な取り組みと成果との関係性に力点が置かれている。ある取り組みの実施から中長期にわたる成果までの波及効果の経路や全体像を，例えばツリー図で可視化するロジックモデルが考えられる。

　現時点では，各手法における目的，定義や枠組みが一致しているわけではないため，それぞれの手法により導き出される結果に整合性を期待することはできない。したがって，現状の課題を認識した上で，目的に合わせて各手法の利点を活かす形で利用することとなろう。

　費用便益分析においては，公共プロジェクトによって発生する異時点間（プロジェクトの実施された時点と実施されない時点）における費用，便益の価値を社会的割引率（日本では，国債の実質利回りを使うことが多い）で割り引き，現在価値化した数値を使って費用便益比を算定して，事業の効率性を判断する等の使い方がされている。あるいは，「便益−費用」で算出された純便益において現在価値が0となる割引率（内部収益率）と社会的割引率とを比較することにより，費用対便益の効率を確認したりして，その値が高い事業を確認

---

33 ハーバード・ビジネス・スクールによってインパクト加重会計イニシアティブ（IWAI）が，2019年に発表された。これは，様々な勘定科目において，製品を通じて与える環境インパクトや社員やサプライチェーンの社員へのインパクト，消費者へのインパクトを反映させ，貨幣価値化しようとするものである。完成までには様々な困難が想定されるが，信頼にたる正確さが確保できるインパクト係数が設定されれば，例えば，企業の業績や運営における環境面のインパクトの差異が比較可能となる。将来のリスク，リターン，インパクトの最適化を可能にするものとして期待されている。また，企業価値を改善，向上させようとする際，この3つの指標の中身を分析することによって，改善のための原因分析，対策の視点を洗い出すことが可能となる。しかし，財務価値と非財務価値を同一の土俵で融合しようとするあまり，例えば，経済価値ベースの数値を貨幣価値で換算し，それと会計利益を合算させることとなるのであれば，異なる概念のものを一緒にするという危険に陥る点に留意が必要であろう。

したりする等という形で活用されている。また，将来の予測見積もりには不確実性が伴うため，社会的割引率や予測数値を変化させることによって，上記数値がどのように変化するかを確認する感度分析も実施される。

　ただ，費用便益分析は効率性に基づく評価であり，公平性については考慮されていない点には留意が必要である。また，費用便益分析は，貨幣化された便益と費用を比較する分析である。しかし公共プロジェクトでは，市場価格が存在しないケースが多いので，それが市場で取引されたと仮定したシャドウ・プライスを推定することとなる。医療経済，環境経済，教育経済，労働経済などの分野で様々な手法が開発されてきた。しかしながら，方法論の標準化や評価の質の保証という面では，今後さらに検討の必要があるものと考えられている。

　英国では，政策についてより広範囲のインパクトに配慮しようとする観点から，広い社会的あるいは環境的インパクト評価がなされるべきだという考えが起こった。そして，伝統的な政策評価手法である費用便益分析のアプローチを超えて，主観的ウェルビーイング（Subjective wellbeing）も便益推計の対象とする社会的費用便益分析（Social Cost-Benefit Analysis：SCBA）の手法が奨励されるようになってきている。このような流れを受け，日本でも2019年から内閣府を中心に，満足度，生活の質を表す指標群（Well-being ダッシュボード）の作成が開始され，政策への活用が検討されている[34]。

　対応策の実施前後の比較において，比較対象をいかに括り出すかについてのデザインは重要である。佐々木亮は下記の5つの方法があると説明する[35]。
① 　事前，事後比較（Before-After）…事前，事後の指標値を比較し，差があれば因果関係があったと推定する。
② 　時系列デザイン（Interrupted Time-Series）…施策介入前の長期的トレ

34　塚本一郎，関正雄，馬場英朗，前掲注29，P.78.
35　佐々木亮『インパクト評価』（2023年，RIO Institute/amazon.co.jp）P.8〜64に各手法が詳しく説明されている。

ンドを導き出し，施策介入後にトレンドが変わっていれば，因果関係の存在
を推定する。

③ 一般指標デザイン（Generic Control）…全国平均値，全県平均値などの
　一般指標値を比較に用いる。

④ マッチングデザイン（Matched Control）…可能な限り近似のグループを
　選定して比較に用いる。

⑤ 実験デザイン（Randomized Controlled Trial：RCT）…施策の実施前に，
　政策適用を無作為割り付け（ランダム抽出）により，実施グループと比較グ
　ループに分ける。成果指標値に現れた違いは，途中の唯一の違いである介入
　を適用されたか否かによって引き起こされたと判断することができる。

　社会政策においては自然科学の実験とは異なり，一定の限界がある。インパ
クト評価を厳密に実施しようとすると，特定の施策を実施する前の状況につき
特定のデータに基づき施策後の数値の変化を確認してその施策の効果を測定す
ることとなる。しかし，評価対象となった集団に属する個々人に影響する施策
以外の要素の違いが結果数値に反映されることから，厳密な効果比較ができな
いという問題がある。そこで，その他の要素を排除しようとすると，自然科学
の実験を行うように，実験のためのデザイン（Experimental design）の考え
を取り入れる必要がある。実施グループと比較グループを仕分けする段階での
デザインの中に他の要素が介在する余地を減らす仕組み（例えば，ランダム抽
出，近似グループの選定など）を検討することとなる。

　社会的インパクト評価のデザインにおいて，外部要因の影響をどこまで取り
除けるかが，インパクト判断の信頼性を高めると考えられることから，上記分
類でいえば，④⑤に属する手法ほど，確認された変化量をインパクトとみなす
ことの純粋度合いにおいて，外部要因が引き起こした変化の排除度合いが高
く，信頼度とインパクト評価の純度が高いものとみなされる。

(2) インパクト測定に関する現状の課題

　インパクト評価においては，インプット→アクティビティ→アウトプット→
アウトカムといった経路を描写し，その動向をモニタリングする必要がある。

しかし，測定においては，市場外部性の問題もあり，現在の会計の枠組みが社会的価値を十分捕捉できていない課題や，インパクトに関する経済的価値の測定方法が確立していないことなど課題は多い。

　社会的インパクトは，社会的活動がもたらす変化，成果，影響のことを意味する。財務インパクトのように必ずしも金銭的な評価が存在するものではない。このインパクトを貨幣価値で定量化しようとすると，市場で取引されていないだけに，その評価には困難が伴う。例えば，途上国への衣類の寄付といった行為（アウトプット）が生活の質の向上に与えるインパクトを定量化しようとすると，測定上の信頼性，普遍性，比較可能性といった観点から課題が生まれることとなる。

　測定で現実を完璧に反映することは不可能である。その意味では，測定基準は代用物でしかないといえる。そして，測定は実行可能で，管理可能で，比較可能でなければならない，と考えられている。また，訓練された判断力と状況認識力をもって代表的なデータを抽出し分析すれば，測定により現実を見やすくしてくれることを，われわれは知っている。

　エプスタインらは，測定する理由として，学びのための測定，行動のための測定，説明責任のための測定を挙げ，次の指摘を行っている。

　「測定プロセスは，インパクトについての考え方に問いを投げかけ，精査することでその役割を果たす。どの測定方法が測定内容をもっともうまく表せるかについて意見の一致を見るためには，まず，測定内容そのものを，どのように理解するかに，ついて合意しなければならない。」[36]

　測定手法は，「専門家の判断」「定性的調査」「定量化」「貨幣化」に分類される。後段に向かうほど標準化され客観的となる。一般的には，後段のステージへのステップとして，各ステージでの経験を踏まえた関係者，社会における理

36　マーク・J・エプスタイン，クリスティ・ユーザス，前掲注3，P.168〜170。

128　第3章　社会的インパクトと金融機能

解の進展，成熟や利用可能な情報・データの蓄積が必要と考えられている。また，それぞれの手法の目的は同じであったとしても，明らかにし得る内容は同じではないため，これらを組み合わせて判断することも重要である。

(3)　社会的インパクトの測定・管理

インパクト投資はESG投資の発展形といわれるように，社会的価値が一定の時間軸を通して経済的価値へと反映される可能性を踏まえて，社会的インパクトへの貢献を測定・管理しようとしている点に特徴がある。

UNEP FIが投資家向けに発表した2006年の責任投資原則（PRI），2012年の保険会社向けの持続可能な保険原則（PSI）に続き，2019年9月に発表された責任銀行原則においても，原則2に「インパクト評価を行う」と記述されている。

2013年6月に開催されたG8サミットの場でキャメロン英首相（同時）の呼びかけで「G8社会的インパクト投資タスクフォース」が発足し，2014年9月に社会的投資促進に向けた提言を発表した。その中で「G8社会的インパクト評価ガイドライン」を公表した。

2014年6月の政府の経済財政諮問会議が「骨太の方針2014」を発表し，その中に，寄付の促進と社会的責任投資の促進が盛り込まれた。2015年6月の「骨太の方針2015」の中では，SIBの推進が明記された。

2017年1月には，UNEP FIで「ポジティブ・インパクト金融原則」が策定された。これは，企業が行うSDGs達成に向けた取り組みを金融面で支援するための枠組みである。

原則1（定義）では，資金調達のサービスを提供する対象プロジェクトのインパクトについて，プラス，マイナスの総合的な分析，判断を求めている。原則2（枠組み）及び原則3（透明性）では，ポジティブ・インパクト金融によって生まれるインパクトを特定しモニタリングするための枠組み（プロセ

ス，基準，方法）づくりを金融機関に求めている。また，分析枠組みとその結論についての透明性と開示（定期的報告など）も要請している。ただし，インパクト評価に用いる手法やツールに関しては指定していない。原則４（評価）では，ポジティブ・インパクト金融について，多様なポジティブ・インパクトがもたらされたかどうか，十分大きなインパクトが生まれているか，などの評価の必要性を述べている。その際に，ポジティブ・インパクトの特定，評価，管理の一連のプロセスに関しては，内部評価だけでなく第三者評価も有効であると付け加えている。

　国際機関は，投資家の発展途上国への投資を促すためにリスク低減などの支援をするが，その際公的資金を使うことから，ESG ファクターについても一定基準をクリアすることを条件としている。加えて，世界銀行グループの国際金融公社（International Finance Corporation：IFC）と多数国間投資保証機関（Multilateral Investment Guarantee Agency：MIGA）においては，投資前に，投資の社会に対するインパクトを定量的に予測している。したがって，IFC と MIGA の支援するプロジェクトは，ESG 投資であるとともにインパクト投資の特性も備えているといえる。

　2019年４月に IFC は，「インパクト経営の運営原則」という報告書を公表している。この中で，「インパクトの成果を達成したなら，独立機関による認証を受けること，規律ある透明性の高い形で，経済的収益と同時に社会のためになるインパクトを呼び起こすことが投資の目的として必要である。」と指摘している。今後，インパクト投資をさらに高いレベルに持ち上げるための示唆として注目される。

　経団連は2022年６月に「"インパクト指標"を活用し，パーパス起点の対話を促進する～企業と投資家によるサスティナブルな資本主義の実践～」と題する報告書[37]を発表した。この中で，企業のパーパスや長期目標／経営戦略達成に向けた機会創出，それに資するビジネスモデルとその成果について一貫性を

---

[37] https://www.keidanren.or.jp/policy/2022/060.html

もって示すことができ，イノベーションへの投資加速が実現できるという理由から，事業活動の結果として生じた社会的・環境的な変化を示すインパクト指標の活用を提言している。

　社会的インパクトという新たな指標は，経済的指標のみならず社会的指標といった視点から見た企業活動の貢献を提示することを意味する。企業として，企業価値に対する中長期的視点から，社会のサステナブルな課題と自社の持続的成長機会を戦略上紐づけることによって，投資家との間で建設的な対話を創り出していくことを重視している。投資家も，企業の社会的インパクトへの取り組みが中長期的な価値創造につながっていくという目線も含めて，投資の意思決定を行っていくことが期待されている。このような構想が実現するためにも，インパクト測定・管理（Impact Measurement and Management：IMM）の実効性ある枠組みの構築が望まれることとなる。

　インパクト測定は，「どのようなインパクトを達成したか」を測定することが目的となる。一方，インパクト投資パフォーマンス測定は，「どれほどうまくインパクトの成果を出す投資選択ができたか」を測定することが目的となる。
　実際の成果指標を金銭価値へ換算するために，最終受益者にとって特定のインパクト要素を選別し，それに紐づけて金銭化することとなる。
　インパクト投資の効率を確認するために使用される一般的な方法であるSROIは，プライベートエクイティなどで財務収益を計算するために使用されるのと同じ概念を採用できるため，金融市場に習熟しているユーザーにとって直感的かつ論理的であることから馴染みやすい利点がある。

　SROIでは，次の手順がとられる。

3 インパクト評価の現状と課題　131

社会変革理論に基づき，利害関係者の特定，マッピング及び選択を通じて，組織の活動の範囲とその目的を設定する。

インパクトと社会変革の理論とのつながりを確立し，選択した指標に目標とするインパクトを帰属させることにより，関連するインパクト指標を特定する。

指標ごとにインパクト単位を評価し，その重要性を再評価し，インプットに対する成果を測定することによりSROI比率を計算する。

(4) インパクト投資と企業価値との関係

　欧米では，主として，福祉国家制度が伝統的にあるいは潜在的に提供しているセグメント，すなわち，医療，教育，住宅および雇用などで事業を展開しており，社会全体にサービスを提供している。

　公的資金を扱う金融機関や慈善団体のファンドを扱う金融機関や民間金融機関にとっては，インパクト投資は，社会的，環境的インパクトの意図性と付加性に加え，財務的リターンを満たす社会的インパクト企業に投資することである。

　社会課題は，一般に特定の人々が持つ深刻な痛みや苦痛であり，その解決のためにコストを支払う人がいないため現時点では市場取引の対象になっていない。つまり，ケイト・ラワースが提示する社会的な境界線（内側）と地球環境的な境界線（外側）からなるドーナツの中に，誰一人取り残されないような経済活動を実現するためには，企業は事業活動を展開する社会における経済社会環境上の課題との関係を意識しなければならない。社会環境上の課題を市民生活のレベルで捉えると，自助・共助・公助（三助）の観点から脆弱性が露呈していないかと考えてみる必要がある。そして，三助の視点から脆弱性が顕在化しているとするなら，その課題解決への貢献を企業活動の中でいかに対応して

132　第3章　社会的インパクトと金融機能

いくかを検討することができる[38]。

　課題解決にコストを支払うことのできるケースは，その程度は別にして，既に市場メカニズムに取り組まれた課題といえ，何らかの顧客が紐づけされているので，顧客課題といえる。先進国では，健康に関する社会課題（薬や医療などの分野）や，インフラ事業などの公共性の高い事業は，国や自治体が顧客になりうるため，両課題の一致を見いだしやすい。また，途上国において絶対的貧困から抜け出している国では，電気，水，トイレなどに関わる商品，サービスの領域では，両者が一致するケースを見出すことができる。

　ここで，企業の社会的課題への取り組みと企業の経済的価値の関係について考えてみたい。ある特定の商品の購買が顧客価値を持ち，社会的価値と経済的価値が両立している1つの事例として，例えば，住友化学の「マラリアのかや」のケースが挙げられる。これは，顕在化しているマラリアリスクに対して，特定の商品を特定の国へ販売した事例である。一般的な商品におけるB2Cでは，購入者は価格が高くても環境保全が十分なされた商品を買いたいという意識の高い人々が多い成熟した市場では，購入において自然環境保全と企業価値が直接的につながることがありうる。

---

[38]　石田祐，友渕貴之は，次の例示をして三助の視点からのアプローチの重要性を説明している。「食料品アクセス問題には，商店街や地域交通などをはじめとする地域の様々な分野のアクターが，政府・行政，民間企業やNPO，地域住民等の多様な関係者と連携・協働して問題解決に取り組むことが期待されている。つまり，共助の力も公助の力を借りて，より強力に事業・ビジネスあるいは支援を推進することができる。すなわち，自助や共助では対応しきれない時に公助が出てくるという仕組みから，自助・共助・公助をうまく組み合わせることで社会問題や地域問題の解決を効果的に成し遂げることができる。」（「レジリエント社会における三助の役割」「レジリエンス人材」育成プログラム開発チーム編『ソーシャルイノベーションの教科書―災害に強いレジリエント社会を創る』（2024年，ミネルヴァ書房）第5章，P.119）なお，三助について，P.110で次のように説明している。「自助は，自分および家族が豊かな生活を送ることができるように，また災害時に受ける被害をなくすように自身で努力することである。共助は，周囲の人や組織が協力したり，共同することによって豊かな生活を享受したり，被害を受けた状況から回復することである。そして公助は，社会における基本的な生活を送ることができるように，また自助や共助では対応しきれない問題の解決のために法や制度を活用することである。」

市場の外部にある非財務要素を経済的価値に換算するための指標や手法の開発はいまだ検討途上にある。

社会的インパクト企業のアウトプットが社会的インパクト（アウトカム）の実現へと進展するためには，一定の時間の経過の中で生じる第2次，3次のコレクティブイノベーションが必要となる。また，この取り組みを実施した社会的インパクト企業の経済価値へ反映される可能性を確認するためには，企業と金融機関の間で中長期にわたるモニタリング（エンゲージメント）を必要とする。

このような中長期にわたるプロセスの中で，社会的インパクト企業は，アウトプットに関するKPIの追加や成果をあげるための多くの改善を検討し，社会課題の解決に携わる関係者とさらなる協働を模索してゆくこととなる。

これらの中長期にわたる社会的価値と経済的価値の実現プロセスを関係者間で共有しつつ協働してゆくためにも，ロジックモデル分析やシナリオ分析が有用と考えている。

次に1つのモニタリングイメージを提示しておきたい。

- 企業が社会課題に対して何ら取り組まないケースにおいては，企業の社会的責任を果たしていないことによって，将来何らかの負の評価（「社会的責任の不履行リスク」）と仮称）が生じ，それは時間とともに拡大することが推定される。
- 何らかの取り組みを行う場合は，負の評価は軽減される。その取り組みの度合いと社会的インパクトの実現度合いによっては，負の評価を限りなくゼロに近づけることができるものと考えられる。
- 一定の時間の経過後に社会的インパクトが実現すると企業価値への正の影響を生む可能性がある。
- 社会課題への取り組みの効果（企業価値への影響）は，上記の正・負の総合評価となる。
- 社会的インパクトの評価に伴う企業価値の拡大について，インパクトを判断する指標を設定し，企業のアウトプットを表すKPIと社会的インパクト指

標との関係を2次，3次の波及効果を含めてロジックモデル分析やシナリオ分析をベースにして何らかの形で貨幣評価を試みることとなる。社会的インパクト実現の取り組みに参画した企業の経済価値の拡大は，企業のアウトプットからその後の2次，3次の波及効果が生まれる過程で得られた企業の競争力（自然資本，人的資本，社会関係資本などの向上）の拡大による売り上げ増，新商品や新事業の登場などといったシナジー効果が企業業績に反映される中で実現することとなる。

● 社会的責任の不履行リスクの評価については，他の企業との相対的評価となろう。その状況については，例えば，ESGスコアによる比較分析などから相対評価が可能となろう。

● 企業の競争力向上による業績の変化は，今後，時間の経過とともに重視すべき指標や市場データに反映されてくるものと考える。その時点で市場で入手できる信頼に足る指標やデータの変化を分析することで，これまでのロジックモデル分析やシナリオ分析を精緻化していく必要があろう。

　企業の社会課題への取り組みによる企業の経済的価値への反映を促進させる動きとして，インパクト測定・管理の進展に期待がかかる。また，非財務要素をいかに財務会計で取り扱うかの検討がISSBによって進められていることにも期待したい。

4　自然環境と社会的インパクト

(1)　自然環境分野における社会的インパクト評価の現状

　これまで環境保全は，政府によって実施されることが多かった。そして，公共プロジェクトにおいて，費用便益分析が実施されてきた。

　日本における公共事業を対象とした費用対効果分析は，森林や農地の多面的機能の評価をきっかけとして，1990年代以降森林保全整備事業を中心に豊富な実績があり，環境保全効果の分析手法も整備されてきている。例えば，国交省

の検討資料によると，インパクト分析の枠組みは，図表3-6のように整理されている。

図表3-6　国交省の公共事業費用対効果分析におけるストック総効果の考え方

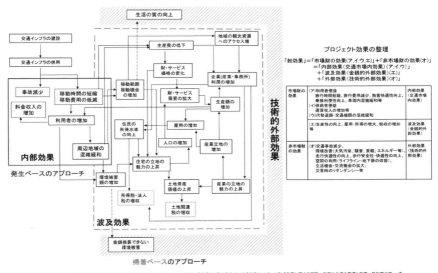

(出典) 国交省事業評価の検討資料より

　これまでの行政による費用便益分析において，社会的便益評価項目として自然環境に関する便益も含まれている。国土交通省や林野庁など各公共事業を所管する関係省庁が評価対象とする便益から，便益を計算する方法，便益の単位当たりの経済的価値である原単位，計算方法を適用できる条件等を整備し，各省庁から公共事業の費用対効果分析マニュアル（公共事業評価マニュアル）として公表されている。

　西田貴明，遠香尚史は，「農林水産省，林野庁，国土交通省，環境省，いずれの公共事業の費用対効果分析マニュアルにおいても，いくつかの自然環境の生態系サービスの価値が評価されているが，各マニュアルごとに評価項目や算

定方法などは大きく異なる。林野公共事業のマニュアルにおいて最も多岐にわたる生態系サービスを評価対象としている。一方で，これ以外の費用対効果分析のマニュアルでは対象とする評価項目が限られており，公共事業によって大きく異なる。」[39]と指摘している。

現状，生物多様性保全政策の経済価値評価や公共事業を対象にした費用便益分析のマニュアルなど，特定の評価のガイダンスが提示されている。しかし，様々な社会課題分野のインパクトについての評価手法や指標などの標準化が確立されているわけではなく，汎用的に利用可能なガイダンスやマニュアルが存在しているわけでもない。また現実問題として，社会課題はSDGsの中身を見ても明らかなように，多様で広範な事項にわたっている。すべての社会課題に対して関係者に利用可能な基準を設定すること自体現実的ではないともいえる。

環境保全による変化は，新たな雇用や市場の拡大といった経済的な影響が短期的・直接的に顕在化しないことが多いため，金銭的に価値評価がされにくいが，環境経済学において環境の経済的価値の考え方が整理され，それに基づく価値評価の手法が構築されてきた。また，間接利用や非利用価値については市場でまったく取引されないことから，経済評価のために必要な価格水準や需要量に関する情報が得られにくく，環境価値を便益として定量的に把握することが難しい状況が存在する。そのため，日本でも1970年代頃より大学，試験研究機関などを中心に，環境価値の定量化に関する理論や手法の精緻化に関する研究が進められてきた。さらに，行政からも環境価値に関する評価手法のガイド

---

39 西田貴明，遠香尚史「自然環境分野における社会的インパクト評価」塚本一郎，関正雄編著『インパクト評価と社会イノベーション』（2020年，第一法規）P.105～107。
　　遠香尚史，西田貴明は，「自然資本における価値の経済的評価における動向と課題」（特集：自然資本管理への世界の潮流と日本の動き）『季刊政策・経営研究2014』（2014）3，P.51-63は，公共事業の費用対効果分析マニュアルなどの記載内容から，自然環境（森林，水辺林，水田，農地，河川，公園，海岸，湿原，海洋）とその便益（洪水抑止，水質浄化，景観保全，生態系保全など）を抽出し，類似する便益，類似する事業対象を生態系ごとに評価の結果を統合して，公共事業評価マニュアルに記載されている便益の評価手法である定性評価，定量評価及び原単位の記載状況を整理している。

ラインが作成され，政策や事業の現場における普及拡大として分析手法の解説
や計算用ファイルなどが整備され，実務の現場においても環境の経済的価値が
捉えられるようになってきたといわれている。

(2) 環境保全と社会的インパクト評価

　自然環境に関わる社会課題解決へのインパクト評価について考えてみたい。
　まずは，社会課題となっている社会システムの構造と原因となっている要素
との関係性を明らかにする必要がある。さらに，社会課題が自然環境の保全に
関係しているならば，自然システムと社会システムとの関係について社会生態
系の構造に立ち返って検討する必要がある。つまり，自然システムが変調をき
たしている原因が，例えば，自己強化型ループが支障をきたしているのか，バ
ランス型ループが問題を起こしているのかを明らかにし，その対処方法を検討
することが有用であろう。なぜなら，単純に自己強化をより強くしようとする
ことが抵抗をさらに強めることになり解決につながらないこともある。また，
システムは悪くなる前に良くなる挙動を示す傾向もあるので，短期と長期の影
響を区別して評価する必要もあろう。抽出された原因に対して効果的な対応を
とるためには，システム全体の構造を理解し，これと企業活動との関わり，重
要な相互作用に対して，制約条件を弱めたり，取り除くことによって支障をき
たしたループを調整することができる。

　あるシステム（例えば生態系）で発生する事態に対応するためのロジックモ
デルの作成を考えてみる。
　人為的な土地利用が生態系に及ぼす影響を明らかにするためには，人為行為
を生む社会システムとそれによって影響を受ける生態系との構造上の課題を理
解することが必要である。つまり，企業活動によるアウトプットが，介入点を
通じた解決がシステム全体への改善につながり，社会的インパクト（アウトカ
ム）を実現していくことをイメージすることが重要である。
　特定の原因（例えば，事業活動や土地開発など）が生態系の各ループ（自己
強化型ループやバランス型ループ）に及ぼす影響についてシナリオを描き対策
を検討することとなる。

環境保全においては，多くの経済主体による効果的な行動が相互に作用し合い介入点へ影響を及ぼし，第1次，2次，3次の効果へと波及し，最終的に社会的インパクトを実現していくといった構想を関係者と共有することが重要となる。これらの動きを統合し目的の実現へと導いていくためのロジックモデルの作成が有用となる。自然環境保全に関する社会的インパクトを創造するためのイメージを図表3-7に整理してみた。

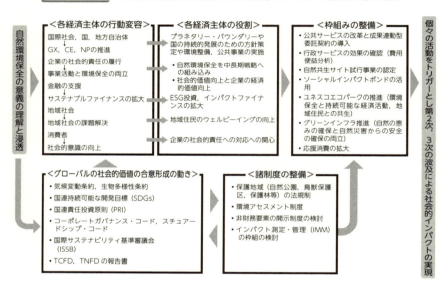

図表3-7　自然環境保全に関する社会的インパクト創造の取り組み

　生態系サービスの保全，回復への企業の対応の効果については，例えば，会社の排出した汚染物質がサービス低下に影響していることが明らかになっている場合には，その排出量を減少させることによって，その対策の効果が測定できる。温暖化の原因として企業の排出するGHG排出量が大きく関わっていることが明らかになっているため，排出量削減が大気中のGHG濃度の低下につながることによって温暖化が緩和できるという明らかな関係性が，社会的インパクト測定の標準化，客観化につながっていく。ただ，ある地域課題の解決を

目指しているとき，温暖化緩和策の指標（GHG 排出量）は，地球全体の平均温度の変化との関係を示しており，特定の地域的環境変化（慢性的変化，急性的変化）とリンクしているわけではない点にも留意が必要である。

　一方，生態系サービスは特定の地域と結びついており，地域性が高い。その地域におけるサービスの価値の変動と特定の物理的データとの間の関係性を探る必要があろう。同様のアプローチが可能となる。少なくとも生態系の変化と気候変動リスクが関連し合う領域においては，気候変動対応と関連づけて対策指標を設定できることとなる。つまり，気候変動においては，GHG 排出量の変化に応じて企業の経済的価値の変化が推定されると考えるなら，生態系の変化（森林や海の状況の変化）と企業の取り組みとを連動させることによって，CO_2 吸収・固定能力とを関係づけることができる。例えば，植物には光合成を行う際に CO_2 と併せて大気汚染物質を吸収する機能があるので，NO_2 と SO_2 それぞれの植生別吸収量で大気浄化の効果を評価しうる。そして，地域の植生に基づく NO_2 吸収量と SO_2 吸収量を地図情報と紐づけてデータベース化して利用しうる。

　また，地下水涵養量については，森林などの植生には降水を地下へ緩やかに流下させ，浸透させる機能がある。例えば，地下水への涵養を示す指標を活用して，企業の取り組み計画と上記生態系変化に伴う経済的価値評価を試行しうる。

デザイン思考

本コラムでは，社会課題への解決を検討するためのアプローチとして注目されている「デザイン思考」の概要を紹介する。

デザイン思考は，デザイナーの持つ喜び，美しさ，個人的意味，文化的共鳴といった直感的な属性を活用する能力（デザイン感覚）を取り入れたアプローチから着想した思考方法のことである。デザイナーたちは，製品開発や問題解決において，ビジネスの実務的な制約の中で，人々のニーズと利用可能な技術的資源を結びつけようと模索してきた。成功するアイデアは，技術的実現性（Feasibility），経済的実現性（Viability），有用性（Desirability）といった3つの制約のバランスをとろうとする中から生まれる。人間を観察し，人間の話を聞き，人間に共感して，ニーズや問題を突き止め，アイデア創造，プロトタイピング，テストを行い，人間からフィードバックを得ながら，コンセプトを反復的に改良していくというプロセスをとっている。

デザイン思考は，直感的に考える能力，パターンを見分ける能力，機能性だけでなく感情的な価値を持つアイデアを生み出す能力など，人間中心のクリエイティブな問題解決のアプローチに特徴がある。実際のデザイン思考の過程においては，お互いに関連性のある出来事を時系列順に築き上げ，時間（4次元）と空間（3次元）の両方の軸を縦横無尽に動き回り思考するという。その中で，ストーリーボード，即興劇，シナリオといった物語の手法が活用され，時間軸に沿って展開していくアイデアを視覚化していくという。

気候変動や生態系破壊，経済的不平等や文化的抑圧など社会生態学的危機が叫ばれ，社会・自然システムが質的に変化している現在，持続可能な世界への移行に向け，われわれはどのように存在し，思考し，実践できるのかが問われている。社会が直面している課題に対して，デザイン思考の方法が既存のアプローチより効果的で斬新な解決策を見いだす可能性が期待できることから，今日では，多くの企業，社会組織，学術機関が，このアプローチを着想，発案，実現のレベルで活用している。

われわれは，複雑なシステムが様々な形で交差する空間で，日々存在し活動している。
そして，社会課題は，このような相互に関連して作用する複数のシステムが交差する中において発生している。したがって，この課題を解決しようとする

と，その課題についてのシステム構造上の重要な問題点を洗い出す必要がある。そして，解決方法の検討においては，このような視点から，デザイン思考の活用範囲が拡大しているものと考える。

　社会生態系に関わる課題に対しては，人間と自然のシステム及びプロセスをうまく統合しなければならない。生態系はわれわれの生命システムと深く関係しており，自然環境を保護，再生するといった自然との関わりは，われわれの社会システムの維持発展にとって不可欠なものであり，社会自然システムの多様性とレジリエンスの向上のためのデザイン能力が問われている。

　エツィオ・マンズィーニは，デザイン能力について，次のように説明している。
　「人間に特有のさまざまな能力を組み合わせることによって次々と生み出される複合的な力のことである。以下のようなものだ。「批判的思考」（ぼくたちは現在の状況では受け入れられないものを理解できる），「創造性」（ものごとが，どうなっていくのかを構想する），「分析能力」（利用できるシステムとリソースの限界を正しく理解し評価する），「実践的思考」（システムの制限内で利用可能なリソースを最大限に活用して，構想を実行に移す。これによって，ぼくたちが思い描いたかたちの実現に着手できる）[注1]。」

　本書のテーマである自然・生物多様性リスクマネジメントにおいて，システム思考（コラム1参照）とデザイン思考は，われわれの基本的な思考方法としてこれまで以上に重視されていくこととなろう。

（注1）　エツィオ・マンズィーニ『日々の政治』（安西洋之，八重樫文訳，2020年，ビー・エヌ・エヌ新社）P.70。

第 4 章

地球環境リスク管理の強化

144　第4章　地球環境リスク管理の強化

第4章のポイント

　今後企業価値に変動を及ぼすことが予想される地球環境リスクは，これまで企業が取り扱ってきた伝統的なリスクとは異なり，社会課題と企業活動との関係の中で生じるソーシャルリスクの特徴を持っている。すなわち，気候変動や生態系に関わるリスクは大きな不確実性を内包している。この種のリスクに的確に対応していくためには，社会システムと自然システムとの関係性や特徴に留意した対応が必要になる。

　本章では，特に，社会的インパクトと企業戦略との関連づけや，伝統的リスクにはない不確実性の高さを意識し，リスクに関する動態的管理を強化していかなければならない点を提示する。

1　自然関連リスクへのアプローチ

　気候変動が企業に突きつけている課題を，10年前われわれはどこまで具体的に想像できたであろうか。企業は社会の中の生き物といわれるように，時代の変化を先取りし，ビジネスモデルを変革し続けない限り生き残れない。現在の経営管理体系を次世代の環境へ適応させるために何をしなければならないかが問われている。

　リスク管理では，リスクの存在は承知しているが，その特徴（発生頻度やタイミング，損害強度など，さらにこれらの要素の変化）が十分把握できていないリスクのことを「未知の既知リスク」と呼んでいる。最近では，われわれに想定外の影響を及ぼすリスクの呼称として，「ブラックスワン（Black Swan）」[1]とか，「灰色のサイ（Gray Rhino）」[2]が使われ，警鐘が鳴らされている。前者は，リスクの発生頻度は小さいがそのタイミングが予見できないため，発生した場合の被害が甚大となり，企業に不測の混乱を招くようなリスクといえる。金融危機などがこの典型的な事例となる。後者は，その存在が将来重大な問題を引き起こす可能性が高いと気づいているが，すぐに危害を加えないので見て見ぬふりをして放置して（軽視して）しまいがちなリスクのことであり，サイが突然暴れ出してしまう事例を想定してこのように表現される。インフレや少子高齢化などがこの事例となる。

　金融危機後に生じた欧州財務危機を振り返ってみたい。
　欧州の各国通貨はユーロの登場によって各国通貨から統一通貨へと移行する

1　1697年に黒い白鳥が発見され，鳥類学者の常識が大きく崩れた出来事に由来している。災害の大きさと頻度との間には，ベキ乗則（累乗）の関係がある。つまり，災害の規模が大きくなるとその頻度は急激に小さくなる関係である。このように頻度が極めて小さいが一度発生すると想定外の損害となる事象を指している。
2　2013年のダボス会議で米国の作家で政策アナリストであるミッシェル・ワッカーが提起した。

ことによって通貨リスクに対する根本的対策を実施した。その当時、ユーロ危機をリスク管理の実務において認識することはなかった。しかし、金融危機以降、ユーロを構成する各国の財務状況の違いが顕在化したため、ユーロ危機の可能性を認識することとなる。このように、ある事象の発現によりこれまで見えなかったものが見えてくること、それが一定の蓋然性を持つに至って明確にリスク管理の中に組み入れられるという経験は多い。

　社会が大きく変化しようとするとき、企業活動に向けられる責任や期待も変化する。社会の価値観と企業内の価値観との間に乖離が拡大すると、企業は社会から支持されなくなり、責任追及を受ける事態を招くことも多い。企業は社会との良好な関係を維持し、企業倫理に則った行動がとられているか否かを検証しなければならない。企業内外に生じる価値観のギャップは、様々なリスクの要因となる。このような形で発生するリスクを本書では「ソーシャルリスク」と呼んでおきたい。

(1)　リスク管理機能の強化

　これまで企業は、市場メカニズムに組み込まれている財務要素を中心に経営目標を立て、企業価値の評価をしてその向上を図ってきた。しかし今日、市場メカニズムの外にある非財務要素（ESG）への対応を迫られている。特に、環境（E）を代表する気候変動や生物多様性リスクへの対応は、世界共通の喫緊の課題と位置づけられている。

　企業の財務健全性を管理する機能を持つリスク管理は、企業価値の将来の変動要素（＝不確実性）について、過去のデータから導出したパターン（確率分布に基づく特徴）を把握し、この過去のパターンが将来も繰り返すという前提の下で、将来の価値の変動幅（＝リスク量）を計測し（不確実性の「リスク化」）、それに見合う資本を確保することによって、最悪の事態が発生しても倒産を免れ企業活動を継続しうる管理をしてきた。

　今日、地球環境が悪化する中で、企業活動の基盤といえる地球環境に関わる自然環境上の課題をリスク管理の対象に含めることは必然といえる。しかしながら、地球環境に関わるリスクは、伝統的リスク管理のアプローチでは十分管

理しえない。これは，気候変動や生物多様性リスクには伝統的なリスクにはない次の2つの根本的な課題があるからである。

① 過去の環境前提におけるパターンの繰り返しで将来を予測する静態的リスクではないこと。
② 経験知，データが制約されている中で，企業は，予防原則（環境に対する侵害の回避・予防が，事後の回復や除去よりも優先するという考え方）の下で行動し，環境変化や進捗をモニタリングして順応的管理を積極的に取り込んだ動態的管理が必要であること。

気候変動や生態系の環境変化をハザードとして捉え，企業の価値変動リスクを原因形態と発現形態に分けて整理すると，**図表4－1**のとおりである。

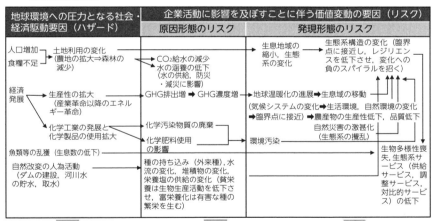

図表4－1　気候変動リスク，生物多様性リスクの構造と企業への影響

148　第4章　地球環境リスク管理の強化

(2)　TNFDにおけるリスクと機会の例示

2022年11月に公表されたTNFD Betav 0.3では，企業に関わる3つの自然関連リスクと機会が例示されている（**図表4-2**参照）。

TCFDにおける気候変動リスクと比較すると，TNFDではシステミックリスクを明示的に追加している。気候変動リスクにおいても，例えば，世界的な訴訟リスク等を想定すればシステミック性が考えられるが，われわれの日常生活や企業活動に幅広く関わる生態系サービスに大きく関係する生態系の変化は，連鎖的にリスクに発展する可能性が強いものと思われる。

(3)　不確実性の拡大と対応スタンス

企業にとってリスク管理機能は，企業の価値変動への対応を意味する。これまで，企業は，価値の変動を市場の指標の変化から読み取り対応してきた。また，投資家や金融機関も同様の視点から投資の意思決定を下してきた。しかし，今日，企業価値へ影響を及ぼす要素は拡大され，財務要素以外の非財務要素（ESG）の企業価値への影響に関心を払わなければならない。

地球温暖化の原因となっている炭素の排出を削減するためには，企業活動のあらゆるプロセスを炭素排出との関係で見直さなければならない。ビジネスモデルの脱炭素への転換は，これまでの経済発展の構造や企業活動の基本的枠組みの変更を意味する。地球環境リスクを取り込むことは，企業にとって，従来の短期・中期経営計画に加え，長期戦略の策定が必要となる。つまり，従来の財務要素だけではなく自然資本を企業活動との関係で意識することを意味する。財務情報を中心に構築された既存の経済・金融の枠組みや市場関係者の行動も修正を余儀なくされることとなり，市場関係者にとって様々なトレードオフを意識しなければならなくなることを意味する。

このような環境変化の下，企業は，①環境・社会課題（企業が将来的に社会の市民としてその存在価値を認められるか否かという課題）と②経済課題（変化する環境下でいかに経済的に価値を創出し続けられるかという課題）をいか

1　自然関連リスクへのアプローチ　　149

図表 4 - 2　TNFD における自然関連リスクと機会の例示

大分類	小分類	自然関連のリスク（例）
物理的リスク	急性	沿岸保護の喪失による沿岸部インフラへの暴風雨被害の悪化
	慢性	植物の受粉の低下による収穫量の減少
移行リスク	ポリシー，法規制	土地保護の強化などの規制・政策の導入
	市場	消費者や投資家の選好などを通じた供給，需要，資金調達のシフト
	テクノロジー	自然資本への影響や生態系サービスへの依存が少ない製品やサービスへの代替
	評判	自然の喪失における組織の役割の結果としての，社会，顧客，又はコミュニティの認識の変化
システミックリスク	生態系の崩壊	自然の生態系が崩壊し機能しなくなり，地理的やセクターへの大規模な損失をもたらすリスク（物理的リスクの集合）
	総合リスク	ポートフォリオの 1 つ以上のセクター全体に及び，移行リスク及び物理的リスクの水準に根本的に影響する自然の損失リスク
	波及リスク	自然関連リスクへのエクスポージャーを説明できないことに関連する 1 つ以上の金融機関の財政難が金融システム全体に波及するリスク
機会	資源効率	水やエネルギー，自然資本や生態系サービスへの影響など，天然資源をあまり必要としないより効率的なサービスやプロセスへの移行
	市場	省資源製品・サービスやグリーンソリューションの開発 （例）　Nature-based Solutions: 自然に根ざした社会課題の解決策
	財務	生物多様性関連及び / 又はグリーンファンド，債券またはローンへのアクセス
	レジリエンス	生物多様性関連資源（異なる植物種の使用など）と事業活動（生態系回復に関する新規事業を立上げなど）の多様化
	評判	自然関連リスク管理に積極的な姿勢による良好なステークホルダーとの関係（優先的なパートナーシップの構築など）

（出典）TNFD "The TNFD Nature-related Risk & Opportunity Management and Disclosure Framework-Beta v0.3"（2022年11月）より試訳。Recommendation of the Taskforce on Nature-related Financial Disclosures（2023年 9 月）では，P.33〜37に記述されている。

150　第4章　地球環境リスク管理の強化

図表4-3　未来の予測の考え方の変遷

	未来の予測の考え方	不確実性に対するアプローチ方法
第一世代	未来に起こることを運命だとみなす。自然の不確実性を神の所業として，超自然的な存在が世界を支配していると説明しようとする。	未来に対する自身の信念に基づき行動しようとする。自身の知っている世界の仕組みに関する簡略化した内部モデルを構築して対応しようとした。
第二世代	説明できない不確実な事象は無知のせいだとみなす考え方が浸透した。	不確実性に対し，観測に基づく証拠に裏づけされた論理的推論（科学）に基づいて説明しようとした。
第三世代	ニュートンの運動及び重力の法則の発見（古典物理学）により物理現象に対する科学の説明力が拡大した。現在の状態が与えられれば，可能な未来は1つしか存在しないという考え方（決定論的思考）が支配的となった。	あらゆる将来の事象を確率論及びその応用である統計学で定量化して解析しようとした。確信が持てないのは，予測するのに必要な情報が不足していると考えた。
第四世代	20世紀の初めになると，ニュートンの法則をより精緻化して物理現象を検証するようになる。光電効果（光がある種の金属に衝突すると，微小電流が流れることから，光が微小粒子（光子）の流れ（光の波）であるとする理論）が確認された。そして，原子より小さいスケールの物質に古典物理学があてはまらなくなる。量子の世界では，与えられた場所に粒子が局在している場合は，粒子の速さを明らかにすることができず，確率でしか表すことができない。物理現象を古典物理学に基づき決定論的に予測することが困難になった。	第三世代で決定論的に予測できた現象があてはまらない状況ができたことから，予測の世界に，再度不確実性が介在するようになり，その不確実性を十分解明できない状況になった。
第五世代	1960〜70年代に入り，物理学の量子論の展開とは別の流れとして，数学者を中心として，非線形動力学，カオス理論が登場する。	決定論的なシステムであっても予測困難な問題が発生することが発見された。科学における予測のほとんどは，一定の条件下で，ある現象が起こることを予測するものであり，いつかを予測するものではないと考えられるようになった。システムの一部の特徴が予測可能で，残りは予測不能といった事例は珍しくないと認識するようになった。
第六世代	現実に様々な不確実性が存在することを認識しているが，高速で強力なコンピュータの分析力を活用して，以前よりはるかに正確に未来を予測できると考えるようになった。	予測の信頼性を考慮することによって，不確実性に対して，より的確に対処できると考えるようになった。

（出典）イアン・スチュアート『不確実性を飼いならす』（徳田功訳，2021年，白揚社）P.7〜24を参考に整理した。

に両立させていくかを問われることとなり，企業は基本に戻り，倫理，ガバナンス，組織文化，経営管理などの面で再検証が必要となる。

　企業にとっては，従来の財務要素に加えて非財務要素によって引き起こされる不確実性への対応が必要となってくる。イアン・スチュアートは，われわれの不確実性に関する捉え方や対応が時代とともに変化してきたことを指摘し，6つの世代に区分して説明する。リスク管理の発展の歴史は，不確実性との闘いの歴史に例えられることから，未来の予測に対する考え方の変遷を理解しておくことは，今後の検討において非常に参考になろう。要点を整理すると**図表4-3**のとおりである。

2　予防原則に基づく対応と不確実性

　気候変動や生物多様性に関する条約は，環境に対する侵害の回避・予防を事後の回復や除去よりも優先するといった考え方（「予防原則」）に基づいた行動を要請している。日本では，生物の生息地，生育場の保護や自然景観を保護するため，法律によって，保全地域，保護区，自然公園などが設定されている。また，過去に損なわれた自然環境を取り戻すことを目的として，2002年12月に自然再生推進法が制定されている。この法律の目的は，第1条に，「自然再生に関する施策を総合的に推進し，もって生物の多様性の確保を通じて自然と共生する社会の実現を図り，あわせて地球環境の保全に寄与することを目的する」と規定されている。この法律に基づき，国が自然再生基本方針を策定し，各地域で自然再生協議会が組織され，自然再生事業実施計画が作成され，自然再生事業が実施されている。

　社会生態系と企業活動との関係を意識すればするほど，企業には予防原則に基づいた対応が期待されることとなる。ここで，地球環境リスクへの企業の対応について考えてみたい。それは，企業にとっては，現時点で顕在化している経済的価値のみを追求するのではなく，社会的価値創出（社会的インパクト）

152　第4章　地球環境リスク管理の強化

への対応を先行させ中長期的に企業にとっての経済価値への反映を導くことを意味している。つまり，企業経営は，今後いかに社会的インパクトと経済的価値を両立させていくかが問われており，社会的インパクトを経営管理に取り込み，それを中長期的に経済的価値に変えていく経営ビジョンを明確に持つことが求められている。換言すれば，企業経営の時間軸をより長期化させ，企業価値を現時点の経済的価値の変化を象徴するリスク，リターンの概念に加え，社会的インパクトの視点からも捉えていくことを意味する。

　これをリスク管理的に整理すると，顕在化した経済的価値の変動の次元から，経済的価値が変動する以前の段階，すなわちハザードの段階を積極的にリスク管理の守備範囲に加えて対応していくことを意味する。そして，社会課題への対応は，企業の対応のみで解決しうるものではなく，地域社会を含むより広い関係者との協働を必要とする。このことは，リスクの担保となる資本の概念も拡大させることとなる。つまり，新たなリスクを追加するだけではなく，自然資本や社会的関係資本といった財務的資本以外の資本を企業価値管理の枠組みの中に入れることを意味する。当然，従来のリスク概念への対応のための技術，ツールのみでは対応し得ないことを意味し，リスク管理の根本的な変革につながる検討を必要とする。

3　社会生態系リスクの特徴

(1)　社会生態系リスクの特徴

　生態系の各生物個体数や物質量は，ある平衡値（非定常な変動を平均した値）を中心として一定の変動幅で変化している。同時に生態系では，環境ストレスや台風，地震，洪水などの突発的な攪乱を受け，各生物個体数や物質量が同調して起こす大きな状態変化（レジームシフト[3]）が観察される（レジームシフトについては，コラム5「生態系リスクの特徴」を参照）。例えば，湿地の植生は攪乱せずに放置すると，3〜4年でヨシが優占する高密度な植生に移

行し，さらに数年が経過すると柳などが繁茂する樹林へと移行する。これらを抑制する攪乱と再生が維持される状態の中で，湿地の環境が維持されることとなる。

　生態系の特徴としてレジームシフトが起こる可能性については，**第1章1(3)**で触れた。この生態系リスクの大きさは，指標となる生物や物質の平衡値とレジームシフトが起こる閾値（臨界点）との差分と考えられる。

　攪乱を受けた森林がやがて自然と元に戻ってゆくように，自然には再生能力があることが認識されている。生態学者ホリングが1973年に「生態システムのレジリエンスと安定性」という論文の中で，この生態系の持つ復元能力を説明する用語として，レジリエンスという概念を使った。その後，システムが攪乱を吸収しながらも，基本的な機能と構造を維持する能力を示す用語として，レジリエンスが使われるようになっていった。

　このようにレジームシフトを抑止する復元力が生態系の「レジリエンス」といえる。環境ストレスの増加に伴いレジリエンスが減衰すると，レジームシフトの可能性は高まることとなる。

　環境保全は，ロケーション（地縁）とテーマ（この場合は，環境保全）が重なる課題といえる。良好な自然環境や生態系の存在が確認されるなら，その状態を積極的に維持する行為のことを保全と呼んでいる。保全を行うにあたっては，生物多様性条約で示された12の原則からなる生態系アプローチ（Ecosystem approach）がガイドラインとして活用されている。

3　雨宮隆と富田瑞樹の説明を要約して紹介しておきたい。「これらの相互作用によって，生態系には複数の安定状態（多重安定状態）が存在する。しかし，この安定性は定常的なものではなく，ある状態から別の状態へ確率的に移転したり，環境ストレスがある臨界点を超えることで別の状態へと必然的に移転したりする，という複雑系の特徴を持つ。生態系が，各生物個体数や物質量の平衡値を要素として，それらを一まとまりの組（ベクトル量）で表した概念で捉えると，自然状態から劣化した状態へシステム全体として急激に変化（レジームシフト）する可能性があるものと考えられている。…生態系は，多数の要素間における非線形的な生物学的相互作用によって一つのシステムとしての機能を発揮している。」（雨宮隆，富田瑞樹「複雑系としてのリスクの評価事例」浦野紘平，松田裕之共編『生態環境リスクマネジメントの基礎』（2017年，オーム社）第12章，P.157〜172）

このガイドラインの原則1では，「土地，水，生物資源の管理目標は，社会が選択すべき課題である」と規定されている。これは，それぞれの地域において生態系サービスの各項目の評価のウエイトづけが異なるように，国や地域によって生態系の違いがあり，自然環境に対する価値観の違いが存在する。そして，その違いを踏まえて管理目標を選択すべきで，一律に決定できるものではないことを示している。

第1章1(5)で紹介したミレニアム生態系評価では，生物と非生物環境のシステム（生態系）における自然と人間の関係に関する健康診断が行われた。これは，自然の恵み（生態系サービス）と人類の福利（安全，安心，豊かで健康的な生活など）との関係を評価しようとしたものである。

人間活動は，自然生態系に攪乱や衝撃を与える要因となる。同時に，生態系の修復やレジリエンス強化の観点から人為的な介入の必要性も認識されている。このように，自然生態系と人間社会の相互関連の重要性に大きな関心を払う必要がある。

人間の行動は，生態系サービスに依存すると同時に，環境資産や生態系サービスに対してプラス・マイナスの影響を及ぼしている。生態系は復元力を持っているが，人間の行動が環境資産に負の影響を与え続け，ある臨界点を超えると，生態系はレジームシフトし，後戻りができなくなるものと考えられている。昨今の急速な生物多様性の喪失は，自然界の連鎖が壊れ，生態系資産の質，量，レジリエンスを維持できなくなりつつあることを意味している。

現在，天然資源は復元可能な量を上回るペースで採取され，商品やサービスの提供に利用され，温室効果ガスやプラスチック包装などの有害廃棄物が発生している。現在の消費量を持続可能にするには，地球1.6個以上の資源が必要になるとも推計されている（**第1章1**(4)のエコロジカル・フットプリントを参照）。

このように，地球規模の「自然の負債」は，政府予算，企業のバランスシート，金融リスクの枠組みからはほとんど見えなくなっていることが，今日の状況を創り出す原因となっている。

3 社会生態系リスクの特徴　155

　このように自然環境の保全においては，自然生態系の実態と人間社会系の実態を踏まえて，今後どのような姿にしていくべきなのかを関係者間で十分にコンセンサスを得て対応することが重要となる。このようなアプローチのことを社会生態系アプローチと呼んでいる。

　生態系の保全に関わる分析においては，収集した生息地情報と地図情報との連動を図ることが有用である。こうすることにより，地域の持つ特徴と生息地の環境要因との相互のつながりを明らかにすることが可能となるからである。
　環境変化と生物の生息との関係性に着目した研究が生態系分野で進んできている。これは，ある地域の種の生存状況の確認に基づき，過去から現在への変化から将来を予測する。そして，種の絶滅状況を予測する「レッド・リスト」から生息地の環境要素をモデル化することができる。これにより，将来の環境変化や保全の効果を組み入れた生息地の変化を分析ができる。
　一般に，生物種の広範囲における空間分布の直接的な調査には困難が伴う。そのため，近年では，リモートセンシング技術や地理情報システムの発展とあいまって，統計モデルを用いて環境要因から間接的にその生物の空間分布を推定し，将来の生存状況を予測する手法が発達している。
　生物の空間分布を推定するための第一歩としては，環境条件と生物の生息に関する指標との関係性を定量化することが必要になる。この手法の背景にあるのは，それぞれの生物は，生育，生息に適した環境条件（ニッチ）が決まっているという考え方である。このため，環境条件に基づいて生物の潜在的な生息適地を推定する統計学的手法のことを「生態ニッチモデリング」と呼んでいる。
　生物地理学の発展状況を整理すると**図表4-4**のとおりである。

　これまでの統計モデルを用いた生物の空間分布と環境条件との関係の定量化は，①観察されたデータと環境条件との関係について数式を用いて記述する（モデル化），②関係の強さを決める数式のパラメータ（回帰係数）を観察されたパターンから推定する（パラメータ推定）という手順で行われる[4]。
　一般にモデルの妥当性を検証するために，モデル作成後のデータをモデルが

図表 4-4　生物地理学 (Biogeography) の進化

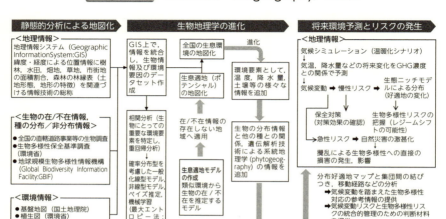

適切に推定しているかを確認する（バックテスティングと呼ばれている）。このような検証を通じて，将来のモデルに基づく予測の信頼性を高めることができる。その上で，将来の環境変化について予測される数値（例えば，気候変動に基づく気象関連の指標）をモデルに挿入することによって，生息適地の変化を予測することができる。

　生物の生息環境条件（ニッチ）は，生理的な条件によって規定される基本ニッチと，それに生物間相互作用が加わってきまる実現ニッチとに分けて考えられている。近年，環境変動の下で生物が急速に形質を進化させる事例が多く報告され，生物の基本ニッチは変化しにくいという生物の空間分布モデルの前提（ニッチの保守性：Niche conservation）が必ずしも絶対的ではないと考えられるようになってきている点にも注意を払う必要があるといえよう。

4　詳しくは，鷲谷いづみ，宮下直，西廣淳，角谷拓編『保全生態学の技法』(2010年，東京大学出版会) P.130, 131を参照。

(2) 社会生態系リスクへの対応

　国際条約における気候変動，生物多様性に関する検討内容は，**図表1-2**で示したとおり類似性が認められる。ただ，企業活動との関係で，下記のとおり異なる特徴を意識しておく必要がある。

- 気候変動は，温暖化の原因がGHGの排出という単一要素に収斂させることが可能なため，パリ協定の枠組みに従って，グローバル削減目標→各国への配賦→国内の各事業セクターへの配賦という流れが設定しやすく，脱炭素の進捗モニタリングも排出量削減を基準に比較的容易で，その進捗状況を監督当局，市場が監視することができる。また，脱炭素の進捗がなければGHG排出量に基づき炭素税を将来課せられるという明確な対応がリンクされるため，企業価値への影響の予測も蓋然性が高く，経済的価値への影響の推定も比較的容易である。これらの点が，企業の脱炭素取り組みの状況と企業価値評価をつなげるシナリオ分析を容易にしている背景となっている。
- 生態系及び生物多様性については，その状況において地域性が強く，企業活動の生態系への影響は固有性が強い。したがって，気候変動のケースのように企業活動と単一の要素とを紐づけることができず，その後の企業価値への影響の推定は容易とはいえない。また，なにより，多様で個別性の強い対応が予想されることから，生態系及び生物多様性問題を検討する場合は，個別ロケーションごとに環境の変化が生態系サービスに及ぼす影響や，生息地の環境変化によって生じる生物多様性への影響の分析を先行して実施する必要がある点などから，気候変動とは状況が異なっている。
- 気候変動と生態系及び生物多様性へのリスクが社会へ及ぼす影響は，社会課題を形成し，その解決への企業の対応が事業へ影響を及ぼすという流れとなる。これらを鳥瞰すると**図表4-5**のとおり整理できる。

　企業は，両リスクを社会生態系システムという視点から関連づけた上で，グローバルでコンセンサスのある方向性も踏まえて検討する必要があろう。そして，企業の策定した戦略やリスク管理の効果も考慮して将来のシナリオを想定して企業価値への影響を分析することとなる。その考え方は，**図表4-6**のと

158　第4章　地球環境リスク管理の強化

　図表4-5　社会生態系への影響の構造とシナリオ分析の流れ

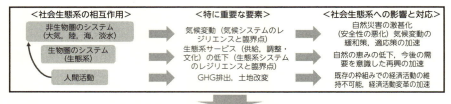

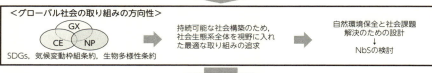

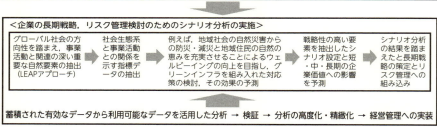

　図表4-6　気候変動リスク，生態系及び生物多様性リスクと事業との関係

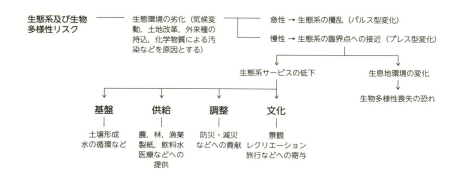

3 社会生態系リスクの特徴　159

図表 4 － 7　気候変動，生物多様性リスクの統合的シナリオ分析のイメージ

気候変動リスクのシナリオ分析
●移行リスク

現在の GHG 排出量に基づく炭素税負担

GHG 排出削減の目的で投資，ビジネスモデル変更に伴うコストの変化

PL，BS へのインパクト

●物理的リスク

自然災害の激甚化

ハザードマップによる洪水損害の変化➡事業拠点の操業への影響

PL，BS へのインパクト

生物多様性に関する重要なロケーションとリスクの確認（生物多様性のシナリオ分析の準備）
＜マクロ静態分析（種の多様性の確認）＞
（事業活動と関連する種の多様性を中心にした生物多様性リスクの高いロケーションの洗い出し）
企業の主要な事業拠点と生物多様性リスクの高い地点（限られた面積で数多くの種数を捕捉できる区画＝ホットスポット）を抽出する。
＜セミマクロ静態分析（ホットスポットにおける生態系サービスの重要度と災害からの安全性の確認）＞
企業の主要な事業拠点における広範な生態系サービスに関する重要性度合い（自然の恵み）と，災害からの重要度（リスクの3要素から）から，ホットスポットを抽出する。

気候変動リスクに生物多様性リスクを加えた動態的統合シナリオ分析
＜ミクロ動態分析＞
災害リスクについては，今後の気候変動による生息地の環境変化を考慮したホットスポットにおける生息地環境変化の生態系への影響の動態的分析を試みる。
●物理的リスク
　慢性（プレス型）的な生息地の環境変化➡生態ニッチモデリングの成果を参考に生息適地の劣化を推測➡生息地の生態系の臨界点が推定される場合は，レジームシフトを回避する保全策を検討
●物理的リスク
　急性（パルス型）的な影響，例えば災害の激甚化➡生息地の攪乱➡生態系のレジリエンスが弱いと生息地喪失の危険➡レジリエンス強化の観点からの保全策の検討（NbS）

おりである。

　企業が両リスクを統合的に取り扱うためには，両リスクと事業との関係から重要ロケーションを洗い出し，そのロケーションの自然環境を踏まえたシナリオ分析を実施することが有用である。シナリオ分析の流れは**図表 4 - 7** のとおりである。

　社会が大きく変化しようとしているとき，既存のリスク管理をそのまま適用することはできないし，そのようなアプローチは企業にとって大きな弱点となる。なぜなら，社会的変化の時代には「ソーシャルリスク」を警戒しなければならないからである。社会と企業との関係が重要になっている今，企業は組織の外の動きや価値観の変化が，組織内の認識や価値観との間に乖離がないかについて敏感でなければならない（ソーシャルリスクへの対応については，コラム 6 を参照）。

　また，NGO や NPO の活動が活発になっており，企業の行動（プラクティス）に対する社会の許容水準は低くなっている。容認できないプラクティスに対する非難と，変わらない体質に対する圧力は拡大している。さらに，ソーシャル・メディアを通じて，容認できないプラクティスに対する批判はものすごいスピードで拡散している。

　ソーシャルリスクの中身を分解すると，次のような固有のリスクが例示されている。

✓事業が意識的に不健全な姿勢や慣習を受け入れるリスク（Cynicism risk）

✓経営者とスタッフの実際の価値が，会社が外向けに示す価値と相反するリスク（True values risk）

✓ビジネスが，現在の社会規範と期待，そして変化のペースに追いつかないリスク（Insight risk）

✓社会情勢の変化によって，その寛容度が低下するリスク（Tolerance risk）

　人間の社会経済活動の結果，気候変動問題や生態系及び生物多様性問題が引き起こされていることから，企業活動は経済的発展と環境保全を両立させてい

く必要がある。例えば，気候変動の結果引き起こされる物理的リスクによる自然災害への適応と生態系サービスを維持向上させる最善の方策を検討する中で，グリーンインフラといった発想が生まれている（この点については，**第2章2**で詳しく検討する）。

　地球環境リスクのようにリスクが社会課題との関係で捉えられてくると，**第1章1**(1)で指摘したとおり，従来の経済学的視点のみでアプローチすることは十分ではない。また，リスク管理においても，経済学的視点だけではなく，社会学におけるリスクの知見も参考にする必要があろう。特に，地域社会との協働で環境保全に取り組むためにも，社会学におけるリスクの考え方を取り入れていく必要があろう。以下，重要と考えられる視点を紹介しておきたい。

　社会学者のウルリッヒ・ベックは，現代的リスクが環境汚染やコンピュータ・ウイルスなど直接に知覚できないもの（非知のリスク）に向かっている，と指摘している。さらに，非知の中でも，確実な科学的知識になっているものや，科学的知識になっていないが，どの部分が非知であるかが明らかになっている「特定化される非知」と，その区別すらできていない「特定化されない非知」を区別している[5]。

　また，社会学者のニコラス・ルーマンは，個人の社会システムへの関与との関係でリスクを捉えようとする。社会的コンセンサスが社会的リスクへの対応には重要になっていることを指摘した。一般にリスクは，事故や災害，失敗といった例外事例の持つ不確実性や揺らぎの観点が強調される。これに対してルーマンは，「どのように」観察したり，説明するかという点に着目する。未来の損害の可能性が，自ら行った「決定」の帰結とみなされるケースの危険性をリスクと呼ぶ。一方，自分以外の誰かや何か（社会システムを含む）によって引き起こされたケースのことを「危険」と呼び区別する[6]。

5　ウルリッヒ・ベック『危険社会─新しい近代への道』（東廉，伊藤美登里訳，1998年，法政大学出版局）。

6　小松丈晃『リスク論のルーマン』（2003年，勁草書房）。

162　第 4 章　地球環境リスク管理の強化

　例えば，気候変動リスクについて考えてみたい。地球温暖化は人間活動による GHG 排出の増加が気候システムを変化させた結果と考えられている。そのため，気候システムが臨界点（産業革命以降の平均気温上昇が 2 ℃を超える水準）を超えないように排出を抑えるための緩和策の推進が急務となっている。

　ベックの視点に立てば，かつて地球温暖化が企業の GHG 排出との関係性が十分明らかにされていなかった時期と，その後 IPCC の研究によって両者の関係性が明らかにされてからの気候変動リスクの取り扱われ方，企業の脱炭素への責任を比較すると，非知の程度の違いの意味を理解することができる。また，企業の社会的責任に関わる訴訟の動向[7]を確認しても，企業に対する社会的責任はより直接的に捉えられている。またルーマンの視点に立っても，GHG 排出に直接関与しうる立場にある企業の責任には今まで以上に厳しい目が注がれることになり，企業活動上のリスクとしての対応が求められることとなる。このような社会学の視点から捉えられるリスクの意味を十分意識し，生物多様性についてもシステムが臨界点に至らないための対応が求められている。TNFD が，システミックリスク[8]をリスクとして明記している点に留意すべきであろう。

　同時に，幅広い影響の裏返しとして新たな機会を見つけ出すチャンスもあり，経済的価値創造に結びつけるイノベーションにも強い期待が寄せられている。このように，地球環境リスクが企業の存続に影響する社会的リスクを惹起させ，企業にビジネスモデルの変革を急がせている点に留意する必要がある。

7　UNEP とコロンビア大の分析によると，気候変動関連訴訟の件数は，2017年時点の調査から2020年時点の調査において，約 2 倍に増加していると指摘されている（24か国884件→38か国1,550件）。ある裁判管轄権における訴訟は他の管轄権の訴訟に影響を及ぼし，グローバルで伝播する可能性（システミックリスクの特徴）がある。

8　これまで，システミックリスクという用語は，個別の金融機関の支払い不能や特定の市場又は決済機能の機能不全が，他の金融機関，他の市場又は金融システム全体に波及するリスクのことを指すことが多かった。しかし最近では，地球システムの相互作用の結果地球システム全体に波及する状況や社会的影響の広がりを捉えて，この用語を使用する視点が加わっている。TNFD は，TCFD で提示された移行リスク，物理的リスクに加え，システミックリスクを明示的に追加している。

生態系リスクの特徴

　このコラムでは，生態系の持つ構造の特徴について整理する。今後企業が生態系の保全に取り組んでいく際，生態系リスクへの理解が重要となる。

生態系リスク（＝レジームシフト）
　生態系内の相互作用は複雑であり，多様な現象が引き起こされている。このような特徴を捉えて，生態系を「複雑なシステム」と呼んでいる。この複雑系の特徴は，要素間の非線形相互作用とシステム全体としての挙動である，と説明されている（雨宮隆「複雑系の科学がとらえた生態環境問題―予測と解決への展望―」，科学，76（10），1047-1052，（2006）。
　生物間の相互作用の強さや形態は常に変化しており，生態系の各生物個体数や物質量は，ある平衡値（非定常な変動を平均した値）を中心としてある変動幅で変化するといわれている。
　生態系では，環境ストレスや台風，地震，洪水などの突発的な攪乱を受け，各生物個体数や物質量が同調して起こす大きな状態変化が観察される。このように生態系の状態が急激に変化することを生態系の「レジームシフト」という。このレジームシフトが起こる可能性の大きさのことを「生態系リスク」と呼んでいる。

レジリエンス
　レジームシフトに対する耐性のことを生態系の「レジリエンス」と呼ぶ。つまり，量的には，指標となる生物や物質の平衡値とレジームシフトが起こる閾値（臨界点）との差分として表される。生態系リスクは，環境ストレスの増加に伴うレジリエンスの減衰に応じて高まるものと考えられる。
　自然界における効率性と回復力の関係については，次のように考えられている。すなわち，自然界のネットワークは，枝分かれするフラクタル（部分と全体が自己相似になっているもの）のつながりでできており，このネットワークの中で，エネルギー，物質などの資源がシステムの効率性と回復力の最適なバランスを保ちながら流れているものとされる。ここで，大きな結節点から大きな結節点に直接資源が流れれば効率性は高まる。しかし，回復力については，ショックや変化が起こったときに，多くの代替のつながりや選択肢が多い状況，すなわちネットワーク内の多様性と余剰によって生まれるものと考えられている。したがって，効率性と回復力はトレードオフの関係にある。

　レジームシフトとレジリエンスとの関係については，「窪地の中のボール」に

例えられることが多い。この窪地の中のボールモデルについて，ブライアン・ウォーカー，デイヴィッド・ソルトは，次のとおり説明している。「ある窪地（システムが基本的に同じ構造と機能を持ち，同種のフィードバックを有する領域）の中では，ボールは底のほうにころがっていく傾向がある。システム論の言葉で言うと，何らかの平衡状態に向かっていくということである。この平衡状態は，現実の世界では，外的条件の変化を受けて絶えず変わり続けているが，ボールはそれでも常にその平衡状態に向かう…（つまり，ボールが窪地の底に落ち着くことはない）。窪地の形は外的条件の変化とともに絶えず変わっていき，…ボールの位置も常に変わっていく。つまり，システム（ボール）は常に動く標的を追い続けていて，その過程で軌道から外れ続けている。レジリエンスの観点からすると，問題は，窪地やシステムの軌道に起きる変化がどの程度までであれば，システムが窪地を飛び出さずにすむか，ということになる。」[注1]

攪乱は，生態学上は，植生や土壌を物理的に乱すこと（例えば，草刈りや土壌の耕起など）により，それまで特定の種に占有されていた資源を多くの種に解放する作用を指す。現在の生態系は，過去からの状況を今日まで維持してきているものではない。例えば，山火事や洪水，旱魃などの物理的攪乱や，食害や病気といった生物的な攪乱，人の行為による土地改変による攪乱など様々なインパクトが加わり，それによるダメージとそこからの回復という動態的変化の中で現在の姿に至っている。

窪地の中のボールモデルにおけるレジリエンス

前述のとおり，窪地の中のボールは，様々な窪地の形状によってその動きに違いが生じる。個々の生態系も同様に固有の構造上の特徴を持っている。このモデルは，システムの特徴を理解し，ボールの動きのように元の位置に戻る力（＝レジリエンス）を理解するのに役立つ。

視覚的に理解できるよう，ブライアン・ウォーカー，デイヴィッド・ソルトの説明を参照して，同モデルの概要を**図表①**のとおり整理してみた。

（注1） ブライアン・ウォーカー，デイヴィッド・ソルト『レジリエンス思考―変わりゆく環境と生きる』（黒川耕大訳，2020年，みすず書房）P.59，60。

3　社会生態系リスクの特徴

図表①　生態系のレジリエンスとレジームシフトのイメージ

生態系が外的な攪乱に対して元の状態に戻る力（レジリエンス）について，生態系が有する構造とそのレジリエンスの関係と窪地に置かれたボールに例え説明されることが多い（「窪地の中のボール」モデルと呼ばれる）。窪地の構造をその形状に例えれば，攪乱（例えば，自然災害による破壊など）によってボールが動かされても元の位置に戻る耐性をイメージしやすいからである。ボールが元に戻れずに他の窪地に移ってしまうその境界のレベルがシステムの臨界点と考えると，レジームシフト（生態系リスク）のイメージもしやすい。
個々の生態系は，様々な構造となっており，窪地の形状や安定状態も異なっている。窪地は，3次元であるが，2次元図で示すと次のとおり様々な状態が想定される。

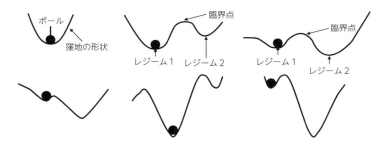

上記のように窪地の形状は，様々であるが，その形状も時とともに変化する点にも留意が必要である。

（出典）ブライアン・ウォーカー，デイビット・ソルト『レジリエンス思考―変わりゆく環境と生きる』（黒川耕大訳，2020年，みすず書房）P61，75を参考にした

適応サイクル

　生態系は常に変化している。そのため，動態的な視点からその変化の状況を理解し，その生態系がどのようなステージにあるかを意識することは対応策を検討する際に参考になる。
　この時に有用な知見が「適応サイクル」である。**図表②**のとおり整理したので，紹介しておきたい。

生態系リスクの特徴を踏まえた対応

　このように概念的には整理されるものの，平衡値の不安定性や臨界点が不明といった事態において，生態系リスクを予測することには相当な困難が想定される。その場合，過去の類似の事例を参考にして，一定のストーリーを描いた上で，現在利用可能なデータから過去の事例との間の共通点，相違点を踏まえ，将来の変化を推定し，対策を論議することは予防原則に基づく実務的な対処と

図表② 社会生態系の適応サイクル

生態系は，人の成長や家族，企業の発展段階と同様に様々な要因の影響を受け，急成長，保全，解放，再組織化といったサイクルで常に変化している。そして，その変化に対して適応するという「適応サイクル」を保っていると考えられている。この適応サイクルは，発達ループ（フォア・ループ）と解放・再組織化ループ（バック・ループ）という相反するモードのサイクルとしてイメージ化することができる。生態系がどのようなサイクルにあるかを理解することが，適切な対応の検討につながる。つまり，人の活動が（例えば土地の改変など）が生態系のループに影響を与える状況を，システムの各ステージにおける振る舞い方の特徴を適応サイクルに当てはめて理解することが，これまでの変化，これからの変化を踏まえた現実的な対応策を検討するのに役立つものと考えられている。

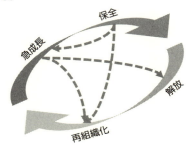

（出典）ブライアン・ウォーカー，デイビッド・ソルト『レジリエンス思考─変わりゆく環境と生きる』（黒川耕大訳，2020年，みすず書房）P.90

各ステージの特徴は，次のとおりである。

急成長 (Rapid growth phase)	:	利用可能な資源を活用し，開拓可能な生態的，社会的に重要な環境を開拓していく段階。ただし，システムの要素間のつながりは弱い。
保全段階 (Conservation phase)	:	この段階に移行すると，エネルギーが保存され，物資が徐々に蓄積されていく。ただし，システムはどんどん硬直化しレジリエンスも低下する。
解放段階 (Release phase)	:	システムのレジリエンスを上回る攪乱が起きると，互いに補強し合う関係の網が崩れる。
再組織化段階 (Reorganization phase)	:	混沌とした状況であらゆる選択肢が俎上に上がり，再組織化と再生へ向かう。

考えられる。そして，不確実性の存在を前提に，その後の状況を定期的にモニタリングし，実行中の対策を，是正，修正するといった，順応的対応をとる必要がある。

レジリエンスと適用サイクルモデルの社会生態システムへの活用

　前述したレジリエンスや適応サイクルの概念は，社会生態システムにおける課題への対策を検討する際において活用すべきである。システムが攪乱を受けても，元の機能と構造を維持する能力であるレジリエンスの考え方を人間活動と生態系の適応サイクルモデルにあてはめて対策を検討することは有用であろう。

　例えば，森里川海のつながりの再構築による環境・経済・社会の統合的な解決，低炭素，資源循環，自然共生を目指した「森里川海プロジェクト」[注2]が環境省から提唱されている。

（**注2**）　「森里川海をつなげ，支えていくために（提言）」
　　　http://www.env.go.jp/nature/morisatokawaumi/pdf/c/teigen02.pdf

168 第4章 地球環境リスク管理の強化

4 動態的リスク管理の導入

　一般に物事を評価するためには，次の確認が必要だといわれている。①なぜ
そうしなければならないかが明確であること，②どのような状態になれば達成
といえるのか具体的な目標が明確であること，③目標を達成するためにやらな
ければならない事柄が明確になっており，その達成レベルも明確であること，
④達成に必要な方策，要件や基準が明確になっていること，⑤達成に必要な手
段が明確であること，などである。実際には，経験が積み上がってない事象に
おいてはそれを求めるのが難しい。むしろ関係者間で大枠の合意，共有の下で
スタートし，進めながら課題を論議しつつ，様々な概念を精緻化させていく方
式が採られる。気候変動枠組条約や生物多様性条約に基づく取り組みもこの方
式を採っている。

　今日の企業価値評価について，組織の全般的な評価を行う評価システムは数
多く見かけるが，特定の投資目標と投資機会を合致させて評価する仕組みは少
ない。この理由としては，企業価値における不確実性が関係しているものと思
われる。つまり，評価の対象を細かく絞り，特定の対象の価値評価を行おうと
すればするほど，目的変数と説明変数との因果関係を特定できない限り適切な
評価はできないことになるが，目的変数は一般に様々な要素によって影響を受
けるため，よほど特定の説明変数によって説明力を持たなければ，その結果と
予測との間の関係を単純には説明できず，その予測に不確実性を孕むこととな
る。そこで，様々な事業を包含したポートフォリオとして集合として確率論的
にその特徴を把握して管理しようとする。

　第3章1(1)で紹介した「社会変革理論」は，アメリカで考案された方法論で
あるが，社会課題の解決を目指す事業（NPOなど社会起業）の経営に適用さ
れることが多い。社会課題は複雑であり，因果関係が複雑に絡み合い，単純に
何か1つの解決策が効果あるというものではない。社会変革理論の枠組みは必
ずしも統一的なものではないが，基本的な考え方は，「どんな社会課題（シス

テミック・プロブレム，社会システムの不備）に向き合い」「どういう未来像（『究極成果』）を目指し」「どんな因果関係で社会状況を変化させていくのか」「定量的にどんな目標を掲げるか」を定義することにある。

　社会的インパクトと企業の戦略とを関係づけるための手順は次のとおりである。

---

①　インパクトゴールを定める（起こそうと思っていた変化を明確にする。これが，組織の存在意義となる）
②　インパクトゴールと企業の中長期戦略の間のロジックを構築する（企業活動や介入とインパクトゴールの達成の道筋を描く）
③　ロジックにかかわる不確実性を確認し，その後の実践の中で進捗をモニタリングし検証する（ロジックについて合意が得られたら，これまでの知見や経験知を動員して検証する）
④　必要な修正を加え PDCA サイクルを回す

　このように，行動が目標とする成果につながる理由を明らかにした後は，その達成方法を検討するために，インパクトチェーンとかリザルトチェーンと呼ばれるロジックモデルで達成方法について整理することなる。つまり，インプット（投入），アクティビティ（活動），アウトプット（結果），アウトカム（成果），がどのようにつながっていくかを，「もし…だったら」という形で各リザルトを因果関係でつないでいくことによって具体的行動の理由づけを明確にしていくこととなる。

　企業が的確なシナリオ分析に基づき中長期戦略とリスク管理を実践するためには，社会課題解決への貢献について目指すインパクトと事業活動との関係を事前に整理しておかなければならない。

　社会的インパクトを実現しようとして行動に移した後に遭遇する不確実性をいくつか挙げてみたい。

● ロジックモデルで想定した基本的な環境前提が大幅に変更になること
● 予期せぬ阻害要因によって意図したアウトプットが実現しないこと
● 予想していた波及効果が期待できず意図したアウトカム（社会的インパク

ト）が実現しないこと
●社会的インパクトが実現する頃の経済環境が当初想定した状況から変化し，意図した経済効果を発揮できないこと
など

　このように，社会的インパクト実現には長い時間を要することとなるため，その間の環境変化による予期せぬ要因の発生を想定しておかなければならない。つまり，長期の期待シナリオを正確に想定すること（当初の想定どおり事が運ぶこと）は不可能ということになる。

　さらに企業価値との関係でいえば，たとえ社会的インパクトが意図した経済効果につながったとしても，それが当初意図していたように自社の活動へ好ましい効果を期待できないこともある。

　そこで，社会的インパクトを伴う企業のリスク管理は，伝統的リスク管理のスタンスを変え，不確実性を所与とした動態的リスク管理の構築に取り組む必要があることとなる。

　従来のリスク管理は，財務要素に閉じた世界における経済的価値に焦点を当てたものであった。また，財務要素は市場メカニズムの中で瞬時に相互間で調整されるため短期的に管理する世界を描くことが可能であった。しかし，今後，非財務要素という新しい要素を加えた形でリスク管理を実施していく場合，**第3章3**で述べたとおり，当面市場メカニズムを活用できないため，伝統的リスクとは別枠で管理し，両者を統合して管理する仕組みを構築していく必要がある。

　まず，伝統的なリスクについては，将来予測の蓋然性に重きを置き，頻度主義に基づいた統計的アプローチを活用し，できるだけ定量化できるリスクとして将来の企業価値の期待値や変動を把握した上で，短期的な企業価値の変動を管理し，企業価値管理の精度を高めていく。つまり，その変動の特徴として，過去のパターンを将来も繰り返すという前提を置くことが可能（将来の蓋然性が高い）であるということになる。

一方，新たな非財務リスクについては，情報量，経験知が十分でない真の不確実性として取り扱うこととなる。この場合，頻度主義によるアプローチを適用することができない。そのため，将来どのような事態が起きるのかを中長期的視点から洞察し（バックキャスティング），事業の特色や企業の戦略，ビジネスモデルを踏まえて，企業価値への影響やビジネスの道筋を想定してシナリオ化する。そして，そのシナリオを踏まえて今後の施策と施策に伴うリスクを検討するというアプローチとなる。シナリオ分析に際しては，企業活動の目的が環境や社会課題に対して，それを解決するための貢献と捉え，その活動からビジネス機会を見いだしてゆくこととなる。この種のリスクについては，状況変化が大きいことを所与として，順応的管理と進捗動向に即応した動態的管理を強化してゆくこととなる。

ソーシャルリスクとバイアスへの対応

　社会生態系の課題に対して合理的な対応を行うためには，まず，複雑なシステムの構造に対する理解を深めることが必要となる。また同時に，これまで実際に経験したことのない不確実性の高い課題に対応することを意味するため，これまでの経験則から導かれるバイアスによって致命的な誤解に基づき合理的な意思決定を下だす失敗を回避する必要がある。前者については，コラム1のシステム思考で整理した。このコラムでは，後者との関係でソーシャルリスクとバイアスへの対応について整理しておきたい。

ソーシャルリスク

　ソーシャルリスクは，社会不安や社会的脅威を招く「社会化したリスク」の意味で使われることが多いが，必ずしも統一された定義が存在するわけではない。社会の価値観が大きく変化している時期には，変化に伴う新たなリスクを認識しなければならない。われわれが持っている思考体系は多くが，従来の価値観や枠組みに則ったものとなっている。しかしながら，その基本的な価値観や枠組みが変化しようとしている場合には，過去と将来のそれとのギャップが顕著になり，様々なリスクが引き起こされる可能性がある。本書では，このリスクを総称して，社会の変化に伴い発生するリスクという意味で，ソーシャルリスクと呼んでおきたい。ソーシャルリスクは，企業にレピュテーショナルリスク[注1]を引き起こすこととなるが，様々な形で現実の企業価値の毀損につながっていく可能性もある。その意味では，ソーシャルリスクは，原因形態のリスクといえる。

　特に，社会の価値観が変化している時期においては，社会の価値観と企業内の価値観にギャップが生じると，企業の組織構成員にとっては，違和感のない自然な行動であったとしても社会の価値観を基準にすると異質の行為に映り，その行為が引き金となってソーシャルリスクが様々なリスクに発展することに注意しなければならない。

企業内カルチャーとバイアス

　会社内の常識やカルチャーと社会のそれとの間の乖離が大きくなると，社会

（注1）　レピュテーショナルリスクは様々に定義されているが，ここでは，「ステークホルダーの認識（期待）と実際とのギャップによって生じるリスクで，事実とは異なる風説・風評の流布，または，現実に生じた各種のリスク事象の報道等の結果，評判が悪化することにより，損失を被るリスク」と説明しておきたい。

的には乖離している自社の行動に対して違和感を感じなくなり是正に遅れが生じることとなる。その意味では「無意識のバイアス（Unconscious bias）」が引き起こすリスクが懸念される。

例えば，環境保全に対する社会の価値観と企業のそれに乖離が大きくなると，企業の無意識の行為が社会的には問題行動に映ったり，極端な話，企業が率先して社会課題を拡大させていると映ることも考えられる。それゆえ，ソーシャルリスクをリスク管理対象とし，社内にソーシャルリスクに対するバイアスが存在していないかを検証しなければならない。

認知や判断が歪むことを「バイアス」と呼ぶ。また，直観や経験則を使って判断することを「ヒューリスティック」と呼ぶ。ヒューリスティックを使った場合，バイアスが介在する度合いが高まるといわれている。

バイアスやヒューリスティックの特性については，これまで多くの研究がなされている。命名されたバイアスの中には類似の事柄を異なる視点から見たものもあり，必ずしも厳密に体系化されていない。典型的なバイアスをリスク管理のプロセスと関係づけてみると図表①のとおり整理される。

図表①　典型的なバイアス

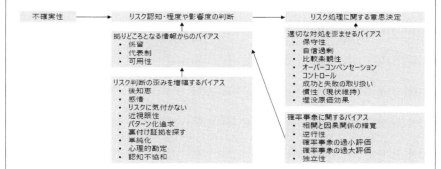

（出典）後藤茂之『保険 ERM 基礎講座』（2017年，保険毎日新聞社）P.62

COSO ERM における固有の限界

COSO[注2]は，リスクマネジメントの枠組みとして ERM（Enterprise Risk

（注2）　COSO とは，トレッドウェイ委員会（The Committee of Sponsoring Organizations of the Treadway Commission）と呼ばれ，1980年代後半に米国で多発していた内部統制上の問題（特に米国貯蓄金融機関；S&L の破綻問題）に対応するため，国際経営管理会計協会（IMA）や米国公認会計士協会（AICPA）などがスポンサーとなって設立した業界団体である。

Management）モデルを提示している。しかしながら COSO は，この枠組み導入したとしても，それは経営に絶対的な保証を与えるものではなく，「合理的な保証（Reasonable assurance）」を与えるにすぎない，と明言し，下記の「固有の限界」[注3]を挙げている。すなわち，

ⅰ）意思決定における人の過ち・エラー
ⅱ）経営者や一定の権限を有する組織構成員が ERM を無視した場合や，複数の人の共謀
ⅲ）経営資源の制約による有効性の限界

である。

この内，ⅱ）は倫理の問題であり，ガバナンスや行動憲章，内部統制で取り扱う領域である。不正を許さない態勢を構築する必要がある。またⅲ）は，経営資源のリスクへの対処に対する資源配分の問題である。しかしながら，ⅰ）は，意思決定者が適切と思いつつ，または無意識の内にそう思って判断し行動したが，実際には企図したものから乖離するといった要素を含んでおり，リスクに関する意思決定の問題である。ソーシャルリスクもこの範疇に属するものといえる。

COSO の考え方に従うなら，伝統的なリスクマネジメント論が想定してきた ERM のみでは，合理的意思決定モデルと現実の意思決定に乖離が生じ，バイアスの介在といった事態に対して適切な対処ができない。結果，無意識の内に不適切なリスクテイキングが起こる可能性を孕んでいる。この課題を解決するためには，組織構成員の判断上のリスクを直接の対象としたマネジメントの構築が必要となる。

バイアスマネジメント

まったく新たな事態に直面したとき，われわれは様々な関連情報を持ち寄って，事態を多面的に理解しようとするだろう。その様子は比喩すれば，多方向から X 線を投射し，X 線の透過データから人体の横断面を再構成する CT スキャンに似ている。このようなプロセスによって，興味深い現象に気づき，そこから留意すべき問題を切り取ることが可能になる。このような検証プロセスを定期的に行いうる枠組みを組織内に構築しておく必要がある。

無意識の内に生ずる心理的バイアスへ組織として対処するためには，これを検証するための特別の「場」を設定することが有効と考えられる。このような場では，異なるフレーム（外部の専門的視点，社内の異なる部署や社外の専門家など，経験・価値観が異なる者とのインタラクティブな意見交換）からの多面的な検証プロセスを確保する必要がある。

（注3） COSO（2004）P.7。

伝統的リスクマネジメント体系とは別のサブルーチンを設定し，プロセス統制型の組織的管理を仕込んでおくことは検討に値する。この追加フローは，**図表②**のように機能することが期待される。

  判断上のリスクへの対応

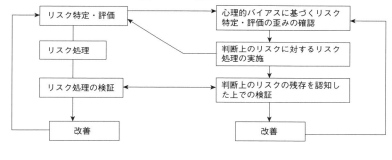

第 5 章

自然資本への対応事例

178　第 5 章　自然資本への対応事例

第 5 章のポイント

　本章では，企業が地球環境をめぐる課題を検討していく際に参考となる，これまでの対応事例についてその概要を整理していく。

　特に，ユネスコエコパークの取り組みやグリーンインフラの取り組みを取り上げている。そこから企業が参考にすべき視点として，ユネスコエコパークの事例からは環境保全活動における留意点が，グリーンインフラの事例からは自然環境の活用の視点が抽出できると考えている。

地球環境をめぐる問題は，多様な時空間スケールにわたり様々な様式で顕在化するため，現在の科学水準ではその全体像を把握することは困難である。

人文社会科学や自然科学，応用科学など幅広い知見の連携が不可欠で，かつこれら全体を含めた1つの系として認識した上で，その相互作用や全体としての望ましいあり方を検討するという視点が必要となる（社会生態系アプローチ）。その意味で，社会にとっても企業にとっても，新たな挑戦といえる。

今後企業は，自然資本との関係を整理して，社会的価値と経済的価値の両立を図るべく中長期戦略の中に具体的活動を組み込み，実践ベースで模索を重ねることになろう。人間活動と自然環境の保全といった社会生態系に存在する環境問題を企業活動との接点で捉えていく必要のある企業の取り組みは，新たな挑戦といえよう。

これまでも環境保全の取り組みの現場では様々な困難に直面するといわれてきた。宮内泰介は，次のとおり指摘している。

「さまざまな「ズレ」がその原因になっていることが多い。生物多様性の保全，野生動物の保護，低炭素社会の実現といったグローバルな価値と，それぞれの地域が歴史的に育んできたローカルな価値とののズレ。公共的な価値と，個人それぞれがもつ私的な価値のズレ。生物多様性の維持かコミュニティの維持か，といった目的に関するズレ。誰が担い手の中心になるのか，あるいは，ボランタリーにやるのか事業としてやるのか，といった環境保全の手法にかかわるズレ。さまざまなズレが環境保全の現場には存在する。」[1]。

本章では，企業がこのような課題を内在した環境保全を企業の自然資本と位置づけて取り組んでいく際の留意点を洗い出すことにする。企業の経営管理も常に将来は誰にも正確に予測できないため，企業は不確実性に対する合理的な対応を図ろうとする。自然資本リスクについてその対応策を検討するにあたっ

1　宮内泰介「どうすれば環境保全はうまくいくのか」宮内泰介編『どうすれば環境保全はうまくいくのか─現場から考える「順応的ガバナンス」の進め方』（2017年，新泉社）P.15。

180　第5章　自然資本への対応事例

て，これまでの環境保全に関する実践例を振り返っておくこととしたい。

　環境問題にはそれぞれの地域に固有性があり，同じ条件の事例は存在しない。そのため，固有の相違点を十分理解した上で類似事例を参照する必要がある。特に，生態系の特徴は多様であるため，一定の枠組みに基づく共通尺度を使って，それぞれのロケーションの状況を相対化した上でその相違度合いを理解することが大切である。その意味では，これらの事例の参考知見を活用する際，自社が取り組もうとしている事例との間で相対化して理解することが重要である。例えば，自然の恵みに関する比較・相対化を行おうとすると，ミレニアム生態系評価が採用している生態系サービスの類型ごとに重視されている物理的データを尺度に両者の特徴を比較し相違点を承知した上で，参考事例からの気づきを活用するというステップが必要である。このことをまず指摘した上で，本章を進めていきたい。

1　環境保全の取り組み

---

(1)　自然再生の意義

　自然再生の概念については，日本生態学会生態系管理専門委員会が次の6つに整理をしている[2]。

> ①　保全…良好な自然環境が存在している場所において，その状態を積極的に維持する行為である。
> ②　保護…手つかずに残していくことを意味し，自然を人為などの外圧から守ることである。
> ③　創出…大都市などの自然環境がほとんど失われた地域において大規模な緑の空間の創造などにより，その地域の生態系取り取り戻す行為である。

2　日本生態学会生態系管理専門委員会「自然再生事業指針」『保全生態学研究』10巻1号（2005年，保全生態学会）P.63-75。

④ 復元…もともとあった生態系の構造や機能，多様性，種内変異を維持する
　　　　ために意図的に改変を行ったり，人為的撹乱が起こる前の生態
　　　　系に戻すことである。
⑤ 修復…過去に存在した生態系とまったく同状態までは復元できないが，
　　　　生態系の機能や構造を現在よりも良い状態まで戻すことである。
⑥ 再生…復元だけでなく，修復，創出，保全，維持管理をふくむ広い概念
　　　　であり，損なわれた自然環境を取り戻す行為をさす。

本章では，主として「保全」について検討していく。

(2) 釧路湿原の保全取り組み

自然保全のためには，その地の固有の特性を把握し，その環境がどのように
変化しているかを理解することが重要である。ここでは，生物多様性の宝庫で
ある湿原の保全取り組みを長年手掛けてきた釧路湿原の取り組みをレビュー
し，環境保全の特徴と留意点について整理しておきたい。

釧路湿原は，昭和55年6月にラムサール条約[3]の日本国内第1号の登録湿地
として登録された。釧路湿原とその周辺には，植物約700種，昆虫類約1,100
種，魚類38種，両生・爬虫類9種，鳥類200種，哺乳類39種の生物が生息して
いる。その中には，絶滅の危機にある生物も含まれている。その後，昭和62年
7月に釧路湿原は国立公園[4]に指定されている。

---

[3] ラムサール条約は，国際的に重要な湿地について国際協力を通じて保全することを目的
とし，水鳥の生息地としてだけではなく，湿地そのものが持つ機能・資源・価値を将来に
わたり維持していこうとする条約である。

[4] 19世紀後半にアメリカで「国立公園」として誕生した「自然公園」は，その後世界で最
もポピュラーな自然保護制度となり，生態系や生物多様性を保全する手段となっている。
また，自然の中でレクリエーションを楽しむという文化的サービスを提供するとともに，
観光産業を通じた経済活動の機能を発揮している。さらに，水資源の確保や気候系の安定
化といった機能を通じて，深刻さを増す地球規模の環境問題への対応に効果的役割を発揮
している。その意味で，自然公園は，自然の持続的かつ賢明な利用の代表例となる制度と
して認識されている。

182　第5章　自然資本への対応事例

　ラムサール条約では，湿地の保全を促進するとともに，湿地の価値を認識し，その生態系を維持できるような方法で湿地を持続的に利用することが期待されている。近年，宅地の開発や農地造成などの経済活動の拡大などに伴って，釧路湿原の面積が減少している。また，河川の直線化や森林伐採などに伴う土砂や栄養塩類の流入などにより，湿原の乾燥化やハンノキ林の急速な拡大などが，自然の移り変わりを超える速度で進んでいる。こうした現状を踏まえ，環境省，国土交通省，農林水産省，関係自治体，専門家，NGO，地域住民などにより，釧路湿原自然再生協議会が設立され，自然再生事業が進められている。湿原の機能としての次の事項に留意した取り組みがなされている。

---

① 貯水，洪水の防止（水量の調整）
② 温暖化ガスの吸収（湿原内の植物による）
③ 生物多様性の保全
④ 水質の浄化
⑤ 地域気候の暖和・安定（水をためこむことにより空気に比べ温まりにくく，冷めにくい）
⑥ レクリエーションの場
⑦ 環境教育調査研究

　「釧路湿原自然再生全体構想」では，流域全体の目標の1つとして湿原生態系を維持する循環の再生が掲げられている。釧路湿原で近年現れ始めている急激な変化に対し，2003年11月に発足した釧路湿原自然再生協議会水循環小委員会が，釧路湿原の「水循環・物質循環の再生」を目指して活動を行っている。釧路湿原の自然再生を進めるための施策の1つとして，湿原の再生の源となっている河川水・地下水などの水環境の保全・修復，流域における健全な水循環・物質循環の維持を図るための水循環・物質循環の再生の取り組みが行われてきた。

　自然環境は常に変化している。このような変化を合理的に予測し適切な施策に反映させることは極めて重要といえる。この点に関し釧路湿原での水・物質

循環メカニズムを把握するためのアプローチは参考になる。釧路湿原では、現地観測に加え、データ分析が活用されている。具体的には、釧路湿原の水循環を構成する降雨、蒸発散、河川流入・流出、湧水、地下水流動などの各要素を観測データから整理し、さらに数値シミュレーションにより釧路湿原全体の水収支を検討することで、釧路湿原の水循環メカニズムを明らかにしている。

　また、水の流れに伴う浮遊砂や栄養塩の動きは、河川流量によって変動する。そこで、湿原周辺からの土砂や栄養塩、窒素、リンなどの流入と湿原での貯留の形態を明らかにし、流入する栄養塩の量とその経年変化などを知る必要がある。釧路湿原の主要流入河川及び湿原からの流出部での流量、浮遊砂量、栄養塩の観測結果から流量と栄養塩の関係を整理し、数値シミュレーションにより釧路湿原全体としての栄養塩に関する物質収支を検討することで、釧路湿原の物質循環メカニズムを明らかにする試みがなされている。

　これらの数値シミュレーションモデルを使って、過去からの釧路湿原の物質循環の変化を数値実験することで将来予測が可能となる。水循環及び物質循環の検討で構築した数値シミュレーションモデルを活用することによって、釧路湿原自然再生の各種施策の手法の検討や評価が可能となる[5]。

⑶　ユネスコエコパークの取り組み

　環境保護と経済発展、地域社会のウェルビーイングの両立の観点からは、エコパークの事例が参考になるものと考える。ユネスコエコパーク（生物圏保存地域；Biosphere Reserves：BR）は、生物多様性の保護を目的に、人間と生物圏（Man and Biosphere：MAB）計画（1971年に開始した、自然及び天然資源の持続可能な利用と保護に関する科学的研究を行う政府間共同事業）の一環として1976年に開始された（その概要については、コラム7を参照）。その特徴として次の点が挙げられる。

- 世界自然遺産が、顕著な普遍的価値を有する自然を厳格に保護することを主目的とするのに対し、ユネスコエコパークは自然保護と地域の人々の生活（人

5　詳しくは、令和4年2月釧路湿原自然再生協議会・水循環小委員会「釧路湿原の水循環—現地観測とシミュレーションによる釧路湿原の水と物質の活動形態の解明」を参照。

間の干渉を含む生態系の保全と経済社会活動）とを両立させた共生モデルを提示する特別地域としての性格を持っている[6]。ここでは，生物多様性の保全と豊かな人間生活との調和及び持続的発展を実現するために，科学的研究やモニタリング，教育や研修，能力開発，参加型経営などが行われている。

- 核心地域は原生的な自然環境や貴重な動植物の生息地となっている地域が多く，国立公園にも指定されるなど法的にも厳しく保護されている地域もあるが，例えば南アルプスエコパークのように，3県10市町村にまたがる地域が「高い山，深い谷がはぐくむ生物と文化の多様性」という理念の下，ユネスコパークとして結束した取り組みを行っている。優れた自然環境の永続的な保全と持続可能な利活用の実現には地域交流を拡大して協働する必要があるが，この実現にエコパークが重要な枠組みとなっている。

- ユネスコエコパークの活動は，対外的発信を通じて地域外への情宣・教育に貢献している。例えば，大分県と宮崎県にまたがる祖母・傾・大崩エコパークでは，自然環境を活かして，登山，エコツーリズム，キャニオニング，ボルダリングといった自然体験や，神楽や獅子舞などの祭礼，伝統芸能などの文化活動を通じて，次世代へ自然を敬う継承活動が実施されている[7]。

- 2021年3月に，日本ユネスコ国内委員会科学小委員会人間と生物圏（MAB）計画分科会が，日本におけるユネスコエコパークの取り組みをレビューするとともに今後の展望について取りまとめた「わが国のユネスコエコパークのさらなる推進に向けて」を公表している。その中で，「地元自治体の総合戦略や基本計画等において生態系サービスについて明記している例は少数である一方，エコツアーガイド認定制度や地域の生物文化に関する産品を伝承産品としてブランド化する取組などの生態系サービスの一環と言える取組や，農産品へのユネスコエコパークロゴの使用など萌芽的な取組も進められてい

6　ユネスコでは，「セビリア戦略」等の戦略策定の中で提示され，「人間と生物圏（MAB）計画」の枠組みに織り込まれているように，生態系の保全と持続可能な利活用の調和（自然と人間社会の共生）を目的としている。

7　ユネスコ「人間と生物圏計画」では，2015年から10年戦略として「リマ行動計画（2016～2025）を掲げている。その中では，「SDGsに貢献する実践・学び合いの場」／「生物多様性モニタリング地域・生態系サービスの実践モデル地域」「気候変動の観察拠点」としての推進が掲げられている。

る。今後も，ユネスコエコパークとして，「生態系サービスへの支払い（Payment for Ecosystem Services：PES）」の考え方を関係者間で普及し，取組を進めていくことが望まれる」と指摘している。そして，さらに注力して推進すべき観点として，「自治体予算の安定的な獲得という利点がある一方で，ユネスコエコパークとしてのブランドを活用した収益事業はほとんど行われていない。また，財政状況の厳しい中，さらなる活動資金を得るために，民間からの助成や寄付金の獲得など，財源の多様化を図る必要性がある。ユネスコエコパークに求められる経済活動の促進という観点から，民間部門と共働した事業の展開や収益事業の開発が望まれる。」と提言している。

(4) 企業の自然資本対応上の参考点

生物多様性条約第15回締約国会議（COP15）で，生物多様性をめぐる新たな世界目標「昆明・モントリオール生物多様性枠組み」が合意され，2022年12月に発表された。その中で，ターゲット３に「2030年までに陸域，陸水域，海域の少なくとも30％を保全する」という目標が掲げられている。つまり，自然を減少から回復に転じさせる（ネイチャーポジティブ）を目指し，30％を生物多様性の保護地域にすることが目標になった[8]。

日本には自然公園や鳥獣保護区，保護林など法規制による保護地域が陸域区域に20.5％ある。残りの10％分を民間などの緑地を活用して30％を達成する計画となっている。環境省が2023年度から，民間などからの申請を受けて審査し，基準を満たすと，「自然共生サイト（Other Effective area based Conservation Measures：OECM）」として認定する動きを加速させている[9]。

---

[8] 2020年までの世界目標「愛知目標」の保護地域は，「陸域17％，海域10％」であった。ネイチャーポジティブとは，2022年12月に開かれた生物多様性条約第15回締約国会議で採択された昆明・モントリオール生物多様性枠組みにおいて明文化された世界目標であり，「2030年までに生物多様性の損失を止めて反転させる」という内容である。

[9] 自然共生サイトを推進するため，環境省は，2022年４月，官民連携組織「生物多様性のための30by30アライアンス」を発足させた。日本経済団体連合会（経団連）や国際自然保護連合（IUCN）日本委員会，企業グループの企業と生物多様性イニシアティブ，NGOなども発起人となり，自然共生サイトに登録する企業などを募っている。

186　第 5 章　自然資本への対応事例

　今後企業が生態系保全の取り組みを進めていく際，複数の県にまたがる広域の生態系を保全する手法としてユネスコエコパークの取り組み事例は参考になろう。特に，3 つの地域にゾーニングし，保全の核心地域を厳格に保全しつつそれを観察・研究し，次の対応や保全活動のすそ野を広げるための緩衝地域や保全生態系との共生を試行するための移行地域の相互連携により多くの気づきを得ようとする体系的取り組みは，非常に参考になる。ここでは，エコパークの取り組みを企業の参考点という視点から抽出しておきたい。

　宮崎県の綾町では，シイ，カシ，ダブなどの常緑広葉樹で構成される照葉樹林の森林資源を活用した伝統工芸，森から生まれた水が綾北川と陵南川に流れ出ており，農産物，酒，焼酎づくりが行われている。この豊かな自然と自然の恵みを活用した産業や文化を後世につないでいこうとする取り組みが続けられている。

　「ブナと生きるまち　雪と暮らすまち」として推進している奥会津只見のエコパークにおける2014〜2024年の取り組み結果報告によると，只見地域の天然資源や農産物を使い伝統的な技術を用いて作成して工芸品や食品類などの商品開発を通じ，地場産業の育成を図ることを目的として，製作者や事業者を助成する事業を行ってきたと報告している。

　なお，今後に残された課題として，核心地域と緩衝地域について，学術調査や住民による持続可能な天然資源の利用を除けば，概ね人為的な活動は制限されており，現在のところ，自然環境や野生生物への影響は認められないとしている。しかし，住民生活や産業活動の場である移行地域においては，道路や河川改修などの社会インフラ整備のための土地改変が行われており，しばしば自然環境や野生生物の生育，生息環境を脅かしている，と報告している。したがって，今後の大規模開発に伴う自然環境，生物多様性への影響を最小化するために，協議会と事業者との協議と調整がいっそう求められると指摘している。

　この取り組み内容からわかるように，ユネスコエコパークに求められている

要件等は，企業が環境保全を地域社会と協働して取り組む際の参考になる。特に，明確な目的とグローバル共通の枠組みが設定され，透明性の高い形で生態系の保全活動が実施されていることが重要となる。またユネスコエコパークでは，技術的ガイドラインが公表されているため，他地域との取り組み比較が容易となり，経験の交流が促進されるプラットフォームが設定されている点などから，企業と地域社会が取り組みを検討する際の参考になるものと考える。

　企業の環境に関連する地域社会の課題への取り組みは，自治体ごとに様々な形で展開されている。例えば，静岡県で2005年から取り組まれている「一社一村しずおか運動」[10]では，荒廃農地の復元や棚田オーナー制への参加，ビジネス提携など，労働力や資金などの面で企業が農村と協働し，それを通じて農山村地域の活性化を目指している。つまり，農村は企業などに活動場所や地域資源を提供する一方，企業等は人材やアイディアなどを農村に提供することで継続的な都市農村交流につなげていこうとしている。この運動は県の事業ではなく，事業予算もつけられていない。しかし，地域社会における協働のためのマッチングを担うため，県交通基盤部農地局の保全課がその役割を担っている。行政主導ではないこの種の取り組みを継続的に推進していくための仕組みや工夫が必要となる点を指摘しておきたい。

　ちなみに，黒川哲治，稲葉栄洋，矢部光保が，一社一村しずおか運動が荒廃農地の防止につながっている要因として，次の3点を挙げていることは興味深い。

- 県の事業として位置づけていないため，「予算措置なし・数値目標なし」となっていることが過度の負担を伴わず，息の長い取り組みを可能としている。
- 民間企業で管理職経験のある，地域に居住する兼業農家，又は，都心からUターンしてきた非農業家が活動の中心的存在になっていることが多く，地域内外の人や企業等と良好な関係を築き，マネジメント力を必要としていることが関係していると考えられる。

10　具体的取り組み内容については，黒川哲治，稲葉栄洋，矢部光保「NPO等を中核とした共同活動による農業支援」矢部光保編著『自然再生による地域振興と限界地農業の支援』（2023年，筑波書房）第7章，P.96〜110を参照。

● 強制や義務がない緩いつながりで，無理なく楽しく続けていること。

　日本ユネスコ国内委員会科学小委員会の報告書の中で指摘されていることであるが，「生態系サービスへの支払い（PES）」の考え方の関係者間での普及，民間部門と共働した事業の展開や収益事業の開発は，今後社会的価値としての自然資本への対応を考える上で重要な共通課題といえる。

ユネスコエコパークの概要

概要

　ユネスコエコパーク（生物圏保存地域；Biosphere Reserves：BR）は，生物多様性の保護を目的に，ユネスコ人間と生物圏（Man and Biosphere：MAB）計画（1971年に開始した，自然及び天然資源の持続可能な利用と保護に関する科学的研究を行う政府間共同事業）の一環として1976年に開始された。

　45年以上にわたり，世界中の人々が，ユネスコの「人間と生物圏（MAB）計画」の下で指定された生物圏保存地域を活用して，地球規模の課題に対する局所的な解決策を模索し，生物多様性の保全に重点を置く持続可能な未来のための豊富な経験とイノベーションの可能性を生み出してきた。MABは，生物多様性の保全，生態系サービスの回復・強化及び天然資源の持続可能な利用の促進，持続可能で健全かつ公平な経済，社会及び繁栄する人間居住地の構築，並びに気候変動や地球環境の変化のその他の側面を緩和してこれに適応するための人々の能力強化のために，加盟国に対する支援を強化している。サステナビリティ・サイエンスや教育を通して学んだ教訓を生かし，最新かつ開かれた透明性の高い方法を利用して情報を伝達し，共有することに貢献してきた。

　ユネスコエコパークは，豊かな生態系を有し，地域の自然資源を活用した持続可能な経済活動を進めるモデル地域である（認定地域数：134か国738地域。うち国内は10地域）。

　世界自然遺産が，顕著な普遍的価値を有する自然を厳格に保護することを主目的とするのに対し，ユネスコエコパークは自然保護と地域の人々の生活（人間の干渉を含む生態系の保全と経済社会活動）とが両立した持続的な発展を目指している。認定地域は，域内の自然の成り立ちや，そこに育まれた歴史文化に対する理解を深めるほか，地域づくりの担い手を育成することが期待されている。また，世界ネットワークの一員として，認定地域同士の学び合いを通じてさらに取り組みを進めることが求められる。

　日本の登録地域は**図表①**のとおりである。
　2015年には，登録地域単位での会員で構成される「日本ユネスコエコパークネットワーク（JBRN）」が誕生している。これは，国内ユネスコエコパーク登録地域間の連携を促進し，1つの地域では対処できないような課題への対応，社会への働きかけなどを行い，ユネスコエコパークの理念に基づいた人間と生物圏とのより良い関係を築いていくことを趣旨とする活動を行っている。

図表①　日本の登録地域

(出典) 日本ユネスコエコパークネットワーク HP

　MAB計画の枠組みにおいて，生態系の保全と持続可能な利活用の調和（自然と人間社会の共生）を目的として取り組んでいるユネスコエコパークの更なる推進を期待し，2021年の第41回ユネスコ総会で，11月3日を「国際生物圏保存地域（ユネスコエコパーク）の日」とすることが決定された。

ゾーニングアプローチとサステナビリティの取り組みへの参考
　ユネスコエコパークは，地方自治体等からの申請に基づき審査を通じて認定されることになるが，生物圏保存地域世界ネットワーク定款では，登録されるための要件が規定されている。また，生物圏保存地域と認定されるための条件として，3つの機能（保全機能，経済と社会の発展，学術的研究支援），3つのゾーニング（核心地域，緩衝地域，移行地域の3地域）が設けられていること，生態系の豊かさが保全されているか，地域主導の活動となっているか，持続可能な資源利用や自然保護と調和のとれた取り組みが行われているか，将来の活動の継続を担保する組織体制や計画があるか等の要件が定められている。

　認定地域では，まず厳格に保護される核心地域が明確に設定され，核心地域を保護するためのバッファとしての緩衝地域が設定されている。そこでは，水

源涵養機能など森林の多面的な機能を高めたり，生活に欠かせない良質な水や産業用水の確保などのための保全管理が行われている。また環境保全のための調査研究，エコツーリズムなどを通じた環境教育・研修の場として利用されている。移行地域は，人が自然と共生しながら持続的な暮らしを営む地域として設定されており，様々な社会活動や企業活動ができる地域に指定されている。実際に人が生活し，自然と調和した生活や産業振興（農業，林業，伝統工芸の継承，観光，アウトドアスポーツなど）が展開されている。

　半世紀ほどの実績を有するユネスコエコパークは，国際機関が継続的に認証に関わっていることもあり，今後のグローバル視点での整合性を意識した対応事例としての意義は大きい。また，1990年代半ばから「原生自然」ではなく，人間社会との関係を重視した取り組みとなっている点でも，今後の「持続可能な社会」を志向する上で参考になる部分も大きいと考えられる。

192　第5章　自然資本への対応事例

2　自然災害の特徴とグリーンインフラ実装

　環境保全と防災・減災による地域社会の安全の向上に統合的に対応しようとする場合，グリーンインフラの推進事例が参考になるものと考える。気候変動と生物多様性問題を統合的に対応することは本書におけるメインテーマの1つとも関係する事例といえる。

(1)　自然災害の特徴とグリーンインフラの意義

　災害のきっかけとなる地震，噴火，津波，高潮，洪水，土砂崩れといった自然現象はハザードと呼ばれ，これ自体を制御することは現在の科学技術の下でも極めて困難である。したがって，災害リスク（Disaster risk）を軽減することが，防災・減災の世界的目標となっている。

　国連防災機関（United Nations Office for Disaster Risk Reduction：UNDRR）が2017年に公表した*Disaster Risk Reduction Terminology*[11]では，災害リスクは，ハザード（Hazard），暴露（Exposure），脆弱性（Vulnerability），キャパシティ（Capacity）の4つの要素で決定されると説明する。今後の気候変動によってハザードの強度の上昇を直接コントロールすることは難しいので，その他の3つの要素への対策を強化しなければならない。例えば，次の対応が該当する。

- 危険性の高い場所（洪水発生の可能性が高い低地）への都市開発の拡大によって，居住地が増えたり，貴重な財産が多く存在する状況を創り出すような状況を軽減する（暴露への対策）
- 災害が多発する地域に立地しているにもかかわらず，防災対策が不十分である場合に対策を強化する（脆弱性への対策）
- 災害に対する組織やコミュニティ，社会の対処能力（知識，技術，社会的な関係性やリーダーシップなど）を高める（キャパシティへの対策）

11　https://www.undrr.org/terminology

一般に，災害からの安全性は，まず，その災害の影響をどこまで完全に食い止めることができるか（防災），完全に食い止められなかった後の影響をどの程度に抑えることができるか（減災），さらにどの程度の時間でどの程度まで復旧することができるか（復旧），といった複数の視点から検討する必要がある。

生態系は，自然災害などによって短期的には破壊（攪乱）されたとしても，一定の中長期的時間軸の下で自ら復旧する能力を持っている。そこで，生態系を活用した防災・減災（Eco-DRR）が，持続可能な社会の実現を考える際の対策の1つとして関心が高まっている。

ただ，生態系の能力の効果を活用するにあたっては，時間軸に留意する必要がある。例えば，一般に被災地における破壊された環境による人の生活への復旧を考えた場合，できるだけ早く安全を確保し，一定の生活レベルへの復旧を急ぐ必要がある。この復旧に時間の余裕はないため，生態系の復旧の時間軸とは別の問題として取り扱う必要がある。したがって，好ましい社会インフラ検討において，人工資本と自然資本（生態系）の双方を活用した取り組みが必要となる。

日本は災害リスクの高い35％の地域に人口の70％以上が集中するなど，国土利用上，災害に対して脆弱な構造となっている。また，過去の人口増加や都市化に伴う人の動きの変化は，リスクの様相を変えてきた。例えば，都市化の進展は，災害の様相も変化させる。都市化に伴う下水道などの排水路の整備は，水を早く集めることとなり，浸透面積を減少させたことによって，洪水の流出を大幅に増大させた。

日本の人口は2008年にピークを迎え，減少局面に入った。また，社会保障・人口問題研究所の2024年推計によると，世帯総数は2030年をピークに減少局面に入ることが予想されている。かつて農地を宅地に転用しなければならない状況は変化している。2016年の都市農業振興基本計画において，市街化区域内に農業の存在を認めるという都市計画上の転換があった。都市部における人口密度の低下に伴い，人口を一定地域に集約させていくことと並行して，都市の外

延化を抑制するというコンパクトシティの実現のためには，生産緑地制度をはじめとする都市農業の保全制度は，開発の抑制と都市農業への支援を両立させるツールとして注目されている。また，消費する都市から生産する都市への新たな視点の導入は，従来個々に所管されていた市町村の都市部局と農政部局との連携の強化の必要性も提示すると同時に，都市農地保全をグリーンインフラの推進とも連動させていく必要性も認識させている。

　リスクを軽減しようとすると，水を吸い込む健全な土壌の回復，ゆっくりと水を流す仕組みの復活，これらの環境変化に伴う緑の回復と生物多様性の回復といったグリーンインフラ構築への対策の検討は，これまでの国土管理の考え方の見直しであり，人の暮らしのあり方の変革でもあるといえる。

　生態系を活用した災害リスクの低減（生態系減災）が世界的に注目されるようになったのは，2004年12月末に発生したスマトラ沖地震でマングローブ林が津波の威力を軽減したことから改めて生態系の防災・減災機能が認識されるきっかけとなった。
　日本でも東日本大震災の経験は，防災・減災に対する認識を見直すきっかけとなった。海岸の自然環境にも大きな変化をもたらした。沿岸の防潮堤は破壊され，クロマツの海岸林が広範囲でなぎ倒された。海岸近くの湿地や干潟の姿も大きく変わり，多くの生き物が姿を消したと思われた。しかし，津波の翌年には多様な海浜植物とともにマツ類の実生が高密度で確認され，林床に海浜植物を伴うクロマツ林が回復する兆候が認められた。また干潟の生物の残存，回復も確認されるようになった。これらの事実は，津波のような大規模な攪乱を受けても，海岸の生態系は自律的に回復する能力を持っていることを再認識することとなった。

　自然の多様な機能を活用したインフラ・土地利用を意味する「グリーンインフラ」は，2つの点で特徴があるといわれている。
　1つは，環境のプラスの価値に光を当てていることである。これは，自然環境の保護に焦点を当て過ぎる結果，生態系サービスの持つ多様な恩恵が十分意

識されない弊害を避けなければならない側面を強調している。

　２つ目に，関係者の協働による革新性の発揮が重視されていることである。これは，生態系の持つ多様な機能を意識した地域社会を含めた広い関係者による協働の中から多面的な効果，多様な時間軸を交流するなかから産まれる革新的な地域社会への実装の取り組みがこれまでにない付加価値を創造する可能性を秘めていることを意味している。

　グリーンインフラに期待される機能として，下記が挙げられている[12]。

---

1. 治水，2. 土砂災害防止，3. 地震，津波減災，4. 大災害時の避難場，5. 水源，地下水涵養，6. 水質浄化，7. 二酸化炭素固定，8. 局所気候の緩和，9. 地域のための自然エネルギー供給，10. 資源循環，11. 人の自然にやさしい交通路（グリーンストリート），12. 害虫抑制，受粉，13. 食料生産，一次産業の高付加価値化，14. 土砂供給，15. 観光資源，16. 歴史文化機能の維持，17. 景観向上，18. 環境教育の場，19. レクリエーションの場，20. 福祉の場，21. 健康増進，治療の場，22. コミュニティ維持

　グリーンインフラ活用の社会的意義を整理すると，**図表5-1**のとおりである。

　グリーンインフラの推進は，生態系機能を高めることで持続的な国土を形成しようとする考え方と相通じるといわれる。表現を変えるなら，人の活動で構成される社会と自然で構成される生態系を融合的に捉え，今の社会課題の解決と地球環境の保全を一緒に検討するアプローチともいえる。これまで，どちらかというと，自然システムと社会課題とが分断されていたが，これを社会のネットワーク構造として再構築し直そうといった考え方に立っているともいえる。

　生態系サービスは，自然が人間に提供してくれるサービスを，経済価値を含めて把握しようとする考え方である。グリーンインフラの推進において重要な課題の１つは，地域固有の自然資源の特徴や課題を総合的な観点から捉えて，

12　グリーンインフラ研究会編「決定版　グリーンインフラ」（2017年，日経 BP 社）P.22。

196　第5章　自然資本への対応事例

図表5−1　グリーンインフラ推進の意義

＜現状の課題＞
社会・経済活動 → 自然環境・生態系の劣化 → 社会の安全性，生活環境，企業活動への負の影響

＜自然が持つ多様な機能＞
①洪水　②土砂災害防止　③地震・津波減災　④大災害時の避難場　⑤水源・地下水涵養　⑥水質浄化　⑦二酸化炭素固定　⑧局所気候の緩和　⑨地域のための自然エネルギー供給　⑩資源循環　⑪人と自然にやさしい交通路（グリーンストリート）　⑫害虫抑制・受粉　⑬食料生産，一次産業の高付加価値化　⑭土砂供給　⑮観光資源　⑯歴史文化機能の維持　⑰景観向上　⑱環境教育の場　⑲レクリエーションの場　⑳福祉の場　㉑健康増進・治療の場　㉒コミュニティ維持

＜グリーンインフラの活用の意義＞
定義
自然が持つ多様な機能（生態系サービス）を賢く利用することで，持続可能な社会と経済の発展に寄与するインフラや土地利用計画（グリーンインフラ研究会）

※グリーンインフラがしばしば陸上のインフラを指すのに対して，水域における自然が持つ多様な機能を利用したインフラをブルーインフラと呼ぶこともあるが，広義には，これもグリーンインフラに含まれる。

生態系サービスの特徴
- 環境の変化や人為的な影響に対する安定性（しなやかさ，レジリエンス）
- 生物多様性が高いほど，自然の恵みの大きさやその多様性は大きく，より持続的である
- グリーンインフラの整備や維持管理コストは，従来のインフラに比し，経済的である

＜今，グリーンインフラが検討される背景＞
- 地球環境問題，人口減少・高齢化，グローバル化，自然災害リスクの増加など幅広い社会課題が発生している。
- 防災・減災，経済振興など多様な社会課題を解決する方策として期待されている。
- 生態系を活用した防災・減災（Eco-DRR），生態系を活用した適応（EbA）の利点が再認識されている。

＜持続可能な開発目標(SDGs)との関連＞
目標6：すべての人々の水と衛生サービスの利用可能性と持続可能な管理を確保する
目標9：強靱（レジリエント）なインフラ構築，包摂的かつ持続可能な産業化の促進及びイノベーションの推進を図る
目標11：包摂的で安全かつ強靱（レジリエント）で持続可能な都市及び人間居住を実現する
目標13：気候変動及びその影響を軽減するための緊急対策を講じる

地域環境が持つポテンシャルを高めていくことである。また，グリーンインフラの多機能性を高めていくためには，インフラデザインのプロセスをいかに参加型，協働型で構築していくかが重要となる。

　気候変動への適応策としての減災を考える際，既存インフラとグリーンインフラをお互い相補的なものと捉えた対策もさらに検討に値するものと考える。
　グリーンインフラは，自然環境の多面的な機能を活用し，様々な地域課題の同時解決を図ろうとする考え方であるがゆえに，種の絶滅といった狭い意味での生物多様性の保全目的を考えるにとどまらず，治水や水質，地域活性化など

様々な側面での地域課題の解決に資する取り組みとなりうる方法論を具体的に検討しやすくするという利点もある。また，企業との協働や資金調達につなげていくためにも，インセンティブを伴うアプローチとして有用と考えられる[13]。

　米国では，2012年10月に東海岸を直撃したハリケーン・サンディによりニューヨーク都市圏は推定約650億ドル規模の米国史上2番目の被害を受けた。約2.5mの高潮によりニューヨーク市内の地下鉄やトンネルが水没し，800万世帯が停電，広域でインフラ機能が麻痺した。地域復興のためにグリーンインフラを活用した都市開発を実施したところ，都市のレジリエンスが強く意識され，グリーンインフラ分野の転機となったといわれている。具体的には，防潮堤と都市公園のハイブリッド型の開発である。高潮や氾濫に脆弱な低平地の土地利用として，通常時はスポーツ，レクリエーション公園，非常時は氾濫原として機能するインフラなど，通常の都市基盤の機能を超えて，より多機能，多便益のグリーンインフラが考案された。

　米国ではほかにも，緑化技術をうまく使ったグリーンインフラで答えを出した，ニューヨークやオレゴン州ポートランド市の都市の例がある。米国のグリーンインフラ対応の特徴は，都市機能の向上や雨水管理に注目している点にあり，欧州が生態系やエコロジカルネットワークの再生に注力しているのに対して異なるアプローチとなっている。

　小出兼久の説明によると，「グリーンインフラの実践は，水域の汚染負荷を引き下げることができる。それは，人が汚染物質とレクリエーション的接触や

13　小出兼久は，グリーンインフラ活用による便益として，炭素の隔離，大気質の改善，飲料水の水源保全，洪水防止などの「環境利益」，ハードな（従来の）インフラの建設コストの削減，エネルギー消費と価格の削減，ライフサイクルコストの節約を推進などの「経済利益」，都市の緑道の整備，都市のヒートアイランド効果の軽減などの「社会利益」を挙げている（小出兼久，日本ゼリスケープデザイン研究協会編著『グリーンインフラストラクチャ—米国に学ぶ実践』（2019年，環境新聞社）P.233）。

198　第5章　自然資本への対応事例

汚染された飲料水を介して発症する病気を最小限にするように働く。地域の水質の改善は，コミュニティの医療費支出の低減に帰結し，海岸の閉鎖や甲殻類の漁場閉鎖で生じる経済への悪影響を最小限にする。また，喘息の罹患率を引き下げ，熱応力に関連した死者の数を減らし，ヒートアイランド効果[14]の悪影響を緩和し，大気質を改善し，レクリエーション用の緑地を増加させるといった効果もある。」[15]という。

　生態系の保全・再生を行うことがいかに水害や土砂災害の発生抑制につながるのか，あるいは自然災害リスクを低減させるための土地利用がいかに生物多様性の保全にもつながるのかを検討する際には，リスクの3要素の視点が重要となる。生態系の保全・再生と防災・減災の関係性を，リスクの3要素（①ハザードの軽減，②暴露の回避，③脆弱性の低減）に沿って示すと**図表5-2**のとおり整理される。

　3要素の視点に加え，災害に対する組織やコミュニティ，社会の対処能力すべてを考慮に入れて検討するという意味合いで，「キャパシティ」という概念を加えて検討することが有用と考えられる。

　キャパシティの拡大を検討する場合，自然資本の管理について，地域固有の環境と長い歴史の中で蓄積した住民の知見の活用が重要となる。森林や草地の一部をコモンズ（入会地）として村や部落住民によって協働管理する態勢は，キャパシティ・ビルディングとして重要である。

14　ヒートアイランド現象で暖まった空気は上空で冷やされ，雨雲を発生させて地上に降り注ぐ。その雨の降り方は局地的，集中的で，激しさを増している。現在都市部では，ヒートアイランド現象が鮮明になりその対策が求められている。

15　小出兼久，前掲注13，P.62。なお，米国環境保護庁（EPA）の2007年の年次報告書によると，同規模のグリーンインフラとグレーインフラプロジェクト12件のコストの比較がなされている。この中では，12件のグリーンインフラプロジェクトのうち11件で，グリーンインフラプロジェクトの総コストのほうが低いことが示されている。しかし，グレーインフラプロジェクトを評価するための技術とツールは存在するものの，グリーンインフラへの投資と，グレーインフラへの投資を比較するコンセンサスや一貫性のある方法はない（小出兼久，前掲注13，P.28, 29）。

2 自然災害の特徴とグリーンインフラ実装　199

図表5－2　リスクの3要素とグリーンインフラの効果

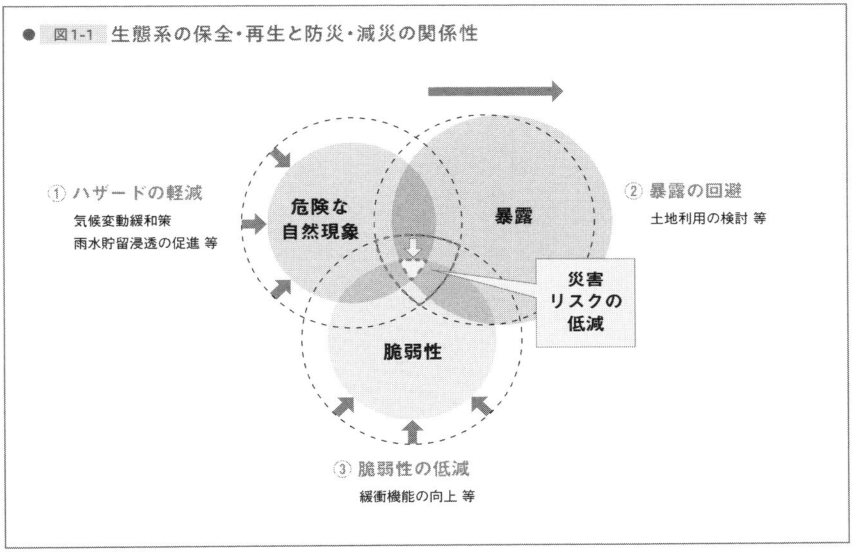

● **図1-1**　生態系の保全・再生と防災・減災の関係性

① ハザードの軽減
気候変動緩和策
雨水貯留浸透の促進 等

② 暴露の回避
土地利用の検討 等

危険な自然現象

暴露

災害リスクの低減

脆弱性

③ 脆弱性の低減
緩衝機能の向上 等

（出典）環境省『持続可能な地域づくりのための生態系を活用した防災・減災の手引き』P.3（Total Disaster Risk Management Good Practices 2005（ADRC, 2005）を基に作成）

　グリーンインフラはコモンズを提供し，コモンズから提供される生態系の恵み（農産物，薪，文化）を共有することは，災害に対しても復興に対しても強いコミュニティ力を形成することが期待されている[16]。

(2)　自然災害の激甚化と日本のグリーンインフラ推進

　日本で初めてグリーンインフラが行政計画に位置づけられたのは2015年の国土形成計画，国土利用計画である。その後，環境基本計画や気候変動適応計画などにおいて，グリーンインフラが新たな社会課題解決のアプローチの1つとして位置づけられてきた。しかし，一方で地域実装に向けた課題として，下記が指摘されている。

　「技術的な課題としては，グリーンインフラとして自然の機能を的確に捉え

---

[16]　一ノ瀬友博編著『生態系減災　Eco-DRR』（2021年，慶應義塾大学出版会）P.86参照。

200　第5章　自然資本への対応事例

つつ，インフラとしての機能を担保するため，現場に適用できる施工管理技術，自然環境の持つ機能やリスクの評価方法などがある。また，資金的な課題としては，これまでの社会インフラとして扱われてこなかった，グリーンインフラを整備する費用や追加的なコストの負担方法などがあげられる。さらに，人的な課題としては，グリーンインフラに関わる多様な専門分野の理解，認識共有の方法，主体間の合意形成や実施体制の構築方法などがあげられる。」[17]

　グリーンインフラの地域実装は，地域の主体が中心となり，グリーンインフラの整備や土地利用を実践することであり，対象となる地域の様々な自然環境や土地をうまく連結し，水の循環や空間の連結性を意識して機能向上につながる取り組みを進めなければならない。そして，それぞれの空間において自然環境の機能を引き出す取り組みや技術が必要となる[18]。

　環境省は2016年に，「生態系を活用した防災・減災に関する考え方」（本書P.63参照）を示し，国土交通省も，2019年に自然環境が有する多様な機能を賢く利用するグリーンインフラを推進する「グリーンインフラ推進戦略」を示している。
　ここでは，気候変動による自然災害の激甚化を踏まえた適応策（減災）の検討において生物多様性の課題への対応を意識したときのアプローチについて考えてみたい。
　国際自然保護連合（International Union for Conservation of Nature：IUCN）は，自然を基盤とした解決策（Nature-based Solutions：NbS）を「社会的な課題：気候変動，食料安全保障，水の安全保障，人間の健康，自然災

---

[17]　総合地球環境学研究所「ローカルなグリーンインフラの始め方」（2023年「ローカルなグリーンインフラの始め方（chikyu.ac.jp）」より入手可能）P.9。

[18]　例えば，分散型の雨水管理（雨水の貯留，浸透機能や遊水機能）を向上させたいとする場合，森林や農地，河川，道路などグリーンインフラの実装が期待されるエリア別に，公共，民間，個人といった主体の役割も含めた計画化が必要となる。そして，その計画を実践しうる体制（地域の協議会，民間企業やNPOとの連携を含む），資金調達（企業版ふるさと納税などの民間資金の活用，ローカルファイナンス，公共財源の柔軟な運用）の検討が必要となる（総合地球環境学研究所，前掲注17，P.11～15に詳しい）。

害，社会と経済の発展に順応性高く効果的に対処し，…自然あるいは改変された生態系の保護，管理，再生のための行動」と定義している[19]（本書 P.61，62参照）。

2015年の鬼怒川災害，2016年の北海道台風災害など，河川整備計画で目標流量（計画規模）以上の洪水が発生した。既に気候変動に伴う豪雨に対して，既存インフラによる防災の限界が表れているといわれる。これら目標流量以上の洪水を安全に流下させるためには，目標流量を上げて既存施設を改良する（例えば，ダム改良により流量の低減を図るか，河道掘削，引堤，堤防の嵩上げで河積を確保する）か，目標流量は変更せずにそれ以上の洪水が来た時には計画的に堤内へ越流氾濫させる必要がある。計画的に氾濫させる場合，氾濫する場所がグリーンインフラとなる。近年，既存インフラとグリーンインフラは相補的に捉える必要があるものと考えられるようになっている。

2019年8月に発生した九州北部豪雨では，線状降水帯による集中豪雨が発生し，各雨量観測地点で観測史上1位の記録を更新した。また同年10月に発生した東日本台風（19号台風）では，関東地方や甲信地方，東北地方などで記録的な大雨となり，甚大な洪水被害が発生した。このような気候変動の影響と考えられる災害が多発する背景を受け，自然の機能を賢く利用し，持続可能な社会と経済の発展に寄与するインフラや土地利用を実践するグリーンインフラの概念が，国や地方での気候変動適応策の中に取り入れられ，検討が進められるようになった。

2019年7月に発表された「グリーンインフラ推進戦略」では，グリーンインフラを「社会資本整備や土地利用等のハード，ソフト両面において，自然環境が有する多様な機能を活用し，持続可能で魅力ある国土，都市，地域づくりを進める取組である。」と説明する。

グリーンインフラの本格的な導入には，社会的変化と技術革新を組み合わせ

---

19 Cohen-Shacham, E., WaltersG., Janzen, C. and Maginnis, S.（Eds.）（2016）*Nature-based Solutions to Address Global Societal Challenges.* IUCN, Gland, Switzerland.

202　第5章　自然資本への対応事例

たアプローチが重要であることが指摘されている。このように複数の目的を達成するためには，達成に貢献する互恵関係（コベネフィット）や相乗効果（シナジー），あるいはトレードオフの関係を意識して，総合的観点を踏まえ効果を発揮できる取り組みが望まれる。

(3)　防災・減災対策とグリーンインフラ

　グリーンインフラは，環境保全面と災害対策面の両面への総合的な対応手段として位置づけられる。災害面について考えてみたい。

　まず自然災害の特徴をまとめると，次のとおりである。

●地域と活動に応じて様々な影響

　気候変動と気候関連のリスクの影響は，地域，地理ごとに異なる意味合いを持つ地球規模で発生する効果であり，ビジネス，商品，サービス，市場，事業，バリューチェーンによっても異なる。

●長期的な展望と長期的な影響

　気候関連のリスクは従来の事業計画や投資サイクルを超えた時間軸に沿って顕在化し，影響を及ぼす。これらのリスクと関連するインパクトは，短期，中期，長期にわたる気候関連の物理的・移行リスクの変化につながる数十年にわたるドライバー（例えば，大気中の温室効果ガス濃度）の変化の結果として生じる可能性がある。

●自然の影響力と不確実性

　気候変動の影響の多くは前例がなく，過去のデータに基づく統計分析やトレンド分析の適用が難しい。気候変動は動的で不確実な現象であり，重要な技術の開発と展開，適応戦略，市場と消費者の行動の変化など，多くの未知な領域があるため，緩和策の可能性も複雑である。

●影響度合いの変化と非線形性

　気候関連のリスクは，時間の経過とともに様々な規模で顕在化する可能性があり，影響の深刻さと範囲が増大する。気候システムは，大きな，長期的な，急激な，そしておそらく不可逆的な変化をもたらす閾値と転換点を示すかもしれない。気候関連のリスクを理解するには，物理的な気候システム，生態系，社会における転換点の感応度を理解することが不可欠である。

●複合的な関係性とシステム効果

　気候変動に伴うリスクは社会経済的に，また金融システムと相互に関連している。このような相互に関連するリスクは，連鎖効果を考慮しなければならない。企業にとっての短期的，中期的，長期的な影響を評価するためには，企業を取り巻くより広範なレイヤーを踏まえた多面的な分析が必要である。

　ここで，自然災害の中でも広域に被害が及びそして長い期間にその影響が続く洪水を例にとって考えてみたい。

　洪水リスクについては，浸水想定区域図（想定最大）といった具合に現在可視化が進んでいる。河川（外水）や内水（下水道）の管理の所管が異なるため，浸水想定区域図は各所管者から別々に公表されている。例えば，淀川は国交省が，神崎川は大阪府が，下水道は大阪市がそれぞれ管理している。

　国内の治水システムの特徴は次のとおり整理される。

　河川計画は，「下流優先の原則」に基づき，人口，資産が集中する下流都市部では目標安全度が高く，中上流や支流ほど目標安全度が低く設定されている。改修事業も下流から中流，上流へと逐次進められる。中上流，支川の改修が進むと下流部により洪水が集中し危険度が増すと考えられるため，下流部ほど安全度が高く設定されるという考え方をとっている。別の見方をすれば，下流優先の原則は，中上流や支川の氾濫を前提としていることとなる。

　実際の災害リスクは，流域に存在するあらゆる防災施設群がシステムとしてどう連動したかで決まる。しかし現時点では，災害リスクは個別施設ごとでしか可視化されておらず，防災施設群に囲まれた土地そのもののリスクはいまだ可視化されていない。さらに各防災施設の設計外力は異なるため，システム全体の能力を考慮してリスクを評価するには，発生頻度の異なる様々な外力を考慮する必要がある。そのため，流域内の各地点のリスクカーブを明らかにしていく必要がある[20]，とその課題が指摘されている。

204　第5章　自然資本への対応事例

　つまり，ある流域における災害は，各防災施設に設計外力を超える外力がかかった時に災害に至るため，設計外力を超える状況における影響を予測するとともに，他の防災施設への設計外力を超える外力への影響やさらにその防災施設の能力を超えたときにどのような状況に至るかを推定するといった形で流域内での災害状況を推定する必要がある。このようにして，流域内で起こりうる無数のシナリオを想定して，その際の流域内の予想損害に基づく確率分布を導出し，被害の頻度と被害の程度を可視化する必要がある。

　日本においては，災害と土地利用，建築規制について古くから規制がある。土地利用，建築規制は憲法で保障される私有財産権の制限に当たるが，生命，財産の保護などの公益と比較考慮した上での対応がなされる必要がある。昭和34年（1959年）の建築基準法第39条に基づく各都道府県知事宛て建設省事務次官通達では，各都道府県知事宛てに，災害危険区域の指定，特に低地における災害危険区域の指定を積極的に行い，区域内の建築物の構造を強化し，避難の施設を整備することが定められている。そして，風水害による建築物の災害防止については，高潮，豪雨などによって出水したときの水位が一階の床上を超し，人命に著しい危険を及ぼす恐れのある区域，津波，波浪，洪水，地滑り，がけ崩れなどによって，土や土砂が直接建築物を流出させ，倒壊させ又は建築物に著しい損傷を与える恐れのある区域について災害危険区域と指定し，対策を打つことが求められている。

　また，昭和45年（1970年）の建設省都市局長，河川局長から都道府県知事宛てに発出された通達「都市計画法による市街化区域および市街化調整区域の区域区分と治水事業との調整措置等に関する方針について」では，溢水，湛水，津波，高潮などによる災害発生の恐れのある土地の区域は，原則として市街化区域に含めないとの規定がある。その後，2000年の地方分権一括法の施行に伴い，上記両通達は法的拘束力のない技術的助言とされたため，各都道府県で

20　グリーンインフラ研究会編『実践版　グリーンインフラ』（2020年，日経BP）P.126～128を参照した。

は，治水や建築許可条件などの条例やガイドラインを定めている。

　全国で公表されている洪水ハザードマップでは，計画洪水を想定外力とした場合の浸水深や想定最大規模（1,000年確率相当とされることが多い）での浸水想定区域の指定がなされている。これは，いわば，河川や水路の個々の安全度を中心にしたリスク表示となっている。この浸水想定区域の上に具体的な住宅や財産を重ねることにより，当該河川，水路のリスクによる被害状況を推測することが可能となる。ただ，例えば，自宅の安全度を把握するためには，氾濫原の土地利用に伴うリスク（河川，水路群に囲まれた各地点における被害状況）を考えなければならない。

　滋賀県では，「地先の安全度」という試みがなされた。これは，河川，水路群に囲まれた各地点のリスクを予測しようとするものである。例えば，自宅の周り（氾濫原の各地点）にある河川（1級河川，2級河川），水路群（下水道，農業用排水路も含む）の相対的影響度合いに関するリスクマトリクスを設定し，滋賀県降雨強度式より推定した2，10，30，50，100，200，500，1,000年確率のモデル降雨に基づき，解析モデルを使って，被害（家屋流失，床上浸水，家屋水没，床下浸水）の発生確率を導出している[21]。

　島谷幸宏は，災害時対応，復旧，復興のステージにおける対応の違いを説明するとともに，特に，復興計画における環境面の考慮の必要性を指摘している。グリーンインフラ検討において重要な示唆となるので，以下抜粋引用しておきたい。

　「いったん大規模な災害が発生すると社会状況は瞬時に非常時のモードに変化する。何よりも，人命が重要であり，人命を救うための情報伝達，避難活動，救助活動などの災害対応が行われる。
　次に行われるのが災害の復旧である。復旧とは壊れたものを物理的に元の状

21　詳しくは，前掲注20・『実践版　グリーンインフラ』P.294〜304参照。

態に戻すことであ（る）…復旧は応急復旧とも呼ばれ，災害が起こってから時間があまりたたない時期の比較的短い時間で行われる。そのため，社会的には「人命や財産が重要」という非常時の価値観が社会を覆った時間スケールの中で行われ，価値観は共有されており，環境とのあつれきは起きにくい。

　次の段階が復興である。災害発生から，3年，5年，10年という長い時間軸の中で復興は行われる。復興の初期段階は社会的には，いまだ非常時である。「人命や財産」が重要との価値観が社会を覆っている。しかし，時間の経過に伴って，緩やかに社会状況は平常に戻っている。「人命」「財産」とともに「暮らし」や「教育」「自然環境」「文化」「景観」「利便性」「福祉」など，様々な日常生活での欲求が社会から出てくる。…多くの人の命が奪われ，財産が失われている記憶がまだ鮮明な時期に，復興計画は立てられる。環境を口に出すのは大変勇気が必要で，大概の場合，「口に出すこと」さえ躊躇される。このことが，復興計画立案時に環境を入れ込むことの難しさの根本なのである。

　しかし，復興初期のムードに基づいた復興計画では，復興中後期の段階あるいは復興後の社会が求める「環境の質」も含めた日常生活で必要な価値観に対応できない。このような災害と社会状況の時間変化を知ってこそ，「質の高い」復興が可能である。」[22]

(4) グリーンインフラとグレーインフラの比較考量

　グリーンインフラは，自然の持つ多様な機能を供給する自然空間といえる。他方，単一または少数の機能に特化し，期待される機能水準が想定された条件の下で発揮されるように設計された人工の要素や構造物[23]から成るインフラの

22　前掲注20・『実践版　グリーンインフラ』P.134, 135。
23　洪水に対する堤防や本川河道は，100年に1回程度の洪水を安全に流下させるために整備されている（計画規模）。これに対し，支川は20年に1回程度の計画規模となっている。計画規模を上げるためには既存施設を改良するしかない。例えば，ダム改良を考えた場合，流量の低減を図ることや，河道掘削，引堤，堤防のかさ上げで河積を確保することなどが考えられるが，ダムは基本的に見直しを前提に建設されておらず，その対応には限界がある。代替の考え方として，計画規模は変更せず，それ以上の洪水に対して，計画的に堤内へ氾濫させる考え方もある。今後人口減少による生活圏の変化などの可能性も考慮すると，洪水氾濫区域からの人の撤退も考慮したグリーンインフラ構築の可能性も考えられる（前掲注20・『実践版　グリーンインフラ』P.29, 30を参照した）。

ことを「グレーインフラ」と呼んでいる。グレーインフラは導入した直後から目的とする機能を発揮できるメリットがあるが、計画された寿命があり、時間とともに老朽化し、いつかは更新される必要がある。

　これに対し、グリーンインフラは多様な機能が十分発揮されるまで一定の時間を要することもあるが、いったん完成すれば、一定程度は自律的に維持される仕組みを持ち合わせている。その意味では、長期的な経済性において優れた特徴を持っている。ただ同時に、グリーンインフラの機能は、それが整備される場所によって発揮される機能が異なることとなる。グリーンインフラが活用される領域は、砂防、河川管理、下水道、都市計画、農業土木、海岸管理、自然環境など多方面にわたる。その整備、維持管理に必要な順応性は、多様な関係者や地域社会との関係性の下で実践、発揮される点にも特徴がある。このため、グリーンインフラの機能に着目し、地域の多様な関係者が協力し合い、どのような機能を発揮するようにすればよいかについてのコンセンサスの下で地域社会の環境を整備していく必要がある。

　また、グリーンのインフラとグレーのインフラを混合させ、人工構造物に自然が持つ新たな機能を付加したり、自然環境や地域の状況に応じて各種のインフラがハイブリッドに空間配置された土地利用計画といったハイブリッドインフラも考えられる。つまり、想定規模までの防災は人工のグレーインフラで、想定規模を超える自然災害の防災・減災については、グリーンインフラを活用するというように、両者を補完的に活用する考え方である。また、コスト面から見ても、既存のインフラの老朽化が進む中で、画一的にインフラを更新、整備することも財政的に困難な実態もあり、その意味で、整備、管理にかかるコストが低いとされるグリーンインフラ活用を検討する余地がある。

　グリーンインフラとグレーインフラをいかに比較するか、どのようなスタンスでデザインするか、最終的な便益は何か、など比較考量を慎重に行う必要がある。また、気候のような局所的あるいは地域的な変数の違いについても考慮する必要もある。

　実際には、両者の補完関係を具体的な場所や状況に応じて検討する必要がある。例えば、下水道が汚水と雨水流出の両方を輸送する単一の配管システムで

208 第5章 自然資本への対応事例

ある場合，大嵐が廃水処理場や未処理廃棄物，雨水の処理能力を圧倒すると，未処理排水と雨水は放出され，洪水の危険や河川の水質悪化させる危険がある。このため，洪水時の容量を拡張する深い水路システム設置といったグレーインフラのための投資がなされる。しかし，今後気候変動がその拡張能力を圧倒する可能性は否定できない。そこで，災害に対して堅牢なシステムを作成するため，下水道に入る前に雨水を浸透させるか，蒸散させるか，あるいは集水するといったグリーンインフラの検討は有効になる。

また，都市部のヒートアイランド効果によって悪化した極端な夏の暑さ対策として，グリーンルーフや樹木のキャノピーは大幅に都市環境の温度を低減させることが知られている[24]。

健全な環境のためには，経済活動と生活の豊かさ，災害からの安全性といった多様な視点から対応策をデザインする必要がある。その場合，コスト対効果といった経済的側面だけでなく，生態系サービスのもたらす生活の豊かさの実感といった社会的側面のインパクトも期待されている。これらの包括的なニーズを満たす手段として，グリーンインフラへの期待は高い。

2012年の中央防災会議における津波防災の論議で，防災施設の計画規模を超える外力（超過外力）に対してどのように対応するか整理された。それによると，想定外力をレベル1,2に分けて今後の対策を講じることが明確化された。ここで，レベル1は，比較的発生頻度が高い（概ね数十年から百数十年に一度の頻度で発生する）津波であり，これに対しては，海岸保全設備などのハード対策で防御する。一方，レベル2は，発生頻度は極めて低いが甚大な被害をもたらす最大クラスの津波であり，これに対してはハード対策に加えハザードマップなどのソフト対策といったあらゆる手段を駆使して減災を図る，というものである[25]。

---

24 シカゴでは，2001年に完成したグリーンルーフによって，街のエネルギーコストを年間5,000ドル節約している。そして，グリーンルーフができた最初の夏の間に，その冷却効果により，屋根の表面温度は39度の低下をし，気温は15度の低下を示したと認定している（小出兼久，前掲注13，P.160）。

今後のグリーンインフラに関する期待について，瀧健太郎は次のとおり述べている。以下要約して紹介する[26]。

「レベル1の外力に対しては，着実に機能を発揮するグレーインフラによるハード対策がやはり主流であろう。一方で，これまでレベル2の外力についてはソフト対策が主と考えられてきた。ハード対策への公共投資が難しいことから，ここにグリーンインフラが大きな役割を担えると考えている。例えば，河川整備計画の中で，洪水調節施設の1つとして遊水池（計画遊水池）を位置づけることがある。これは，河道や他の洪水調節施設と連携し，河川管理施設の1つとして基本高水あるいは河川整備計画で目標とする洪水（計画洪水）を着実に処理するためである。計画洪水はレベル1の外力に相当する。ただ，レベル1の外力が下流部に比べて小さめに設定されている中上流，支川には，計画遊水池ではないが実質的にレベル2対応のための遊水機能を果たしている農地や湿地が多く残っている。このような洪水調整機能への着目に加え，豊かな湿地生態系の保全効果といった多目的性を持つグリーンインフラの意義付けを明確にしていくことが期待されている。」

⑸　グリーンインフラと環境アセスメント

これまで環境保全は，大半が行政によって推進されてきた。その際，インフラなどの事業実施や計画策定に際して，総合的に環境保全を組み込むための重要な手段として，環境アセスメントが制度化されている。その経緯は次のとおりである。

1969年米国で最初に国家環境政策法（National Environmental Policy Act：NEPA）が成立した。日本では，1972年に「各種公益事業に係る環境保全対策について」が閣議了解され，公共事業にアセスメントが導入された。「環境影響評価法」が成立したのは1997年である。その後，地方公共団体でも条例や要綱などを定め運用している。

25　前掲注20・『実践版　グリーンインフラ』P.125を参照した。
26　前掲注20・『実践版　グリーンインフラ』P.129。

図表5-3　環境アセスメントの概要

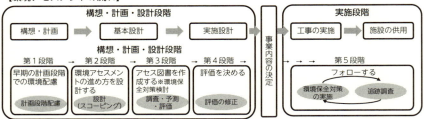

(出典) 環境アセスメント学会編『環境アセスメント学入門―環境アセスメントを活かそう―』(2019年，恒星社厚生閣) P.11を参考にした。

　環境アセスメントは，事業計画の立案・検討段階において，環境への影響を事前に調査，予測，評価し，代替案やあらかじめ環境保全の措置の検討を行い，住民などのコミュニケーションを確保することなどにより，持続可能な社会を実現しようとする有効な施策ツールである。これは事業許可を審議するためのものではなく，科学的に適正な評価，地域住民や関係者とのコミュニケーションを担保するための手続とされる。現在では，国と地方自治体の環境行政で広く活用されている。環境アセスメントの概要は図表5-3のとおりである。

　グリーンインフラの社会実装は環境アセスメントの対象事業になりうることもあり，同制度をうまく活用して検討することができる。また，過去のアセスメント情報は，今後のグリーンインフラ検討における参照点も多い。

　環境アセスメントの評価の考え方として，従前は，環境への負の影響をいかに抑えるかが主たる目標となっていた。グリーンインフラによって提供される生態系サービスは，むしろプラスの機能として評価されるべきものであるため，環境省の「計画段階配慮手続きに係る技術ガイド」でも，プラスの評価は

必要に応じて組み入れると記載されている。

　2018年11月に，環境省が公表した「環境影響評価法に基づく基本的事項に関する技術検討委員会報告書」には，「事業の実施により環境への影響が改善される場合（プラス面の環境影響）や，生物多様性オフセット，グリーンインフラなどの考え方の環境影響評価における取り扱いの整理，優良事例等などの情報収集，提供，普及方策の検討を継続的に行うべき」という内容が盛り込まれた。

　環境アセスメントにおける情報の提供は，様々な関係者が安心や信頼を得ることにつながる。また，事業が環境面で果たす役割を明らかにできる。情報交流を通じて様々な関係者と合意形成を図ることになる面からも，事業を円滑に進める重要な機能を果たすこととなる。

　現況調査では，既存資料に基づく調査と現地調査を実施することとなる。この事前分析結果を下地として環境影響を評価することとなる[27]。環境影響の評価を踏まえて対応策が検討されることとなる。

⑹　グリーンインフラ推進のためのファイナンス

　グリーンインフラ整備に活用されるファイナンスとして，サステナビリティをテーマにしたファンドへの投資（サステナビリティテーマ投資）と，社会，環境問題の解決に取り組む技術やサービスを提供する企業に対して行う投資（インパクト投資）がある。

　債券の領域では，グリーンボンドがある。これは，調達資金のすべてが，新規または既存の適格なグリーンプロジェクトの初期投資，リファイナンスに充

---

[27]　環境アセスメント学会編『環境アセスメント学入門―環境アセスメントを活かそう―』
（2019年，恒星社厚生閣）P.33では，工業団地建設に伴う自然環境への影響についての事例が紹介されている。工業団地の建設という土地改変が，動植物の重要種や生態系の注目種の生息地へ影響することがわかる。このような現況調査を踏まえて環境影響評価が実施され，マトリクス表にまとめられることが多い。

212　第5章　自然資本への対応事例

当され，かつ，調達資金の使途やプロジェクトの評価と選定のプロセス，調達
資金の管理，レポーティングに適合している様々な種類の債券のことである。

　米国ワシントン D.C. の合流式下水道越流水（Combined Sewer Overflow：
CSO）の改善やアトランタ市の雨水管理事業といったグリーンインフラの整備
においては，効果計測モデリングを設計し，効果モニタリングを第三者機関に
よって実施する枠組みを作っている。そして，成果連動型契約発行条件を設定
した環境インパクトボンド（Environment Impact Bond：EIB）が発行されて
いる。ただ，インフラ効果は確率事象であるため，例えば，追加ボーナスとリ
スクシェアが均等化するように設計されている。また，グリーンインフラは多
機能性を有するため，多くの効果を厳密に示そうとすると効果測定が困難にな
るという課題もあり，実際にはプロジェクトの評価を1つの基準（雨水貯留量
など）に収束させるなど工夫がされているようである。

　グリーンインフラの費用対効果は，これまで概念的，定性的にしか評価され
てこなかった。今後グリーンインフラをさらに推進するためにも，諸機能の定
量化や生態系サービスの便益の貨幣換算化の実現によって資金調達と継続的活
動の拡大が期待される。
　グリーンインフラの便益評価においては，グレーインフラの特徴を踏まえ，
効果とコスト両面からの総合的評価が必要となる。

　東京湾の横浜港内に位置する護岸に干潟生態系を付加させたハイブリッド型
のグリーンインフラで，2010年に貨幣換算によって定量評価した例がある。水
質浄化や食料（水産有用種）供給，レクリエーション，炭素固定，護岸本来の
機能である浸水，侵食抑制の各便益が考慮され，費用対効果は1.8と算定され
た，と報告されている[28]。また，グリーンの要素（干潟生態系部分）によって
もたらされる便益は23％を占めていた。なお，ここでは，教育，研究，種の保

---

[28]　眞田将平ほか「環境共生型護岸の費用対効果算出手法と効果的整備の検討」海洋開発論
　　文集（2010年），Vol.26 P.561～566。

全など評価されていない便益がある点や計上すべきでない便益（例えば，当該地に生息しているアサリは実際に市場売買されていないため，水産有用種供給の便益は発生していない）が含まれていたことが指摘されている。

その後，同ハイブリッド護岸に関する便益を再検討し，結果として便益は約2.3倍に上がったことが報告されている[29]。

しかしながら，グリーンインフラから得られる生態系サービスの網羅性については，今後研究や技術開発の余地が多分に残されている点にも留意が必要である。

さらに，公共事業の計画，設計，施行の拠り所となっている事業評価指針や技術基準を改定する必要がある。グリーンインフラに特化した書きぶりとなっている現状の指針や基準に対し，いかにグリーンインフラの可変性や不確実性，そして多機能性といった特徴を要求性能として定量的に書き込めるかが，今後の鍵となる[30]と指摘されている。

---

29 岡田ほか編著「沿岸域における環境価値の定量化ハンドブック」（2020年，生物研究社）P.404-414。

30 前掲注20・『実践版　グリーンインフラ』P.143, 144。

214　第 5 章　自然資本への対応事例

コラム 8　グリーンインフラの主要なツールと効果的な活用

グリーンインフラの主要なツール

　グリーンインフラに活用されているツールは，利用される場所や目的によって異なる。本コラムで代表的なツールを紹介したい。

(1)　土壌と保水

　観測データに基づくと，森林の降水に対する保水率はおよそ65％である。つまり，降り注ぐ雨の35％は森林から小川に排水され，残りの65％は時間をかけて蒸発，蒸散し大気に戻っていくこととなる。

　保水を考える際に注目されるのは，土壌である。都市部のグリーンインフラ検討において，土壌科学の知見は重要である。都市生態学において，空き地や既存の緑地，舗装を剥いで敷地とする，土壌のないところに土壌を搬入することによる技術や効果などの研究が進んでいる。例えば，土壌の改良を検討するために，都市生態学における既存の研究に加え，保全対象に対するグリーンインフラにおける基礎生態学，グリーンインフラとしての農地に対する農業生態学などを加えて包括的に検討する土壌創出型グリーンインフラの検討が進められている。

(2)　雨水管理

　江戸時代には，木造建築中心で冬から春先にかけて北風ないし北西風（からっかぜ）が吹き続ける江戸の大火の延焼防止を目的（防火対策）とする火除地（ひよけ）の設置，整備が進められた。火除地は神田川や外堀，隅田川とを一体として配置され，江戸城北半分を囲む延焼遮断帯となった。その後，町火消しを中心とする積極的な防火対策が確立され，火除地の防災政策上の位置づけが低下，機能の変更がなされてきた。つまり，消火体制が整うことによって，オープンスペースとしての火除地は防火機能とレクリエーション機能という複数の機能を併せ持つインフラへと変化した。

　内水氾濫は，堤防で守られた市街地に降った雨が水路や下水の排水能力を超えてあふれ出す氾濫のことである。河川の水が堤防からあふれる，あるいは破堤して洪水となる外水氾濫と区別して使われる。

　日本の都市の多くは，雨水と下水の両方を同時に処理する合流式下水道方式を採用している。その処理能力を超える都市型集中豪雨は，内水氾濫として街に浸水などの被害を与える。各自治体は雨水貯留対策を条例で定め，特定の流域では広大な多目的遊水地を整備あるいは地下空間を構築し，そこに雨水を一時貯留して被害の軽減化を進めてきた。

2　自然災害の特徴とグリーンインフラ実装　　215

(3)　湿地システム

　湿地は自然保全・自然再生上重要な「生命の宝庫」といわれている。保全・再生に伴う諸問題（目標設定，場所の選定，手法の選定など）を解決するには，生態系の長期的な履歴についての知見が不可欠となる。湿地はその周辺も含んだ環境の変遷を記録した「自然の日記」の役割も果たしており，時間の経過の中で湿地に堆積した物質によって時代の生物群や環境条件に関する情報を分析することで，生物群集の時間に伴う変遷が把握できる。

　湿地システムは洪水に対してバッファ機能を果たし，従来の選択肢よりもコスト効率が良い。米国の例によると，人工的に建設した湿地を使用して排水処理システムを構築するには，従来の高度処理施設の場合の排水処理が容量1ガロン当たり約10.00ドルかかるのに対して，人工湿地容量1ガロン当たり約5.00ドルですむという。このような処理システムは，限定的な排水流を有する小規模な地域コミュニティに限定されたケースである点に留意すべきである。

　湿地は米国全土で，総額にして232億ドルの雨水保全的なサービスを提供するとされている。フロリダ州ペンサコーラ湾では，2001年から2003年にかけて，15エーカーほどの沿岸湿地帯がハリケーンと暴風雨による道路被害を回避したことで，130万ドルの累積的価値を生み出した。2008年には，別の場所の30エーカーの敷地内にある同じような湿地帯によって190万ドル相当の節約が達成されたという[注1]。

　グリーンインフラは，例えば洪水防御という単独の機能においては人工構造物（グレーインフラ）に及ばない。しかし，平常時にも多面的な機能を発揮する。また，生活文化とも密接に関係する地域資源といえる。したがって，災害に対する機能としては補完的役割と整理し，多面的機能を利活用する観点から，地域特性に応じた最適な組み合わせを探っていく必要がある。

(4)　遊水地

　遊水地とは，洪水時に河川の水を一時的に氾濫させる土地のことである。河川の堤防の一部を他の部分よりも低い「越流堤」とし，そこから意図的に水をあふれさせ，隣接する遊水地にためる。遊水地にたまった水は，河川の水位がある程度まで低下してからゆっくりと川に戻っていく。遊水地はこのように水位の緩衝材のような役割を果たし，下流の水害を防ぐ，といった関係になる。

　氾濫原（河川の水位が上がったときに冠水する湿地）は，そこで生育，生息する生物にとって重要な生息地となる。また遊水地はバードウォッチングや散歩の適地となる。障害者の自立支援のため，福祉農園での農作業や，遊水地内の湛水面を利用して伝統漁法などの活動場所としても活用されている。遊水地

(注1)　小出兼久，日本ゼリスケープデザイン研究協会編著『グリーンインフラストラクチャー　米国に学ぶ実践』（2019年，環境新聞社）P.140，141を参照した。

が治水施設として機能を果たすためには，いざというときに水を貯める容積が確保されている必要がある。遊水地内への土砂の堆積や樹林の増加は容積を損なうこととなる点にも注意が必要である。

グリーンインフラツールの効果的な活用

　グリーンインフラのツールが実際どのように利用できるか，どのようなメリットがあるかについて，技術的観点，費用便益観点から分析する必要がある。特に，グリーンインフラは地域性が強いため，個別具体的に活用や効果を検討する。

　また，近年，大型の台風や集中豪雨等による水災害が頻発していることや生物多様性保全の観点から，湿地・氾濫原等の攪乱環境の保全が課題である。環境省の『持続可能な地域づくりのための生態系を活用した防災・減災の手引き』では，水害リスクの軽減に寄与する Eco-DRR を推進するためのツールとして「生態系保全・再生ポテンシャルマップ」を紹介している。主に平野部の地形や植生の分布等に基づき，Eco-DRR の潜在的な候補地（ポテンシャルのある場所）の評価を行う手法であることから，水田やため池などの農地生態系に加え，河

図表①　水害リスクに対するグリーンインフラの活用

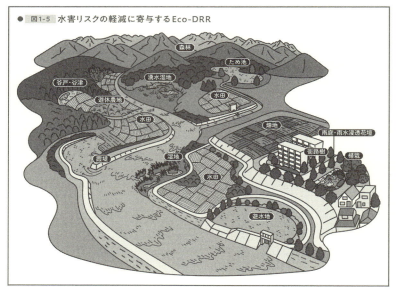

（出典）環境省『持続可能な地域づくりのための生態系を活用した防災・減災の手引き』P.7

川や湿地などの陸水生態系，都市緑地などの都市生態系等を主な対象として想定しているものである（**図表①**を参照）。

（参考）
　グリーンインフラの事例が紹介されている出版物を参考文献として紹介しておきたい。
- グリーンインフラ研究所編『決定版　グリーンインフラ』2017年，日経 BP 社
- グリーンインフラ研究所編『実践版　グリーンインフラ』2020年，日経 BP 社
- 総合地球環境学研究所「地域の歴史から学ぶ災害対策」2023年3月
  https://www.chikyu.ac.jp/rihn/publicity/detail/338/
- 総合地球環境学研究所「ローカルなグリーンインフラの始め方」2023年3月
  https://www.chikyu.ac.jp/rihn/publicity/detail/339/
- 総合地球環境学研究所「自然とかかわり豊かに暮らす　北総地域における里山グリーンインフラの手引き【谷津編】第2版2022年3月
  https://www.chikyu.ac.jp/rihn/publicity/detail/126/
- グリーンインフラ官民連携プラットフォーム　「グリーンインフラ事例集　令和5年3月版」
  https://gi-platform.com/archive/example
- 環境省「持続可能な地域づくりのための生態系を活用した防災・減災（Eco-DRR）の手引き」2023年3月
  https://www.env.go.jp/press/press_01389.html

第 6 章

地球環境リスクの開示

220　第 6 章　地球環境リスクの開示

第 6 章のポイント

　　本章では，企業の開示について検討する。気候変動に関する開示については，TCFD のフレームワークが公表され，企業内でその枠組みを活用し，統合報告書やサステナビリティレポートなどの開示に反映させている。生物多様性を含む自然関連の資源については，2023年に TNFD から報告書が公表された。今後，地球環境に関わる開示内容は拡大され，強化されると考えられる。

　　本章では，企業価値との関連性を意識した分析を行うためにどのような視点が必要であるか，TCFD と TNFD の相違点も踏まえ，生態系へのアプローチにおいて参考になる事例の紹介も含めて検討していく。

1 開示の意義と開示要請の強化

(1) 開示の意義

　企業の社会的価値への貢献を意識した取り組みが将来的に中長期の経済的価値へ反映させていくことが，企業にとって社会的価値と経済的価値の両立につながる。この両立と持続的成長には，企業が適切な長期戦略を立案し，それを実行に移すことが必要である。そして継続的な企業活動を資金面で支える金融が機能する必要がある。この2つを結びつける重要な手段が企業と投資家とのコミュニケーションを実現する開示である。

　投資家が統合報告書などで，財務情報だけでなく非財務情報を求めるのは，財務情報から得られる短期的，蓋然性の高い期待値情報のみでなく，中長期の企業価値に影響を及ぼす非財務情報を投資の意思決定の材料にしたいという意図がある。

　第2章1で説明したとおり，環境や社会課題に対するファイナンスとしてESG投融資が拡大するに伴い，企業に対してサステナビリティ情報の開示が求められている。開示に対する各種基準（GRI，TCFD，TNFDなど）の公表やISSBによる検討や検討内容の開示に関心が注がれている。

(2) 開示要請の強化と対応

　企業に対する開示強化要請の動きが，各国，地域ベースで進められている。これらの動きは企業にとって大きな圧力になり対応準備が進んでいる。また同時にコンプライアンス的スタンスではなくこの動きを先取し非財務要素の経営実装を進め，戦略的IRを積極化する動きも観察される。図表6-1のとおりである。

図表6−1 開示要請の強化と企業の開示の進化

企業の開示の進化
- 非財務要素に対する統合報告書による任意開示
- 気候変動に対するシナリオ分析と開示
- ESG要素に対する企業の取組内容の開示

非財務要素の開示要請の高まり

ESGの分析,開示要請強化の動き
- ブラジル・リオデジャネイロ地球サミット(1992年)
- 企業価値に影響を及ぼす無形資産の拡大の指摘(1990年代末)と投資家からの開示要請の動き
- PRI(2006年国連提唱)によるESG要素の投資の意思決定への反映の推奨。これを受け,ESG評価機関による企業のESG取組内容や開示内容に関する評価(ESGスコア)
- IRC統合報告フレームワークの公表(2013年)
- EU非財務及び多様性情報の開示に関する改正指令(NFRD)の公表(2014年)
- 国連SDGs採択,パリ協定合意(2015年)
- GRIスタンダードの公表(2016年)
- TCFDの気候変動に関する開示フレームワークの公表(2017年)
- COSO ESGフレームワークの公表(2018年)
- EUタクソノミー規制の制定(2020年)
- 日本改訂コーポレートガバナンス・コードでサステナビリティ情報開示の質と量の充実の要請(2021年)
- NFRD改正案である企業サステナビリティ報告指令(CSRD)暫定合意(2022年)
- ISSB審議会によるサステナビリティ開示に関する公開草案(S1, S2)公表(2022年)

開示内容の充実
- マテリアリティ分析,シナリオ分析の深化
- 長期戦略,ビジネスモデルへの影響分析
- 財務へのインパクト分析の試行

- ダブルマテリアリティ,ダイナミックマテリアリティの論議
- 非財務要素の長期戦略への組み込み

- 日本非財務要素の有価証券報告書への開示義務の拡大(内閣府令2023年3月期よりサステナビリティ(気候変動,人的資本多様性)開示項目の追加)
- ESG関連指標(ESGスコアなど)と経済金融指標との関連についての実証分析の進展
- 企業活動と自然の関係を評価する手法の開発(ENCORE,PBAF,SBTNなど)
- 評価の標準化を進める動き(EU Transparent Protect, Align Project)WBAによる自然ベンチマークのランキング公表(2022年)
- TNFD最終提言公表(2023年)

企業価値創造との関連性の説明強化
- 社会的価値と経済的価値の時間軸を踏まえた価値創造ストーリーへの組み込み
- ESG要素相互間の影響と企業価値へのインパクト分析の強化
- 非財務要素の動態的経営管理への反映
- 戦略への組み込みとビジネスモデル変革の推進

非財務要素の経営管理への実装と開示内容の説明責任強化

2 TNFD対応

(1) 自然資本におけるシナリオ分析

シナリオ分析の推進を一般化させるのに貢献したのが,TCFDである。同フレームワークの中で,シナリオ分析は気候変動の影響を分析する手法として推奨されている。開示対応の強化を図るために,企業はシナリオ分析を進め,説明責任を強化していく必要がある。企業は,シナリオ分析をした結果から温暖化の将来シナリオを設定して自社の事業や財務への影響を予測し,その対応策や効果などを検討するための手段として利用している。現在の実務における

2 TNFD 対応   223

図表6-2 TCFDにおける気候変動(移行リスク,物理的リスク)のシナリオ分析の構造

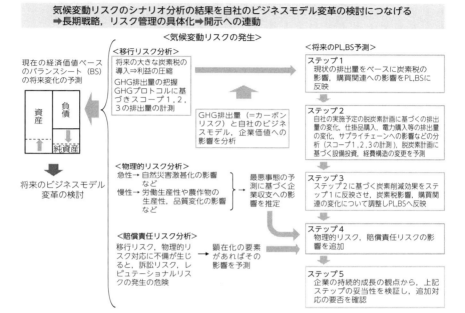

(UNEPとコロンビア大学の分析によると,気候変動関連訴訟の件数は,2017年時点の調査から2020年時点の調査において,2倍に増加している(24か国884件→38か国1,550件)。ある裁判管轄権における訴訟は他の管轄権の訴訟に影響を及ぼし,グローバルで伝播する可能性(システミックリスク)がある。)

分析の概要を整理すると**図表6-2**のとおりである。

シナリオは自社の事業内容と環境変化を踏まえて設定された未来についてのストーリーであり,数十年あるいはそれより先の将来に起こりうる経路を描写している。しかし,天気予報のように最もありそうな未来を予測するものではない。もしこうしたら,という今後の企業のとりたい方針を踏まえた将来の重要な課題と解決の方策を反映した,経営者の主体的な予見をベースにしている。その意味では,企業として将来の動向を予測し,どのように対応していきたいのかという意識を強く反映させたものといえる。当然多くの不確実性を孕

224　第6章　地球環境リスクの開示

んだものといえるが，可能な範囲で利用可能なデータや分析から得られた仮定に基づいたものである。ストーリーを組織内で明示することにより，対応の方向性を共有した上で，検討を進めていく必要がある。

　TNFDは，2021年10月から1,000を超える組織が関与し，200もの組織がパイロットテストに参画して検討を続けてきた。ISSBやGRIなどの基準設定機関もTNFDのパートナーとなっている。2023年3月に最後のβ版（Beta framework for nature-related risk management and disclosure）0.4を公表した後，2023年9月に正式報告書を公表した。本フレームワークは今後，パリ協定に準じたグローバルな政策協定（昆明・モントリオール生物多様性枠組み（Global Biodiversity Framework：GBF））の立ち上げに向けた強い誘因になるものと考えられている[1]（TNFDの枠組みについては，コラム9を参照）。

　TNFDでは，自然は，陸，海，淡水，大気の4領域で構成されると定義しているが，気候変動問題も生物多様性問題もともに，自然資本に関わる問題として同一カテゴリーで括れる課題といえる。

　TNFDの枠組みはTCFDを基本的に踏襲し，自然資本に関するソフトローを目指したフレームワーク[2]といえるが，TCFDと異なる主な特徴を挙げると次のとおりである。

- TNFDは，開示の4本柱の表題を変更している。気候変動と異なり，自然の場合は，環境から企業が影響を受けるだけではなく，企業が環境に及ぼす影響もあるため，「リスク管理」を「リスクと影響の管理」に，「リスクと機会」を「依存関係，影響，リスクと機会」という表現に変えている。
- TNFDでは，「自然と気候に関する目標がどのように整合され，互いに貢献あるいはトレードオフし合っているかを説明する。」ことを要請した文言が追加されている。

1　日本でも，2023年3月に，2030生物多様性枠組実現日本会議（J-GBF）が立ち上がっている。また，産学官民の連携・協力の下，企業や国民の行動変容を促すためのワーキンググループが自然環境局に設置された。

● 特に自然環境は，地域固有性を反映するため，事業展開との接点と，その依存関係，影響を重視して，企業価値へのインパクト（価値変動）を具体的に分析する必要がある。そこで，TNFD は，企業活動と自然との依存関係を踏まえた影響を分析し，リスクと機会を関連付けて認識するための実践的なガイダンスとして，下記の 4 つのフェーズ（LEAP と呼ばれる）を提示している。

  ● Locate（企業と自然との接点を特定する）
  ● Evaluate（依存関係と影響を評価する）
  ● Assess（重要なリスクと機会を評価する）
  ● Prepare（自然関連リスクと機会への対応と報告の準備をする）

　これらのプロセスを実施するにあたっては，**第 5 章 2 (5)** で説明した環境アセスメントで培った知見を活用することが有用であろう。環境省は，環境アセスメント環境基礎情報データベースシステム（EADAS）として，環境アセスメントに必要となる環境情報や過去のアセスメント結果を整備して，地理情報システムのデータとして閲覧，ダウンロードできるようにしている。リスクの 3 要素の視点から，企業価値と環境保全との相互作用を検討し，シナリオ分析や財務へのインパクトを検討する際にも参考になる。

　企業は，シナリオ分析において，気候及びその他の自然資本に関する目標がどのように整合され，互いに貢献あるいはトレードオフし合っているのかを検証しなければならない。これまで進めてきた気候変動対策が，例えば生物多様性対応をも考えあわせたときに，どのような影響や効果を持つのかについて確認する必要もあろう。

2　TNFD 提言は民間のイニシアティブが作成した開示基準であるため，法令諸規則で従うことが義務づけられない限り，適用が強制されるものではない。東京証券取引所のコーポレートガバナンス・コードでは，プライム市場上場会社は「気候変動に係るリスク及び収益機会が自社の事業活動や収益等に与える影響について，必要なデータの収集と分析を行い，国際的に確立された開示の枠組みである TCFD またはそれと同等の枠組みに基づく開示の質と量の充実を進めるべきである」としている。今後，TNFD においても同様の取り扱いになる可能性があるものと考えられる。

226 第6章 地球環境リスクの開示

　また同時に，今後，気候変動の進展や高度経済成長期以降に集中整備された社会資本の老朽化と維持管理コストの増大が見込まれる中で，自然が有する機能を活用した生態系管理や社会基盤整備への期待も高まっている。

　2022年12月に開催された国連生物多様性条約の締約国会議（CBD-COP15）において，「昆明・モントリオール生物多様性枠組み（GBF）」が合意された。GBFでは，2030年までに生物多様性の損失から回復に転換するというネイチャーポジティブを目指すことが確認された。GBFの2030年ターゲットの目標15では，「生物多様性に係るリスク，生物多様性への依存及び影響を定期的にモニタリングし，評価し，透明性をもって開示すること。すべての大企業並びに多国籍企業，金融機関については，業務，バリューチェーン，ポートフォリオにわたって実施することを要件とする」とされている。
　気候変動対策に求められる脱炭素には，GHGの排出削減というグローバルに統一された計測可能な基準があるのに対し，自然資本や生物多様性の保全については，森林，海洋，淡水，野生生物といった様々な要素が複雑に関わってくることや，自然資本は様々な場所の持つ条件に依存するために，企業が開示すべき内容の設定に大きな困難が伴う。

(2)　TNFD対応への既存知見の活用

　自然資本に関わる保全の問題は，今突然新たに出てきた問題というわけではない。これまでも，人間活動と自然環境保護の問題は様々な形で社会問題となってきた。例えば，環境汚染問題は古くは公害問題に端を発して社会問題として取り組まれてきた。
　また，土地開発に関わる自然環境への配慮については，環境アセスメントに関わる問題として取り組まれてきた。生物多様性問題については，ラムサール条約との関係で湿原の保全に対する取り組みが進められてきた。さらに，自然環境の持つ多様な恩恵については，生態系サービスという視点で評価する枠組みが，国連のミレニアム生態系評価の中で実践されてきた。
　近年では，生態系サービスが持つ水質浄化や洪水調整，生物生息地の提供などの機能に着目して，様々な自然環境問題の解決手法（グリーンインフラ）と

して注目も高まっている。

これまで蓄積されてきたノウハウや管理手法は，今日の自然環境保護への取り組みの中で一定程度定着してきているといえる。TNFDで提示されている内容は，これらの取り組みと無関係ではなく，むしろこれらの取り組みを下地にして，情報開示について整理しているものと考える。

企業による自然への依存やインパクトに関する自然関連の情報は，場所に紐づく。また，自然由来のコモディティを扱う企業にとっては，責任ある原材料調達を達成するために，トレーサビリティの確立とバリューチェーン上の環境，社会面の確認が重要になる。だからこそ，優先度の高い地域では現場の情報を十分把握することによりリスクや機会を見逃す可能性を格段に減らす努力が必要となる。

TNFDは，LEAPという枠組みを用いて依存と影響を明らかにした上でリスクや機会を分析し，開示のベースとすることを提案している。

地球表面の約70％が海に覆われている。残りの約30％が陸地で，森林はこの陸地のおよそ30％，地球全体からすればたった10％ほどの広さしかない。ただ，この10％ほどの森林に，陸上生物種の8割以上が生息しているといわれている。森林は二酸化炭素を固定し気候変動に貢献し，人間を含む生物は，森林が生み出す酸素を吸い，森の恵みで生息している。このように，生物の生息に貢献する森林の存在を，われわれは強く意識する必要がある。同じように，今後の企業は，従来十分意識してこなかった企業活動と気候変動と生物多様性の視点に配慮したビジネスモデルの構築を急ぐ必要がある。

WWFは，森林管理におけるFSC（Forest Stewardship Council：森林管理協議会）[3]認証に関わる情報とTNFDのLEAPに関する情報の整合性についての確認を行っている。例えば，宮城県三陸町の南三陸森林管理協議会のFSC認証林でのパイロットプロジェクトの結果に基づき，FNFDの枠組みと紐づけてその相対関係の検証を行っている。具体的には，FSCの枠組みで想定し

ている主要なリスクに関し，森林管理計画書で，既に実施している内容とこれから実施する内容とを紐づけ，これに TNFD が定義するリスクをあてはめる形で整合性を確認している。結果，物理—急性リスク，慢性リスク，移行—評判リスクが対応することが確認できたとしている。

TNFD 開示は，バリューチェーン下流の企業が行うため，FSC の生産者だけではなくそれ以外の生産者からの情報も収集した上で開示の準備を行うこととなるが，FSC 生産者の既に有する情報は TNFD の元情報として有効に活用できることを確認している。

FSC は，世界中の林産物生産，調達の現場で30年近く使われてきた歴史とノウハウの蓄積がある林業関係者など，一次生産者へは，TNFD 開示を行う企業や金融機関からバリューチェーンとの関連で情報開示要請が高まってゆくものと考えられる。また，リスク管理のツールとして，森林や海洋，淡水域などの自然生態系や人権をネガティブな影響から守るために，FSC などの各種認証制度をどのように活用できるのかを検討することは有用といえる。WWFが南三陸の FSC（Forest Stewardship Council：森林管理協議会）認証林において，FSC の審査項目と TNFD バーター v.0.4に基づいて LEAP を実施する際の項目との整合性について確認した結果，両者に多数の整合する項目があることを確認している[4]。

3　FSC 設立の背景は，1992年ブラジルのリオ・デ・ジャネイロで開催された地球サミットまで遡る。当時悪化する自然環境問題に対処しようと，気候変動枠組み条約や生物多様性条約が締結された。この時，森林条約を締結しようという動きがあったが，森林面積の多い木材生産国等の反対にあい，締結には至らなかった。そこで，WWF などの環境団体や林業者，木材取引企業，先住民団体などによって組織された非営利の国際団体として FSCが1993年に発足した。FSC 認証制度は，環境保全の点から見ても適切で，社会的な利益に適し，経済も継続可能な責任ある管理をされた森林や，林産物の責任ある調達を認証するものである。10の原則と70の基準を定めている。世界で FSC の認証を受けた森の面積は約1.6憶 ha，日本の認証面積は約42万 ha である。

4　WWF「TNFD が推奨する開示企業と自然の依存と影響—南三陸の FSC 認証林におけるLEAP 検証を事例に」2023年 9 月

⑶　開示プロセスの内部統制強化

　財務情報の信頼性は，発信する企業の内部で開示情報がどのように収集，管理，加工されて発信されているか，つまり内部統制上の妥当性（Due process）を確保しているかを検証する必要がある。財務情報については，内部統制の整備と監査プロセスなどを通じて，発信した数値の信頼性が担保されることとなる。非財務情報については，整備途上にあるとはいえ，発信主体である企業が内部統制の整備を進める必要がある。そして，発信した情報については，経済・金融市場におけるフィードバックを通じて開示の実効性を確認し，内部統制の向上につなげていくこととなろう。

TNFD提言の開示事項

　自然関連財務情報開示タスクフォース（Taskforce on Nature-related Financial Disclosures：TNFD）は，2021年に設立された。同タスクフォースは，自然に関して企業が情報開示するためのフレームワークを開発している国際イニシアティブである。当初ベータ版の公表を行ってきたが（2023年3月のベータ版v0.4がベータ版としての最終版），2023年9月に最終提言書v1.0が公表された。その後もセクターガイダンスなどの補足ガイダンスなどが順次リリースされている。本コラムでは，TNFDの枠組みの特徴を紹介する[注1]。

TNFDの枠組み

　TNFDの提言の対象となっているのは，生物の多様性と生物同士及び生物と環境との相互作用に重点をおいた自然である。自然は，企業が依存するとともに影響を与えている対象であり，企業にはリスクと機会をもたらしている。このような関係を踏まえて，TNFDは企業に依存，影響，リスク，機会の関係と自社の対応について開示を求めている。

　TNFDの最終提言では，気候変動の開示に関するTCFDの枠組みに準拠するとともに自然資本の要素を踏まえて，図表①に示した事項の開示を要請している。すなわち，ガバナンス，戦略，リスク及び影響管理，指標及び目標の4つの柱であり，これはTCFDを踏襲している。各柱における要求事項については，自然関連の依存関係，影響，リスク及び機会といった4つの概念的な構成要素に関連づけられている。

　また，この提言には，自然関連の課題を評価及び管理し，自然関連の開示のための分析の枠組みとしてLEAPアプローチが提示されている（図表②参照）。同アプローチの補足ガイドラインも，2023年10月に公表されている。つまり，4つのフェーズで構成されるLEAPに準拠した分析の結果を，図表①の開示要請事項に従って開示することを奨励している。

TCFDとTNFDの相違点と留意点

　開示の際の重要性（マテリアリティ）の判断においてTNFDとTCFDの立場は違っていると考えられている。つまり，TCFDは，主として投資家を対象として，環境などが企業に与える財務的なリスクや機会に関する重要性を重視し

（注1）　TNFDの概要については，詳しくはデロイトトーマツグループ編『TNFD企業戦略―ネイチャーポジティブとリスク・機会』（2024年，中央経済社）を参照。

2 TNFD対応 231

図表① TNFD提言が要請する開示事項

	ガバナンス	戦略	リスクと影響の管理	指標と目標
概要	自然に関する依存, 影響, リスク, 機会に係る企業のガバナンスを開示する	企業の事業, 戦略, 財務計画において, 自然に関する依存, 影響, リスク, 機会の実際的・潜在的なインパクトが重要性を持つ場合にはこれを開示する	企業の自然に関する依存, 影響, リスク, 機会の特定・評価・優先づけ・監視のためのプロセスを開示する	自然に関する依存, 影響, リスク, 機会を評価・管理する指標と目標を開示する
推奨される開示内容	A. 自然に関する依存, 影響, リスク, 機会の評価・管理における取締役会による監視体制について説明する	A. 企業が特定した, 短期, 中期, 長期の自然に関する依存, 影響, リスク, 機会について説明する	A(i). 企業の直接業務における自然に関する依存, 影響, リスク, 機会を特定・評価・優先づけするためのプロセスを説明する	A. 企業が戦略及びリスク管理プロセスに沿って, 重要な自然に関するリスクと機会を評価・管理するために使用している指標を説明する
	B. 自然に関する依存, 影響, リスク, 機会の評価・管理における経営者の役割について説明する	B. 自然に関する依存, 影響, リスク, 機会が企業のビジネスモデル, バリューチェーン, 戦略, 財務計画に与えた影響, 移行計画や分析について説明する	A(ii). 上流・下流のバリューチェーンにおける自然に関する依存, 影響, リスク, 機会を特定・評価・優先づけするためのプロセスを説明する	B. 自然に関する依存と影響を評価・管理するために企業が使用している指標を説明する
	C. 自然に関する依存, 影響, リスク, 機会に対する企業の評価と対応において, 先住民, 地域社会, 影響を受ける人々, その他のステークホルダーに関する企業の人権方針とエンゲージメント活動, 取締役会と経営陣による監督について説明する	C. 様々なシナリオを考慮して, 自然に関するリスクと機会に対する企業の戦略のレジリエンスについて, 説明する	B. 自然に関する依存, 影響, リスク, 機会を管理するためのプロセスを説明する	C. 企業が自然に関する依存, 影響, リスク, 機会を管理するために使用している目標, それに係る企業の実績を説明する
		D. 企業の直接業務, 及び可能な場合は上流・下流のバリューチェーンにおいて, 優先地域に関する基準を満たす資産や活動がある場所を説明する	C. 自然に関するリスクの特定・評価・管理のプロセスが, 企業全体のリスク管理にどのように組み込まれているかを説明する	

(出典) TNFD "Recommendations of the Taskforce on Nature-related Financial Disclosures" (2023) P.47 Figure20 に基づき整理

232　第6章　地球環境リスクの開示

図表②　LEAPアプローチを踏まえた分析とTCFDフレームワークに合わせた開示

自然関連リスクの特性の分析	TCFDのフレームワークに合わせた開示

L
E
A
P
ア
プ
ロ
ー
チ

Locate
自然との接点を発見する

Evaluate
依存関係と影響を診断する

Assess
リスクと機会を評価する

Prepare
自然関連リスクと機会に対応し，
報告する準備を行う

ガバナンス	自然関連の依存関係，影響，リスク，機会に関する組織のガバナンスを開示する。
戦略	自然関連の依存関係，影響，リスク，機会が，組織の事業，戦略，財務計画に与える実際及び潜在的影響を，そのような情報が重要である場合に開示する。
リスクと影響の管理	組織が，自然関連の依存関係，影響，リスク，機会をどのように特定，評価，管理しているかを開示する。
指標と目標	自然関連の依存関係，影響，リスク，機会を評価し管理するために使用される指標と目標を開示する（かかる情報が重要である場合）。

ている。一方，TNFDは，財務的な影響だけでなく，企業が環境に与える影響の重要性も踏まえて判断するというスタンスにある。このため，経済的価値のみならず，社会的価値も重視する立場にあると考えられている。このような立場の違いは，前者をシングルマテリアリティと呼び，後者をダブルマテリアリティと呼んで区別している。

　非財務要素の捉え方には，現時点では社会的価値に属しているとみなされている内容も価値観の変化に伴い経済的価値に組み込まれていくという動きもありうる。このような概念をダイナミックマテリアリティと呼んでいる。

TNFDの影響

　今後，TNFDの提言が企業の開示に影響を与え，開示内容は読み手に影響を与え，ステークホルダーの考え方に影響を及ぼしていくことが想定される。ステークホルダーの意思決定や行動に影響を及ぼしていくことにより，取引市場や金融市場へも反映されてくるので，ダイナミックマテリアリティも進行していくこととなる。今後の動向に目が離せないこととなる。

　また，企業がダブルマテリアリティの立場をとるTNFDへの対応を検討する際には，社会的価値と経済的価値の両立を十分考慮する必要性を指摘しておきたい。

　なお，TCFDのシナリオ分析においては，生態系や生物多様性に与える影響

は特段言及されてはいなかった。しかし，自然資源を包括的に扱っているTNFD対応では，生態系と気候変動の相互関係は不可欠となる点にも留意が必要である。

　現在，生態系サービスと人類の福利の低下や人口増加に伴う土地利用の変化による自然資源の劣化に伴うエコロジカルフットプリントの負のギャップの拡大といった問題が顕在化している。この問題に対処しようとすると，自然資本全体（生物圏，非生物圏を含む）を目線において人為行動の影響も含む社会生態系の相互関係を射程に入れた対応が要求される点に留意が必要であろう。

第 7 章

自然資本へのアプローチと
動態的経営管理体系の構築

236　第 7 章　自然資本へのアプローチと動態的経営管理体系の構築

第 7 章のポイント

　本章では，これまでの章で検討してきた内容を鳥瞰し，地球環境リスクへの対応を経営管理としていかに総合するかについての参考点をまとめてみたいと考えている。

　地球環境リスクに的確に対応するためには，この新たなリスクを経営管理に実装し，発信し，そのフィードバックによる検証，改善を通じて，経験知を着実に蓄積し，管理の高度化を図っていく必要がある。

　これまでの章での検討内容を再整理することによって，動態的経営管理強化の観点から重要となる諸点を抽出したいと考えている。

1 非財務要素を取り込んだ将来の経営管理体系

(1) 今後の変化の方向

　本書全体のまとめの役割を担う本章で，将来の経営管理の変化の方向をまず整理しておきたい。**第1章1**で社会的価値の変化が既存の経済的枠組みを変革するとともに，企業経営の根本的変革を要求している，と述べた。そして，そのようなパラダイムシフトが進んでいる環境下では，フォワードルッキングなアプローチでは十分でなく，バックキャスティングが必要であることを指摘した。

　バックキャスティングによる将来の企業価値の予測を行うことは，将来の新たなリスクの登場（＝未知のリスク）を意識して将来の企業価値の予測することを意味する。つまり，従来のレジーム（財務要素中心の経営管理）を前提とした将来予測から，将来の新たなレジーム（非財務要素を意識した社会的価値への貢献といった新たな企業の課題を加えた経営管理）を前提として将来予測を行うことを意味する。未知のリスクへの対応は，このように従来のレジームの下での将来予測（フォワードルッキングアプローチ）と新たなレジームの下における将来予測（バックキャスティングアプローチ）のギャップ（戦略的リスク）を認識することによってはじめて，未知のリスクへの理解を深め，その影響に対する準備を進めやすくなる。

　現在，企業は，市場メカニズムの中から観察可能な指標の多くを管理体系に組み込んでいる。しかし，今後は非財務要素がそれに加わっていくこととなる（**図表7-1**参照）。

　これに伴い，経営が管理する経済価値ベースのバランスシート（BS）は，**図表7-2**のように変化するものと考える。

　このような経営管理の構造の変化を前提に，これまで検討してきた気候変動や生物多様性問題が提起する自然資本対応が企業価値に及ぼす変動（＝リス

図表7-1 非財務要素を取り込んだ経営管理の構造

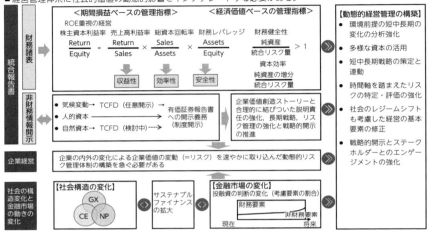

ク）に着目して企業価値の持続的成長のあり様を考えていく必要がある。

第1章1で整理したとおり，エコロジカル・フットプリントが示すとおり，現在の世界の消費水準は自然の供給能力を大きく超えている。健全な自然環境（ストック）がないと良好な自然の恵みとしてのサービス（フロー）の提供は期待できないこととなる。それゆえ，自然環境の回復・保全は，企業にとっても希少な資本管理の一環として捉えていく必要がある。

(2) 自然資本が企業価値評価，リスク管理に付加する課題

第2章で整理したとおり，会計における公正価値評価は，確率論にあてはめて考えると，期待値評価の位置づけとなる。そこでは，情報の合理性を担保するために蓋然性が要請される。ただ，現在の頻度主義に基づく統計的な蓋然性は，過去の傾向が将来も繰り返されるといった前提の下で可能といえる。現実には，リスクは常に変化しており，新たなリスクが登場しているため，企業価値の変動も上記のような推定が困難な状況といえる。企業としてこのような不

1 非財務要素を取り込んだ将来の経営管理体系　239

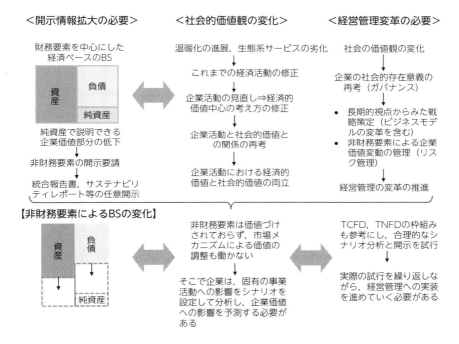

図表7-2　企業のバランスシート（BS）の変化

確実性を内在する自然資本に対して予防原則に基づく対応が要請されている状況を想定すると，会計の世界において蓋然性をどのように考えるのかが課題となろう。

　リスク管理においては，少なくとも健全性に関する内部管理として，期待値の把握方法，期待値からの乖離（＝リスク）への管理について検討を進めていく必要があろう。

(3) 社会生態系の課題へのアプローチ方法

　これまでの章で検討してきた内容が企業の経営管理体系の中でどのように整理されるのかを検討しておきたい。企業が地球環境保全という視点から，社会的価値向上と事業の持続的成長を関連づけて取り組むためには，まず，事業活

240 第7章 自然資本へのアプローチと動態的経営管理体系の構築

動と本源的に関わる具体的なロケーションを絞り込む必要がある。その上で，システム思考により社会生態系における課題に対して，その解決にレバレッジ効果を持ちうる対策を洗い出すこととなる。そして，企業のアウトプットが，その後，意図する社会インパクトにどのようにつながっていくか，その経路と期待する効果と将来の達成目標との関係をロジックモデルを使って整理する必要があろう。

　そして，その社会的インパクト達成のプロセスの中で獲得する企業競争力とその将来の効果について戦略イメージを明確にし，中長期戦略とリスク管理に結びつけ，社会的価値と経済的価値を両立させる意図を整理しなければならい。

　進捗管理にあたっては，中長期活動の過程で社会的価値観との乖離によりソーシャルリスクが発生していないかを確認し，企図した目標との離齬は生じていないかを定期的に検証しなければならない。つまり，このような変化の激しい経営環境に対応しうる「動態的経営管理」の強化を検討していかなければならない。このためにも，情報開示とそれをきっかけにした戦略，リスク管理の見直しのため，様々なステークホルダーとの建設的な対話によって，企業内の価値観と社会のそれの整合性を検証する必要がある。

　動態的経営管理の構築の視点から，特に重要となる項目について整理しておきたい。

　第1章1(7)で，企業は地球生態系と人間の行動の相互関係，つまり，社会生態系といった視点で自然資本への対応を図らなければならない点に言及した。また，これまでの気候変動，生態系及び生物多様性問題を中心とした検討を通じて，両者はともに自然資本に関わる課題という意味で共通していて，相互に関連し合っていることから，これらを統合的に捉えた取り組みが必要であることを指摘した。

　しかしながら，両者は自然システムに共通に属しているものの，共通の枠組みで括って対処できるほど単純ではない。自然環境に関わる各要素はそれぞれに固有の特徴があり，環境に関わる課題は，対象とする主たる要素の持つ固有の特徴や地域的な固有性を考慮した対応が必要であるからである。

環境保全問題への具体的アプローチにおいては，システム思考に基づく関連システムとの相互関係を踏まえて，事業との関係を改めて整理した上で対処すべき重要なロケーションにおける課題を絞り込む必要がある。抽出された環境上の課題解決のためには，地域社会とのコンセンサス形成，様々なステークホルダーとの協働を前提とした対応策の検討が必要となる。そして，社会的インパクトの実現と企業価値の実現といった新たな関係性を整理する必要がある。社会的インパクト実現をロジックモデルによって可視化するとともに，価値創造にどのような影響を及ぼすか，シナリオ分析によってストーリー化する必要があろう。このような企業の予見や企図する将来の姿を明らかにし，その後入手しうる市場関連データに基づく相関分析等を定期的に進め，市場の反応をモニタリングする。そして，変化する状況を踏まえて企業の中長期戦略を修正しつつ，社会的価値の向上と経済的価値向上の両立を実現していくための経営管理体制を構築していくこととなろう（**図表7-3**参照）。

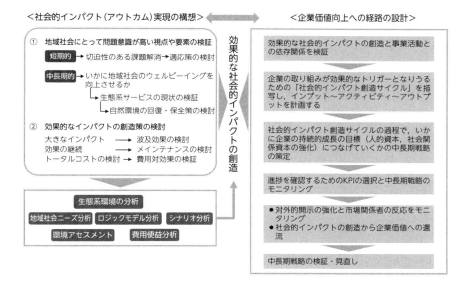

図表7-3　社会的価値向上と経済的価値向上の両立

検討ステップにおける手法としては，まずはフォワードルッキングアプローチによる短期的な価値創造の経路を描くこととなる。そして，中長期的な社会的インパクト（アウトカム）のイメージを整理する。また，企業価値への反映イメージについては，バックキャスティングアプローチを活用することになろう（**図表7-4**参照）。

これらの検討においては，次の諸点に留意が必要である。
- 気候変動と生態系及び生物多様性への対応策の経営管理への取り込みは，企業にとっては非財務要素に関する中長期戦略への試金石と考えることができる。今後非財務要素が社会へ浸透していくに伴って，企業価値における非財務要素の重要度も増してゆく関係にあろう（ダイナミックマテリアリティ）。その意味では，社会的価値貢献と経済的価値への反映の間に存在するタイムラグを踏まえて中長期の価値創造ストーリーを検討しなければならない。
- 非財務要素の企業価値への影響が，企業内部のリスク管理領域にとどまらず，部分的に将来の企業価値の見積もり要素として財務管理の領域に入って

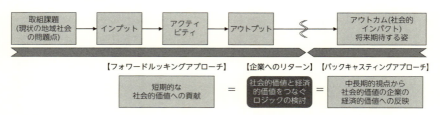

図表7-4 ロジックモデルによるアウトプット，アウトカムの描写

- 上記の流れや関係性をつなぐロジックモデル（施策の論理的な構造）分析を検討する。
- アウトカムは，関係する重要なステークホルダーごとに短期，中長期で分けて想定し，中長期においては，2次，3次波へつながるトリガーを意識しなければならない。
- 将来の社会像や課題解決への期待が，企業の描くロジックモデルと整合性を持つことが，企業のアウトプットが社会的インパクトへと結びつくための必要条件となろう。その上で，経営がアウトプットを達成しうるための有効なKPIを選択し，その進捗を経営としてモニタリングしていく必要がある。

来ることとなる。その場合には，蓋然性の要件は高くなるので，それに耐え
うる分析の枠組みを高度化していく必要があろう。

2　動態的経営管理検討のための視点

本書のこれまでの検討内容を総括する意味で，企業が今後，社会生態系の中
で継続的な活動を可能とするために必要となる経営管理体系の実装についてま
とめておきたい。ここで想定する経営管理は，IFRS 会計に代表される経済価
値ベースの会計とリスク管理を前提にした管理体系の構築を意図している。こ
こでは，非財務要素のうち環境問題を代表する気候変動と生態系及び生物多様
性への対応において社会的価値と経済的価値の両立を図るために必要となる経
営管理の視点について整理したのが**図表7-5**である。

本章1で整理したとおり，具体的に重要な取り組み事項を抽出し，社会生態
系要素と企業価値との関係を踏まえて管理してゆくこととなる。将来の蓋然性
の高いシナリオを想定し，予測される収益の期待値を管理するのが財務管理の
領域であり，期待値からの乖離を管理するのがリスク管理である。財務リスク
と異なり，環境関連リスクによる価値の変動は非連続となろう。そのようなリ
スクに対する管理においては，**第4章4**で述べたとおり，動態的リスク管理が
必要となる。

本節では，動態的リスク管理に必要となる事項に焦点を当てて検討を進めて
いきたい。

(1)　自然システムにおける時間軸の考慮

気候変動枠組条約も生物多様性条約も，予防原則に基づく対応を関係者に求
めている。自然システムは常に変化している。また，生態学的システムには慣
性（システムが攪乱に反応する際の遅延）が存在する結果，改変を引き起こす
事象の発生時と改変の結果がすべて現れる時期との間には，しばしば長い時間
差が存在する。

第7章 自然資本へのアプローチと動態的経営管理体系の構築

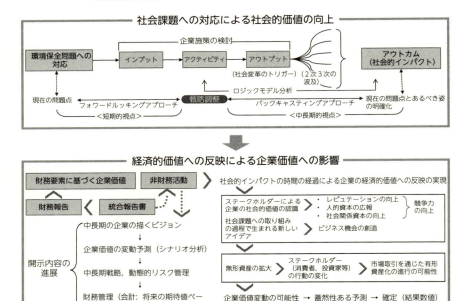

図表7－5　社会的価値と経済的価値の両立への試行

　例えば，リンは多くの農耕地の土壌に多量に蓄積し続けており，河川，湖沼，海洋の沿岸域を富栄養化させる。しかし，土壌劣化とその他のプロセスを通じて，そうしたリンの影響が完全に顕在化するには，数年もしくは数十年の時間がかかる。同様に，大気中の温室効果ガスの濃度変化に対して，地球全体の温度が平衡状態に達するには数世紀を要する。また生物のシステムがその気候変動に反応するにはさらに時間がかかるだろう。

　加えて，生態系改変が行われた場所とは異なる場所で，改変の影響が現れる場合もある。例えば，集水域の上流での改変は，下流域での水の流れと水質に影響する。同様に，ある沿岸湿地における魚類の重要な繁殖地の喪失が，離れた場所での漁獲を減少させるかもしれない。

　また，生態学的システムの慣性と，生態系改変の費用と便益の時空間的乖離

のために，生態系改変の悪影響を受ける人々（将来の世代や下流域の土地所有者）と改変によって利益を受ける人々が異なるという状況がしばしば生じる。そうした時空間的パターンは，生態系改変に伴う費用と便益の査定や利害関係者の特定を極めて困難にしている。それゆえ，これらの特徴を理解するためのシステム思考の強化と，順応的管理が重要となってくる。

このような状況の中で，企業はタイミングよく行動を起こしていく必要がある。気候変動の対応において，かつて，マーク・カーニー（当時の英国銀行総裁）が「時間の悲劇（Tragedy of the Horizon）」と呼んで，対応の遅れが取り返しのつかない事態を招くとして，警鐘を鳴らした[1]ことが思い出される。したがって，予防原則の下では，意思決定を相当前倒ししなければならない。将来の事態をバックキャスティングで予測し，中長期戦略を明確に描いて取り組むことが望まれるゆえんである。

(2) 重要要素の抽出と社会的価値，経済的価値への経路分析

財務要素中心の取引市場，金融市場においては，市場メカニズムを通じて企業業績に関連する財務指標へ比較的早く反映されるため，この指標の変化を踏まえて投資行動が変化し，それが株価などの企業価値へ反映されるという仕組みが動いている。

ただ，非財務要素に対する企業の対応と企業価値への関係を考えると，企業の社会課題の解決への貢献が企業価値にまで及ぶまでの間に，例えば次のような連関が確認されなければならない。

企業の取り組み→取り組み成果→社会課題に対する影響→波及効果→課題解決への社会的インパクト，といったロジックチェーンがつながることによって，企業活動と社会的価値との関係が観察できる。

---

1 この用語は，2015年9月にロイズで行ったスピーチの中で使われた。気候変動は2050年，2100年といった時間軸で捉える課題ではあるが，「気候変動が金融安定にとって明らかに課題だとわかった時点では手遅れとなる。次世代に多大な負担をかけないようわれわれの責任として，今行動しなければならない。先送りする事態があれば，それは「時間の悲劇」である」と説明した。

246　第7章　自然資本へのアプローチと動態的経営管理体系の構築

　そして，この社会的価値が企業価値として経済的価値へとつながっていくためには，企業が起こしたインパクトがどのような形で企業の競争力に戻ってくるのかを予測し，その効果が企業の業績に反映されるという経路が必要となる。

　経路展開に使われるロジックモデルは，企業にとって1つの意思，期待する展開を示したものといえる。それが社会的インパクト実現の可能性を示している，という関係になる。

　気候変動リスク，生態系及び生物多様性リスクが自社の事業活動との関係で社会的価値や経済的価値に対してどのような依存関係を持ち，相互に影響を及ぼし合っているかを関連づける必要がある。例えば，事業領域ごとにその影響の大きさや発現の時間軸といった要素を切り口として鳥瞰した上で，重要な影響を及ぼすリスク要素（移行リスク，物理的リスク，システミックリスクなど）と事業との関係を確認することが有用である。そして，自社の事業ポートフォリオがこれらのリスクによって及ぼされる重要なインパクトを理解した上で，効果的な対応策を検討することが重要である。そして，その対応策がどのようなパス（経路）や時間軸を経て社会的価値や経済的価値に影響を及ぼすことになるかについて，イメージを描いて中長期に取り組む必要がある。
　グリーンインフラへの取り組みを例にとれば，地域社会との協働が不可欠となる。地域社会との協働の進め方については，総合地球環境学研究所が2023年3月31日に公表した「ローカルなグリーンインフラの始め方」が参考になる。グリーンインフラは，災いをしなやかに避けながら自然がもたらす恵み（直接的には生態系の調整サービス。さらに複合的効果として，その他の基盤，供給，文化サービスの向上）を賢く利用することによって，持続可能な社会の実現を目指す手法である。ただ，生態系はロケーションごとに個別の特徴がある。グリーンインフラが有効な場所か否かの判断が必要なる。また，環境省が，生態系の保全だけでなく，防災・減災にも寄与すると考えられる場所を可視化するための「生態系保全・再生ポテンシャルマップ」の作成方法を示している。例えば，湿地の保全取り組みのポテンシャルがある場所や生物多様性保

全を図る上で重要な場所を判断する情報として参考になる。また，今，地域社会が優先している課題（例えば，災害対策が切迫している場合は，グレーインフラの構築が優先されることとなる）を確認し，グリーンインフラ機能の効果について検討する必要があろう。

(3) 動態的管理と順応的対応

　環境が大きく変化しない短期的な時間軸における状況（静態的環境）とは異なり，企業が取り組もうとしている社会課題に関係している諸システムが中長期的な時間軸の中で変化する可能性が強い状況（動態的課題）の下では，動態的管理と順応的対応が不可欠となる。つまり，企業は，諸システムが今後どのような方向に変化しようとしているのかを十分モニタリングし，その変化に応じた適切な措置を機動的に実施する必要があるからである。

　多様で広範な要素を含み複雑な相互作用を有するシステムに対する課題に対応するために，そのシステムの構造を明らかにして取り組むのが理想的ではあるが，その解明に多大な時間を有し，待っていると事態が悪化することが懸念される場合は，重要な領域や要素に焦点を当てて対応への着手を優先することはよく行われることである。

　しかし，その場合には，新たに重要な考慮事項が出てくること，事態が当初の予測どおり進行せず追加の検討が必要になること，他の重要事項との間の相互作用を考慮することの重要性が認識されることなどから，追加対策や対策の見直しが必要になることが考えられる。このような事態は想定内として，適切に対処しうる体制を整えておく必要がある。つまり，対策に着手した後もその進捗と状況の変化をモニタリングして，当初計画の見直し，是正が迅速にできる体制，動態的管理への準備が必要となる。

　気候システムや生態系システムといった複雑なシステムへの対応には，長短の時間軸を意識した取り組みが不可欠となってくる。これは，気候と気象の違いと関係性に似ている。気象は短期的な天気の変化のことであり，気候は30年といった長期的な変化のことである。この関係と気象に起因する自然災害と

いった結果を考えてみたい。

気象条件（気温や降雨などの状態）は季節や日時によって違いがあり，極端な事象として異常気象や台風，洪水などの発生により災害が引き起こされる。

今後の温暖化の進行は，気候システム自体を変化させ，そのシステムが創り出す気象の変化により自然災害の激甚化が予測されている。そのため，社会の安全を確保するためには，中長期的に変化する気候システムが臨界点に達しないように脱炭素対策を実施しなければならない（温暖化に対する緩和策，移行リスク対策）。そして同時に，既に進行している温暖化の影響（異常気象の発生）に対する対策の強化が必要となる（適応策）。

これらは，異なる時間軸での発現事象として映る問題ではあるが，その原因は温暖化として共通している。このような問題に適切に対応しようとするなら，短期的課題にのみに視野を捉えられているとその根本的対策が遅れてしまう。逆に長期的視点のみに意識が奪われてしまうと足元の対策が遅れてしまう。このように，両者に目配りしながら対応策を検討しなければならないこととなる。

(4) 不確実性への対応力の強化

非財務情報には不確実性が介在する。静態的経営管理とは明確に区別される動態的管理の必要性は，管理の対象が持つ不確実性が原因となっている。これは，新しい技術をいかにビジネスに利用するかを検討する際，すぐには事業への最終形が見えない状況と似ている。

新たに湧いたアイデアをある仮説にプロトタイプ化し，仮説検証を繰り返しながら，ビジネスモデルを検討するというデザイン思考（コラム4を参照）に基づく検討も必要となる。非財務要素による企業価値への影響（新たなリスク）への対応には，その後の状況変化を取り込んだ対応力を備えた経営管理体制の構築を目指す必要がある。これは，環境保全に対する順応的管理[2]と同様の考え方である。つまり，生態系が複雑で絶えず変化し続けている。さらに複雑な構造すべてを把握し理解することは難しいことから，事業着手後も自然環境の復元状況をモニタリングし，その進捗に科学的な評価を加えた上で，計画や事業内容を見直し，より良い方策に変更しようとする管理方法である。

将来の姿を十分なデータから確率分布として導出できない以上，利用可能なデータからシナリオ分析を行って企業価値へのインパクトを予測することが経営戦略策定には必要となる。ただ，フォワードルッキングが可能な短期戦略と不確実性を含むバックキャスティングによる中長期戦略とは予測精度や分析の粒度が異なる。これらをいかに連動させていくかが課題となる。

この連動には，動態的視点が不可欠となる。環境前提が変化するという視点でもって両者をつなぎ合わせる必要がある。必然的に，非線形な企業価値の将来の変動（＝戦略的リスク）の存在を意識した動態的な管理の導入が不可欠となる。

① リスクの変化に対する分析強化

伝統的リスク管理は，過去の大量のデータから傾向を見いだし，それを将来も繰り返すという想定の下で将来の価値変動を予測し，リスクの管理の判断材料にしてきた。しかし，これまで考慮していなかった非財務要素による不確実性が介在して安定的な確率分布が導出できない事態が起こったとする。この場合，伝統的なリスク管理の枠組みから外れるとして，諦めて思考停止に陥るのではなく，いかに不確実性を取り込んで意思決定を行うかを検討しなければならない。例えば，事前確率にその後の追加データ（変化を段階的に反映した結果）を組み入れて直近のデータとし，そこから将来の変化の傾向を分析して事後確率を導くベイズ推定[3]を使うことが考えられる。

② 新たなリスクに対する分析強化

気候変動や生物多様性といった新たなリスクへの対応を組み込んだ企業の対応は，これまでの財務要素を中心とした枠組の延長線上では予測できない。

---

2 これは，1970年代の初めに生態学者 C.S. ホリングらによって開発された概念である。この手法は，企業の自然資本対応にも応用できるものと考える。ただ，この手法を導入するためにも，シナリオ分析によって目標設定とその達成状況をモニタリングするための指標（KPI）を設定し，関連する情報を効果的，効率的に収集して，進捗状況を適切にモニタリングできなければならない。

3 観測された事実から推定したい事柄を確率的な意味で推論する統計的手法。

250　第7章　自然資本へのアプローチと動態的経営管理体系の構築

このようにまだ見ぬ世界については，過去のデータに基づく傾向の延長線では予測できない。この世界を予測するためには，過去から現在までの傾向から離脱する必要がある。想像力を駆使した将来の世界の枠組みを予測し企業への影響を確認するための手段としてシナリオ分析の強化が必要である。

　シナリオの設定は，今後のパラダイムシフトを踏まえたものでなければならない。つまり，蓋然性を強く意識しすぎて変化を組み込めなかったり，想像力を働かせすぎて実現の可能性が低いものとなっても不味である。洞察力を発揮するとともに信頼性につき説明責任を果たせるものでなければならない（シナリオ分析については，コラム10を参照）。

　また，企業の恣意性やバイアスがかかったものであってはならない点についても注意が必要である（この点については，コラム6「ソーシャルリスクとバイアスへの対応」，コラム11「不確実性，時間軸，合理性の意義」を参照）。

　『地球規模生物多様性概況第5版』では，人と自然の間のインターフェースの8つの異なる，しかし密接に相互に関連する側面に焦点が当てられている。すなわち，①土地，森林，その他の生態系の利用　②淡水生態系の管理　③海洋漁業及びその他の海洋の利用　④ランドスケープからの農産物の生産　⑤食生活，需要，サプライチェーン，廃棄物を含む食料システム　⑥都市とインフラのフットプリントと要求　⑦生態系と気候変動の間の相互作用　⑧自然と人間の健康の間の多面的なつながりである。

　これらの選択においては，主にIPBES地球規模評価報告書で概説されている「ネクサス」アプローチに基づいており，新型コロナウイルスのパンデミックで強調された自然と健康の間のつながりのグローバルな関連性を考慮して，生物多様性を含んだワン・ヘルスに向けた移行が追加されている[4]。

　自然システムに対する取り組みは，世界のあらゆる関係者が参画する取り組みである。全体的にどのようなビジョンを共有してどのような政策ミックスで

4　Secretariat of Convention on Biodiversity 2020 "Global Biodiversity Outlook 5"（環境省訳『地球規模生物多様性概況第5版』）P.150に，人と自然との相互関連を意識したシナリオが提示されている。

取り組んでいくのか，その方向性と同期して企業はどのような貢献をしていくのかをイメージする必要がある。『地球規模生物多様性概況第5版』では，次のとおり，生物多様性に関する2050年ビジョンを整理している。

「生物多様性の傾向が衰退しており，「今までどおり」のシナリオ（傾向線）の下で低下し続けると予測される。そのため，さまざまな行動分野が生物多様性の低下を遅らせる必要があり，企図している行動の完全なポートフォリオが組み合わされば，低下を止めて逆転させ，2030年以降には生物多様性の純増加につながる可能性がある。これらの行動の組み合わせは，(1)生態系の保全と回復の強化；(2)気候変動の緩和；(3)汚染，侵略的外来種及び乱獲に対する行動；(4)財とサービス，特に食品のより持続可能な生産；(5)消費と廃棄物の削減，となる。ただし，各行動領域は単独でも，または部分的に組み合わせても，生物多様性の損失の流れを変えることはできない点と，各行動領域の有効性は他の領域の活動との相互関係によって強化される点に留意が必要である。[5]」

そして，これらのことを踏まえた上で，今後の具体的な政策の組み合わせを検討しなければならないとしている。

企業が長期戦略の中で社会的価値と経済的価値の両立を図るためには，社会的価値に基づく企業行動が，社会変革を目標とする成果につながるまでの道筋を，ロジックモデルで明らかにすることが重要となる。

企業がシナリオ分析を実施するときの流れを考えてみたい。

企業は，ある原因によって将来がどのように変化するかを予測し，その変化に企業としていかなる対応をするかを検討することとなる。通常，結果に関係する要素は非常に多いことから，影響力のある重要な要素を抽出し，全体として説明力のあるモデルを作ることとなる。その際，モデルが関心のある結果につながる一連の原因と結果の仮定された記述となるように，ある説明変数が目的に影響を及ぼし，その目的を達成するに至るまでの論理的な因果関係を十分明示しているか，その妥当性を確認することとなる。

5　前掲注4・P.21〜23.

しかし，現実の世界を普遍的な因果関係でつなぎ，完全に現実を再現するモデルの構築は困難である。なぜならば，重要な要素を抽出するという単純化がなされること，また，現実には要素間の相互作用は複雑で，かつその関係は動態的に変化することが多いからである。

そこで，その要素間の関係性がどれほど因果関係といいうるほど近い関係にあるか（蓋然性が高い）が重要となる。要素間の蓋然性が高いほど，安定的で信頼性の高いモデルといわれる。そして，予測の合理性を高めるためには，その蓋然性を高める努力が払われる。例えば，モデル作成後も，直近の新たなデータを加えてバックテスティングを実施し予測精度を確認し，さらに精度を高めるためにモデルの修正をする努力が必要となる（このようなモデルリスクについては，コラム11を参照）。

シナリオ分析

シナリオ・プランニングの誕生と応用

　シナリオ・プランニングは第二次世界大戦後に軍事演習分析の一種として誕生した。やがて，事業計画の策定にも用いられるようになる。産業計画の策定に応用し始めたのは，石油会社のロイヤル・ダッチ・シェルである。同社が1970年代の2度の石油危機のさなかも，そしてその後も成功し続けられたのは，シナリオ・プランニングに負うところが大きい，といわれている。

　シナリオ・プランニングは，その後様々な領域で広く利用され，リスク管理の世界では，シナリオ分析として重要な手法となっている。金融危機の教訓から，定量化の過程で見逃されてしまうリスクの洗い出しや，そもそも定量化の困難なリスクへの対応として活用されている。

　企業においてシナリオ分析は，新しい事業やプロジェクトを始めるときに，今後起こりうる事態を想定してあらかじめ対策を検討するのに有用である。過去に起きた様々な事例に基づき，もし同類の事例が自社に降りかかってきた場合にどう対応するか，今後の予測や対策を立てるときに利用される。また，これまで企業として経験知が少ない事象について検討する際にも使用される。例えば，気候変動対応の分析において，TCFDが，将来の気温上昇が企業にもたらすリスクや機会を推測し，それに基づいて企業の対応策や戦略を策定する際に，シナリオ分析を奨励している。その目的は，企業の気候変動に対する強靭さ（レジリエンス）を説明し，投資家からの評価を得るために使われる。また，ミレニアム生態系評価のような，地球規模の環境評価にもシナリオが用いられている。

金融危機とストレス分析

　2007年に米国の不動産融資におけるサブプライムローン[注1]に関連する金融取引が，不動産価格の下落に伴い破綻した。当該リスクを組み込んだ金融商品がグローバルに浸透していた結果，いくつかの大手金融・保険グループが破綻し，金融システムへの影響を回避するため，その救済のための巨額の公的資金の投入がなされた。米国の金融の混乱は，欧州，新興諸国へと波及しグローバルな金融危機に発展した。

　このような事態の再発を防止するため，2009年11月にG20の首脳による合意の下，金融システムの改革プログラムが進められた。この際，金融機関の健全

(注1)　優良顧客（プライム層）よりも下位の層向けとして位置づけられるローン商品のこと。

254　第7章　自然資本へのアプローチと動態的経営管理体系の構築

性を検証するために監督当局によって導入されたのが，「クライシス・ストレステスト」である。これは，ストレス状態のシナリオを設定して金融機関の体制を確認し，健全性を強化するための対応策を検討するための分析であり，シナリオ分析の一種である。

　金融機関はその事業の公共性から免許事業となっている。また，リスクを積極的にとり，それをマネージして利益を確保するという特徴を持つ。このため，リスク管理能力が不十分だと，財務の健全性を阻害し契約者に企図したサービスを提供できない。それゆえ，財務健全性を確保するためのリスク管理の実効性は，規制監督上最も重視される領域となる。この文脈から，金融危機以降ストレステストが重視されることとなった。

　ここで，効果的なストレステストを実施するためには，意味のあるシナリオを設定しなければならないこととなる。蓋然性と想像力のバランスが何よりも大切である。これは，蓋然性が強すぎると，通常の平時のリスク管理の範疇の対策と変わりがないこととなる。また逆に可能性を広げ過ぎると，無限に危険が拡散してしまい空想の世界に近づいてしまうこととなる。そのため，一定の実現可能性を念頭に想定外の事象の発生の可能性を意図的に考えていく努力，すなわち蓋然性と可能性のバランスが求められるわけである。

　今日のリスク管理の枠組みには，平時のリスク管理と有事のリスク管理を分けて，これらを総合的に管理する実務が定着しているが，有事の際の対策の検討において，ストレステストは活用されることが多い。

気候変動リスクにおけるシナリオ分析

　IPCC は，シナリオの意味について次のとおり述べている。「シナリオについての検討のゴールは，将来を予測するためではなく，いかに堅牢な代替案やオプションを考えるために，将来の不確実性や，将来の代替の姿を理解することである。」

　また，「TCFD（2017）技術補足　気候関連リスクの開示に関するシナリオ分析の利用，機会」では，「シナリオの重要な特徴は，未来に関する常識に挑戦することである。不確実性の世界では，シナリオは“平常通り”の過程の基礎を大きく変える可能性のある代替案を探求することを意図している。」と述べている。つまり，TCFD は，シナリオ分析を，確実な将来の予測ではなく，可能性のある将来の特定の結果を仮定し，それに至る経路（シナリオ）を想定し，時間の経過とともに自社のビジネスにどのような影響を与えるかを評価する探索的な特性を持ったものである，と整理している。その上で，気候変動の進行に伴う移行リスク，物理的リスク，賠償責任リスクといったリスクが企業にどのような影響を及ぼすのか，IPCC などの公表された複数のシナリオを使ったWhat-if 分析の実施を推奨している。その分析のイメージは**第6章の図表6-2**

のとおりである。

　これを見てわかるように，TCFDにおけるシナリオ分析では，気候変動によって引き起こされる企業に対するマイナスのインパクトが大きな関心になっている。例えば，移行リスクにおいては炭素税^(注2)，物理的リスクにおいては自然災害，賠償責任リスクにおいては訴訟提起などが特に影響の大きなものと考えられている。このマイナスのインパクトを評価したり，それを防止・軽減するための投資や対応コストを予測し，企業価値に及ぼす影響を分析しようとする。

生態系リスクにおけるシナリオ分析の活用

　前述した気候変動リスクとの比較論でいえば，生態系リスクの場合には，生態系の劣化によるマイナスのインパクトを明示する炭素税のようなものが見えていない事実がある。ただ，生態系の劣化には，生態系サービスの劣化に直接影響を受ける事業が存在するのも事実である。

　そこで，まず，シナリオを策定する際は，地域の現状（生物，環境，社会，経済の状況）について現時点で入手しうる情報を収集した上で，鍵となる不確実性，脆弱性の源を特定し，地域の未来に対し住民が抱いている期待と不安を把握する必要があろう。

　シナリオには諸々の情報を整理し，関係者の理解を促進する利点がある。利害が反する関係者間でも，異なるグループの関係者同士もシナリオがあると議論がしやすくなる。また，複数のシナリオを描くことにより，複数の起こりう

（注2） 企業の排出する二酸化炭素に価格をつけて，それによって排出者の行動を変化させるために導入する政策手法は「カーボンプライシング」と呼ばれる。これには，炭素税に代表される「価格アプローチ」と排出量取引に，代表される「数量アプローチ」に分けられる。前者は，税率を示すため価格が明確で，税収が得られることや既存の税制を活かすことで行政コストを抑えられる特徴があるが，排出量削減の見通しが困難である。後者は，排出枠を設けるため排出削減量を見通すことができるが，排出量の価格が変動することでビジネスの予見が難しくなることや制度設計が複雑で行政コストが大きくなるデメリットがある。
　カーボンプライシング制度は，1990年にフィンランドで炭素税が最初に導入され，欧州が先行導入してきた。2024年5月に世界銀行グループが公表した「State and Trends of Carbon Pricing 2024」によると，世界中で実施されているカーボンプライシングの数は，75個（内訳は，炭素税が39の国あるいは地域（個），排出量取引制度が36個）となっている。これは世界のGHG排出量の約24％をカバーしているという。諸国の実効炭素価格は大きくばらつきがある。このため，EUでは，気候変動対策が不十分な国からの輸入品へ課税を行う「炭素国境調整メカニズム」を導入している。パリ協定の目標達成には，2030年までに炭素価格を少なくとも1トン当たり平均75ドルまで引き上げる必要があるともいわれている。

256 第7章 自然資本へのアプローチと動態的経営管理体系の構築

る未来を想定することができ，将来の可能性の幅についても理解できる。地域
に合致するシナリオを論議する中で，地域にとって重要な価値観や対策の視点
を洗い出したり共有したりする際の有効なツールともなる。また，地元住民が
有している地域固有の深い知見を，将来起こりうる変化にどう活用していけば
よいかを考えるきっかけにもなる。

不確実性，時間軸，合理性の意義

　社会の価値観や物の見方が大きく変化しようとしている。かつて支配的であった規範，枠組み，基準が見直されていく。様々な領域で不確実性が高まる中で，リスク管理の基本的な部分の検証，見直し，修正・強化が必要となっている。本コラムでは，将来の変化に対しいかにアプローチしていくかを検討する際，不確実性，時間軸，合理性といった基本事項に焦点を当て実務的観点から考察を加えるものである。

不確実性とリスク

　経済的付加価値を追求する企業においては，リターンを獲得するためにリスクを積極的にテイクしていく必要がある。このため，経済学の分野では不確実性とリスクの関係が研究されてきた。

　経済学者のフランク・H・ナイトは，経済主体が将来事象に対して合理的に期待を形成して意思決定を行うことを前提としていることから，不確実性について，生起確率が計測できる事象（Measurable uncertainty）を「リスク」と呼び，確率がわからない，すなわち計測不可能な不確実性（Unmeasurable uncertainty）を「真の不確実性（True uncertainty）」と呼び区別している[注1]。不確実性は，価値をプラスにもマイナスにも変動させる源泉と捉える。このような流れからは，真の不確実性を利潤との関係で整理し，起業家（Entrepreneur）への報酬と市場経済制度のダイナミズムと結びつけている。

　このようにナイトは，リスクについて客観的確率を重視して取り扱う立場をとった。このような考え方を「頻度主義（Frequentists）」と呼ぶが，確率に対する見方には，これとは別に「主観主義（Subjectivists）」というアプローチがある。この立場をとるのが，経済学者のジョン・M・ケインズである。ケインズは，確率を数学というより論理学の中で捉えた。その特徴を述べれば，確率の持つ意味を合理的な信念の程度と捉え，確率計算にあたっては，論理的関係における合理的信念が必要と考えた[注2]。そしてケインズは，不確実性に挑戦する「アニマルスピリッツ」を市場経済制度のダイナミズムとして説明している[注3]。

（注1）　Knight, H.F. (1921) *Risk, Uncertainty and Profit*, Boston and New York, Houghton Mifflin Company.
（注2）　ケインズ，ジョン・メイナード『確率論（ケインズ全集8）』（佐藤隆三訳，2010年，東洋経済新報社）

258　第7章　自然資本へのアプローチと動態的経営管理体系の構築

　　リスクをどのように評価するかは，リスクに対する意思決定に大きな影響を
及ぼすこととなる。今日のリスク管理は，主として頻度主義に基づくリスクを
計量化することによって目覚ましい発展を遂げた。しかし，経営環境が大きく
変化し，頻度主義では捉えきれない不確実性に対しては，ケインズの主観主義
的アプローチをいかに合理的に活用するかという課題に直面していることとな
る。

伝統的リスク管理の限界

　　リスク評価が確率論的に整備されたことにより，従来とは比べ物にならない
ほど意思決定のための情報量が増えたことは評価すべきことである。ただ同時
に，そこで使われているリスク量の持つ意味を改めて考えてみる必要もある。
つまり，頻度主義に基づくリスクの計測は，過去の傾向が将来も繰り返すといっ
た静態論に立っている。極論すると，計算されたリスク量を鵜呑みにする危険
もある。

　　不確実性が高くなっている環境下では，これまであまり意識することもなく
見過ごされている常識についても，光を当てて検証すべき時期にきているもの
と考える。リスクの計量化技術の発展により，リスク量は，発生頻度×損害強
度で算定される数値を活用することが多くなった。このこと自体は評価すべき
ことといえるが，同時に，発生頻度と損害強度に関する統計学上の精度の違い
をあまり意識することなく取り扱ってしまうことから生じる問題に留意しなけ
ればならない。つまり，積として使われる2つの数値の持つ質的なレベルの差
の問題，すなわち，その積で表される数値の持つ精度には差があるからである。

　　現在のリスク管理では，ランダム性の強い自然災害などの事象に関するリス
ク量も，モンテカルロシミュレーション[注4]により発生頻度と損害強度に関す
る確率分布を導き出すといった手法が定着している。利用できるデータが多数
あり，過去の傾向が将来も繰り返すことが合理的に想定される場合には，非常
に有効な情報と考えられる。

　　しかし，例えば，同じ自然災害とはいえ，地震と台風では，情報収集の容易

（注3）　ナイトとケインズの考え方の対比については，酒井泰弘『ケインズ対フランク・
　　ナイト』（2015年，ミネルヴァ書房）に詳しい。
（注4）　モンテカルロ・シミュレーションは，ある不確実な事象について起こりうる結
　　果を推定するために使用される数学的技法である。これまで，モンテカルロシミュ
　　レーションは，株価，販売予測，プロジェクト管理，価格設定など，多くのリスクの
　　評価に使用されている。この技法は，不確実な状況下での意思決定を改善するため
　　に，ルーレット・ゲームと同様に偶然の要素が中核となっているモデリングアプロー
　　チであることから，カジノで有名なモナコ公国の地区にちなんで命名されている。

さや物理現象の解明度合いにおいて大きな違いが存在する。したがって，意思決定においては，両者の違いを前提にモデル結果を取り扱う必要がある。往々にしてわれわれは，モデルの持つロジックやプロセスの視点からみる妥当性に基づいて結果数値を判断してしまうこともあるが，特に不確実性の高い環境下においては，結果数値が導かれた統計処理に伴う質的違いに着目することも大切である。

　また，仮にリスク計測の精度が同じ程度であったとしても，発生頻度と損害強度の期待値を掛け合わせた数値で比較する場合，確率分布の例えば期待値といった一点の数値を重視して物事を判断していることを意味する。しかし，リスクの特性に応じた的確な対応をするためには，導出された確率分布の期待値だけではなく，標準偏差（あるいは分散）を重視する必要がある。このようにリスクに関する情報を扱う場合には，当該リスクが提示するリスク情報の信頼度合いを考慮するとともに期待値からの乖離度合いの違いなどリスクの持つ特性を意思決定に適切に反映させる必要があることを改めて認識しなければならない。

自然災害モデルの特徴

　ここで，自然災害モデルの構造について振り返っておきたい。ランダム性の高い災害という測定対象の予測見積もりの合理性を担保するため，自然災害モデルは地震や台風，洪水といったイベントに着目し，そのイベント（ハザード）発生をモデル化している。イベントの発生頻度や損害強度の中に一定の線形的関係を見出すことができれば，数式化できる。非線形のランダム性が特徴づけられれば，モンテカルロシミュレーションで仮想イベントを多数発生させ，その結果を集団としての確率分布に擬制することも可能となる。この手法は，現在の環境前提が変化しないことを前提に，過去に発生したデータに基づく傾向を確認し，同様のイベントが将来繰り返されると想定し，将来を予測していることを意味する。いわば，将来について一定の条件つきで過去の確定したデータによる統計的確率を活用した客観的予測であることを合理性の担保としている。

　ところで，環境前提が将来変化することが合理的に想定されているケースにおける将来予測は，どのように考えるべきであろうか。環境前提が変化するケースでは，予測の合理性を担保する条件を満たさない。そこで，シナリオ分析が採られることが多い。この手法は，利用可能で合理的だと考えられるデータを使って想像力を発揮してシナリオを設定することからスタートする。したがって，この手法は，極論すれば，エキスパートジャッジメント（将来に対する主観的確信）を頼りにした予測手法といえる。

不確実性の介在とモデルリスク

リスク管理においては，リスク評価モデルが活用される。リスクを客観的に評価する際の強力な武器となっている。モデルは，ある対象に関する現状の価値観や物の見方を反映した構造によって構築されたものであるため，その構造を検証し修正することを可能とする利点がある。モデルの対象が不確実で，その後の研究や観察によってその中身が明らかになっていくとするなら，モデルもそれを反映して常に修正していく必要がある。このように履歴を残しつつ利用価値のあるものへと近づけていくことができる。

現実を説明する完全なモデルは存在しない。モデル作成に必要なすべてのデータを集めることはできず，あくまでモデルは世界を単純化したものといえる。

もし使用しているモデルに大きな欠陥があると，意思決定をミスリードすることとなる。それゆえ，モデルに関わるリスク（モデルリスク[注5]）を認識した利用が不可欠となる。モデルリスクは，モデルの設計，開発，実装及び利用における欠陥や制約から生じる財務，オペレーション，風評などに負の結果をもたらすリスクと説明されている。

モデルへの過信から生じる意思決定をミスリードすることは，コラム6「ソーシャルリスクとバイアスへの対応」で触れた重大なバイアスの1つといえる。

気候変動や生物多様性に関わる分析を企業が進めていく際，当面，明確な処方箋がない中での試行が続くことが予想される。そのような中で，現時点で利用可能な情報やデータに基づいて分析し，開示し，内容を改善していくためには，これらの作業全体を統治する必要がある。特に，分析方法が標準化されていない中での対応においては，恣意性に陥らず，有益な分析に基づき企業の健全な意思決定を実践しつつ，恒常的に分析内容を向上させていく枠組みを構築しておかなければならない。そのためには，分析の目標の明確化，分析ロジックの明瞭化，評価プロセスの構築，指標の設定，科学的根拠に裏づけされたデータ収集，全体のプロセスの体系化や一貫性の確保などにガバナンスを効かせる必要がある。

（注5） 金融機関は，リスク管理においてモデルを多用する。そこで，金融庁は2021年11月12日に「モデルリスク管理に関する原則」を提示している。不適切なモデルが金融機関のリスク評価の失敗や不適切な意思決定を招く恐れがあることから，モデルに対する透明性とけん制，健全な懐疑心を堅持する態勢構築を求める指針となっている。モデルを所管・開発する部門（第1線），第1線をけん制し，モデルリスクを管理する部門（第2線），内部監査部門（第3線）による3つの防衛線を整備することを要請している（同文書は，pdf_02.pdf（fsa.go.jp）より入手可能）。

このようなモデルガバナンスを組み込んだとしても，評価対象のリスク自体に不確実性が介在する場合には，不確実性の介在を所与とした対応が重要となる。例えば，GHG排出量計測における基準である金融向け炭素会計パートナーシップ（Partnership for Carbon Accounting Financials：PCAF）の事例は参考になる。気候変動に関する現在利用可能なデータには制約がある。地球温暖化対応における判断基準の基本となる企業のGHG排出量の計測方法自体も，細部において整合性がとれているわけではない。つまり，データ自体の不足だけではなく，データの品質に関する課題から生じる不確実性も意識しなければならない。

GHGの計測方法の枠組みとしては，GHGプロトコルが公表されている。しかし，企業が直接排出するGHGの二酸化炭素換算排出量（CO_2e）（スコープ1）や企業が購入する電力，熱，蒸気によって生じるCO_2換算排出量（スコープ2）の計測は比較的可能性が高いが，サプライチェーンに関わる排出量（スコープ3）の把握には困難が伴う。そこで，実務では利用可能なデータを活用してその計測に取り組んでいる。例えば，トップダウン的に，産業連関分析による環境拡張インプット，アウトプットモデル（Environmentally-Extended input-output：EEI-O）による推計などの工夫がなされている。しかしながら，推計には当然不確実性が介在する。つまり不可避的に生じる利用可能なデータの品質上の課題に対して，PCAFは，データ品質に関するスコアの定義づけをして，スコアを付与して計測しようとしている。

不確実性の存在によって分析をあきらめるのではなく，むしろこれを判断基準の中に意識していることを明示することにより，無意識の判断ミスを回避する工夫といえる。

合理的なシナリオ分析の実施がますます重要となっている。合理性は，価値創造ストーリーとつなぎ合わせることによって，投資家にとって有用な情報となる。また，企業は様々な媒体を通じて関連情報を発信している。それらの発信が全体として整合的か否か，合理的なつながりが果たせているのか，といった観点から検証を実施し，課題の洗い出しが求められているものと考える。

262　第7章　自然資本へのアプローチと動態的経営管理体系の構築

3　人的資本と社会関係資本の強化

　企業が社会課題解決のために事業活動を通じて貢献することが期待されている。しかしながら，社会的価値をいかに自社の経済的価値に転換するかについての方針と強いコミットメントも同時に期待されている。特に，人的資本と社会関係資本の向上への留意が重要となろう。

(1)　社会的価値観の変化と人的資本の多様化

　人的資本とは，人の持つ能力に着目し，それを資本と捉えた経済学上の概念である。具体的には，個人が所有している知識，スキル，経験，能力を指している。労働人口が減少している日本においては，1人ひとりの人的資本を高めていく取り組みが重要となる。

　この論点から，不連続な市場変化と技術革新を背景に人的資本の陳腐化が議論され，リスキリングが議論されているが，知らず知らずのうちに，現在からのスムーズな移行を意識しすぎ，延長線上の変化への対応に堕落しがちになる。ここで，**第1章1**で取り上げた「ドーナツ経済」の発想を重ねてみると，今後，中長期的視点に立った人的資本戦略においては，これまでの経済学的発想とは異なる能力の確保が重要となる。企業の持続的成長を考えると，既存の枠組みから脱却したバックキャスティング能力の発揮と既存の延長線上に立ちながら柔軟性を高めることのできる能力の双方が必要となる。両能力を融合的に運用してはじめて，組織として，短期，中長期の戦略を実践面でつなげていくことが可能となる。

　大きく経営環境が変化している今日の状況においては，少なくとも社会の変化への対応力，財務資本以外の資本とのシナジーを意識しなければならない。企業が組織として社会的価値と経済的価値の両立を目指すならば，その組織の価値観を共有する形で，組織の中の個人も両立の意味やその達成のためのリスキルが必要といえる。その意味では，本書でテーマとした気候変動や生物多様性といった新たなリスクに対していかに対応するか，社会的価値との関連を意

識して社会関係資本をいかに捉え，そのシナジーをいかに各企業の経済的価値
へのフィードバックさせるための能力を伸ばしていけるか，といったアプロー
チが必要となろう。

センゲは，「学習する組織」の中で，その実現のためには，システム思考，
自己マスタリー，メンタルモデル，共有ビジョン，チーム学習といった要素が
有機的につながらなければならないと説明する。システム思考については，既
に**第1章**で触れた。ここでは，メンタルモデルの意味について触れておきた
い。センゲによると，「私たちがどのように世界を理解し，どのように行動す
るかに影響を及ぼす，深くしみ込んだ前提，一般概念であり，あるいは創造や
イメージ」であるとしている。リスキルにおいては，この基本となる個人と組
織のメンタルモデルのアップデートが必要になる。環境リスクが今や地球規模
の環境リスクになっている状況では，従来の財務要素中心のメンタルモデルで
は対応できない。

⑵　グリーンインフラ推進における社会関係資本の活用

社会変革（Social innovation）の分野に，集団的な社会変革（Collective
innovation）という概念がある。これは，異なるセクターから集まった重要な
プレーヤーたちのグループが，特定の複雑な社会課題の解決のために，共通の
アジェンダに対して行うコミットメントのことである。この概念は，同じ方向
性や関心を持っている少数の組織同士の連携が主流となるこれまでの協働
（Collaboration）とは異なる新しい形の協働であると説明されている。

集団的な社会変革を推進するツールとして，システム思考やデザイン思考が
活用されている。これは，意図と異なる結果が生まれるパターンを紐解いた
り，要素間の相互のつながりをより深く理解するために役立つからである。そ
して，そのようなアプローチには，最も効果が高く，永続的でシステム全体規
模の改善に役立つ，あるいは長期にわたってシステム全体の効果を高める行動
を促し，限られた資源を重点的に投入できる効果が期待されている。

地域社会の共有財産としてのグリーンインフラに着目することは，地域社会

264 第7章 自然資本へのアプローチと動態的経営管理体系の構築

との関係性を強化拡大する視点も加えて，社会関係資本の強化につながっていく。

　グリーンインフラがもたらす多様な効果は，導入された地点だけではなく，その周辺にまで及ぶ。そのため，地域共有の財産として幅広い関係者が享受しうるとともに，その推進において，関係者が連携してグリーンインフラの整備，管理を行い，防災や環境改善，賑わい創出に役立てていく必要がある。

　海外では，BID（Business Improvement District）という枠組みで複数の企業や関係者によりエリアマネジメント団体が組織され，グリーンインフラに取り組んでいる。

　日本では，2018年6月に日本版 BID である地域再生法が公布された。これは，地域特有の課題の解決や活性化を地域の関係者が中心となって推進するエリアマネジメント手法の導入である。これまでの街づくりの主体は，行政による都市計画などを通じた開発と民間事業者による開発であったのに対して，BID は，住民，事業主，地権者などによる主体的な取り組みといった点に特徴がある。

　エリアマネジメントの活動例として，次の6つが挙げられている。①まちの賑わいづくり（イベント，アクティビティ），②防災・防犯，環境維持，③地域ルールづくり・コミュニティづくり，④まちの情報発信，⑤公共施設・公共空間の整備・管理（エリアマネジメント広告，オープンカフェ等），⑥民間施設の公的利活用（空き家・空き地等）である[6]。

　従来の地域開発においては，地方自治体や事業主による開発コンセプトがまずあり，それを実施するにあたって，環境保全目的で環境アセスメントが実施され，その過程で地域住民の意見が聞かれるといった流れが一般的であった。しかし，エリアマネジメントにおいては，地域開発のデザインづくりの段階で，地域関係者も参画した協議会が設置される形となる。開発後は，同協議会

6　詳しくは，内閣官房　まち，ひと，しごと創生本部事務局　内閣府地方創生推進事務局「地方創生まちづくり―エリアマネジメント―」（https://www.chisou.go.jp/sousei/about/areamanagement/areamanagement_panf.pdf）参照。

は解散されるが，地域の継続的発展のための協議会が新たに発足するなどの形で，地域が主体的に整備，管理を実施する事例が見られる。このように，早い段階から地域関係者が参画し，その後の整備，管理にも携わっていく点は，社会課題解決において十分考慮されなければならない。

(3) 自然資本対応を通じたシナジー効果

SDGsの17番目のゴールに，「パートナーシップで目標を達成しよう」とある。地域課題を解決するために，関係者によるつながり（パートナーシップ）に基づく協働の効果は有力である。企業の取り組み結果が社会的インパクトのための有効なトリガーの提供になれば，第2，第3の波及効果につながっていくことが可能で，結果として大きな社会の変革を導くことが期待できるからである。

このような社会的インパクトは，地域社会での課題解決に加え，地域の生産性，創造性，利他性を高めることにもつながる。これらは中長期的に見れば，企業の取り組みへの評価につながり，成熟した消費者の商品・サービスへの選好に結びつき，企業の経済的価値に反映されることになる。環境保全に取り組む生産者の商品・サービスを消費行動によって支える「応援消費」といった動きも登場している。このような利他性に基づく消費者の行動は，伝統的な経済学が想定する消費者とは異なる概念である。ただ，応援消費は，被災地支援などでは一般化しつつあるものの，現時点では，生物多様性保全を目的とする行動までには浸透していないのも事実である。今後の動向を注視していかなければならない。

企業が描く，前掲の**図表7-4**のような構図は，これまで市場関係者が経験してきていない新しい関係性や，価値実現における条件や枠組みが時間をかけて形成されていく様子を表わしている。企業は自らの価値創造ストーリーを描き中長期戦略を推進していくわけであるが，そこで描かれた社会的価値実現のロジックモデル分析や価値創造に関するシナリオ分析によって可視化したものといえる。それゆえ，今後得られる市場関連データに基づく検証を通じて適宜修正され，精緻化されていく。

266　第7章　自然資本へのアプローチと動態的経営管理体系の構築

　社会課題への対応が企業価値へ直接反映する事例として，ある特定の商品の購買が大きく拡大するという事例が考えられる。特殊な事例として，住友化学の「マラリアのかや」の実例がある。これは，顕在化しているマラリアリスクに対して，特定の商品を販売した事例であるが，Ｂ２Ｃにおいては，価格が高くても環境保全が十分なされた商品を買いたいという意識の高い人々の存在が必要となる。成熟した市民で，市民活動が盛んな国の市民は，購入に自然環境保全といった社会的価値を反映させることも可能で，企業から見れば，非財務要素を含めた商品の差別化戦略の１つとなる。例えば，トニーチョコランドリーが西アフリカの労働者の人権対応をアピールする商品戦略をとって，欧州で大きな実績をあげている。このような事例を見ると，成熟した社会においては，ベースとなる価値観の成熟が存在しているように思われる。

⑷　企業価値へのシナジー効果

　価値創造ストーリーを合理的に構築することの重要性は高まっている。その際，人的資本や自然資本，社会関係資本など，重要な非財務要素が将来の企業の財政状態や経営成績にどのように影響を及ぼしていくかを結びつけていくこととなる。

　今後，社会的価値と経済的価値を両立させ，持続的に企業価値を向上させうる経営管理に取り組んでいくためには，社会と企業との関係，企業価値創造と資本の範囲・役割ついての再定義が必要となろう。その上で，戦略とビジネスモデル，財務管理とリスク管理の強化が必要となろう（**図表7-6**参照）。

3 人的資本と社会関係資本の強化　267

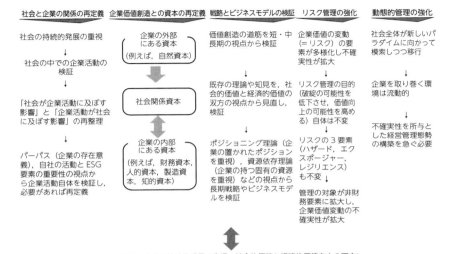

図表7−6　ESG時代における社会的価値と経済的価値の両立への経営改革

　また，グリーンインフラの項でも述べたとおり，地域社会の発展と企業の持続的成長を同期する戦略による地域社会との関係性の強化といった要素が，企業の資本として企業価値向上への寄与を高めていくものと考えられる。

あとがき

　社会システムの中で大きな影響力を持つ企業活動と社会に恩恵とリスクを生み出す自然システムとの相互依存関係は，経営学上の重要テーマとなっている。ただ，このテーマは非常に多岐にわたるとともに深淵であるため，本書で取り上げられたのはほんの一部分にすぎない。

　執筆中，企業活動と気候変動や生物多様性との関わりについて考えさせられることが多かった。湯川秀樹が30代に書いた随筆の中で自然について触れた次の一節が思い起こされた。
　「詩と科学遠いようで近い。近いようで遠い。…出発点が同じだからだ。どちらも自然を見ること聞くことからはじまる。」「自然界には何故曲線ばかりが現れるか。その理由は簡単である。特別な理由なくして，偶然に直線が実現される確率は，その他の一般の曲線が実現される確率に比して無限に小さいからである。しからば人間は何故に直線を選ぶか。それが最も簡単な規則に従うという意味において，取り扱いに最も便利だからである。」

　自然に関する様々な課題への対応においては，現在の経営管理手段をそのまま活用できないことが多い。われわれは，自然の特徴，構造を理解し，環境保全と社会経済活動を持続的視点から両立させ，共生を実現していく方法を模索していくステージに立っている。その意味では，今日の経営管理体系を新たな視点から強化すべき時期にある。

　企業という組織も，人と同様，生き物である。変化に対して惰性に任せていると，黄昏てしまい，色々なほころびが出てしまう。経営管理やリスク管理もまた，新たなリスクの登場やリスクの変質に対して，適切な補強がなければ，その機能を十分発揮することができなくなる。

　科学の発展に実験は不可欠である。社会科学に属する経営学にとって，実験

は日々の経営課題に対する具体的な取り組みの中にある。その意味では，地球環境保全といった新たな課題に対する今後の様々な取り組みは，経営学の革新につながる壮大な実験の始まりといえる。

　本書の執筆過程において，実務家，大学，学会，研究所などの専門家から様々な刺激と示唆をいただいた。この場を借りて感謝申し上げたい。出版においては，株式会社中央経済社の奥田真史氏に，編集全般にわたり大変お世話になった。心より感謝申し上げたい。また，本書の完成を日頃から支えてくれた家族にも感謝する。

　自然・生物多様性リスクマネジメントの世界は，今後，様々な視点から研究と実践が進められていくものと考える。本書がそのような取り組みに対して何らかの参考になれば幸せである。

　本書の内容は，筆者個人の責任にもとに書かれたものであることをお断りするとともに，ご教示，ご批判をいただければ幸甚である。

後藤　茂之

INDEX

英数

CBD 7
COSO ERM 173
CSV 108, 112
EADAS 225
EbA 62
Eco-DRR 62, 193
ESG スコア 54, 105
ESG 投資 103
G8 社会的インパクト投資タスクフォース 128
GBF 224
GHG プロトコル・企業の算定と報告の標準（2004） 64
IFRS サステナビリティ開示基準 82
IMM 130
Intergovernmental Science-Policy Platform on Biodiversity and Ecosystem Services 22
IPCC 4
ISSB 81
LEAP 225, 227, 232
NbS 61
PbR 120
PRI 5
SBT 5, 59, 64
SBTN 60, 66
SDGs 4
SIB 113, 120
SRI 5, 102
SROI 113
TCFD 4
Theory of Change 95
Tipping point 17, 56

TNFD 230
UNFCCC 4

あ行

アウトカム 98
アウトカム・ファンド 121
一社一村しずおか運動 187
インテグレーション 116
インドのインパクト投資モデル 109
インパクト加重会計 123
インパクト経営の運営原則 129
インパクト軸 112
インパクト測定 126
インパクト測定・管理 130
インパクトチェーン 169
インパクト投資 107, 108
インパクト投資（インパクトファイナンス）に関する基本的指針 110
インパクト評価 122
インパクト・ファースト 110, 114
インパクト分析 135
インパクトマテリアリティ 72
ウイルリッヒ・ベック 161
エキスパートジャッジメント 259
エコロジカル・フットプリント 21, 100
エリアマネジメント 264
エンゲージメント 116, 133
応援消費 265
温室効果ガス排出量の算定 60

か行

開示事項 230
蓋然性 79, 238
科学的根拠に基づく目標 59
科学的に準拠した温室効果ガス排出削減目

標 ··················5
科学に準拠した目標 ··················64
価値協創ガイダンス ··················87, 88
価値創造ストーリー ··················87, 265
環境アセスメント ··················209, 210
環境アセスメント環境基礎情報データ
　ベースシステム ··················225
環境インパクトボンド ··················212
環境債務 ··················80
環境の経済的評価方法 ··················31
環境評価手法 ··················29
環境保全型農業 ··················19
企業価値の概念 ··················90
企業価値評価 ··················71
気候関連財務情報開示タスクフォース ·····4
キャパシティ・ビルディング ··················198
行政による費用便益分析 ··················135
共有価値の創造 ··················108, 112
金融機関の貸し手責任 ··················101
釧路湿原 ··················181
窪地の中のボールモデル ··················164
クライシス・ストレステスト ··················254
グリーンインフラ ·····62, 192, 194, 207, 246
グリーンインフラ推進戦略 ··················200
グリーンインフラとグレーインフラの
　比較考量 ··················206
グリーンインフラの主要なツール ·······214
グリーンカーボン ··················41
グリーンボンド ··················211
グレーインフラ ··················207
グローバルリスク報告書 ··················25
経済的価値 ··················54, 84
公害問題 ··················13
効果的な介入点（レバレッジ・ポイン
　ト）··················97, 99
公共事業の費用対効果分析マニュアル·135
耕作放棄地 ··················18
洪水ハザードマップ ··················205
公正価値 ··················78
公正価値ヒエラルキー ··················79

荒廃農地 ··················187
国際サステナビリティ基準審議会 ·········81
国際自然保護連合 ··················61, 200
国連気候変動に関する政府間パネル ·······4
国連気候変動枠組条約 ··················4
国連による責任投資原則 ··················5
国連の持続可能な開発目標 ··················4
国連防災機関 ··················192
コグ・ワールド ··················36
コモンズ（入会地）··················198
コレクティブイノベーション ··················133
昆明・モントリオール生物多様性枠組
　み ··················185, 224, 226

さ行

財務マテリアリティ ··················72
サステナビリティテーマ投資 ··················211
サステナブルファイナンス ··················5
時間の悲劇 ··················245
地先の安全度 ··················205
システミックリスク ··················162
システム思考 ··················11, 12, 33, 245
システムダイナミクス ··················35
自然共生サイト ··················185
自然再生 ··················180
自然再生推進法 ··················151
自然資本 ··················54, 59
自然に関する科学に基づく目標設定
　··················60, 66
自然を基盤とした解決策 ··················61
シナリオ・プランニング ··················253
シナリオ分析 ··················133, 222, 251, 253
社会生態学的アプローチ ··················44
社会生態系アプローチ ··················155, 179
社会生態系リスク ··················152
社会的イノベーション ··················117
社会的インパクト ··················96, 98, 169
社会的インパクト・エコシステム ·········118
社会的インパクト創造サイクル ··················97
社会的インパクトの測定・管理 ·········128

社会的インパクト評価⋯⋯⋯⋯126
社会的価値⋯⋯⋯⋯⋯⋯⋯54, 84
社会的責任投資⋯⋯⋯⋯⋯5, 102
社会的投資収益率⋯⋯⋯⋯⋯113
社会的費用便益分析⋯⋯⋯⋯125
社会の価値観の変化⋯⋯⋯⋯⋯6
社会変革理論⋯⋯⋯⋯95, 100, 168
集団的な社会変革⋯⋯⋯⋯⋯263
主観主義⋯⋯⋯⋯⋯⋯⋯⋯257
順応的な管理⋯⋯54, 147, 171, 245
順応的対応⋯⋯⋯⋯⋯⋯⋯247
人的資本⋯⋯⋯⋯⋯⋯⋯⋯262
真の不確実性⋯⋯⋯⋯⋯⋯257
スコープ1⋯⋯⋯⋯⋯⋯⋯65
スコープ2⋯⋯⋯⋯⋯⋯⋯65
スコープ3⋯⋯⋯⋯⋯⋯⋯65
ステークホルダー分析⋯⋯⋯⋯96
成果連動型契約⋯⋯⋯⋯⋯120
生態系⋯⋯⋯⋯⋯⋯⋯⋯⋯19
生態系アプローチ⋯⋯⋯⋯153
生態系サービス⋯⋯⋯16, 20, 139, 195
生態系と生物多様性の経済学⋯⋯20
生態系リスク⋯⋯⋯⋯⋯17, 163
生態系を活用した適応⋯⋯⋯62
生態系を活用した防災・減災⋯62, 193
生態系を活用した防災・減災に関する
　考え方⋯⋯⋯⋯⋯⋯63, 200
生態ニッチモデリング⋯⋯⋯155
成長の限界⋯⋯⋯⋯⋯⋯9, 21
生物多様性⋯⋯⋯⋯⋯⋯⋯19
生物多様性及び生態系サービスに関す
　る政府間科学―政策プラットフォー
　ム⋯⋯⋯⋯⋯⋯⋯⋯⋯22
生物多様性及び生態系サービスの総合
　評価⋯⋯⋯⋯⋯⋯⋯⋯23
生物多様性条約⋯⋯⋯⋯7, 58
生物多様性喪失⋯⋯⋯⋯⋯58
生物多様性と生態系サービスに関する
　地球規模評価報告書⋯⋯⋯25
生物の生息環境条件（ニッチ）⋯⋯156

赤道原則⋯⋯⋯⋯⋯⋯⋯101
責任投資原則⋯⋯⋯⋯⋯⋯104
絶滅危惧種⋯⋯⋯⋯⋯⋯⋯20
戦略的リスク⋯⋯⋯⋯⋯⋯249
ソーシャル・インパクト・ボンド
　⋯⋯⋯⋯⋯⋯⋯⋯112, 120
ソーシャルリスク⋯146, 160, 172, 240

た行

ダイナミックマテリアリティ⋯81, 90, 242
ダブルマテリアリティ⋯⋯⋯89
地球環境保全⋯⋯⋯⋯⋯⋯14
地球規模生物多様性概況第5版⋯⋯25, 250
地球生態系⋯⋯⋯⋯⋯⋯⋯16
中央防災会議⋯⋯⋯⋯⋯⋯208
津波防災⋯⋯⋯⋯⋯⋯⋯208
適応サイクル⋯⋯⋯⋯⋯⋯165
デザイン思考⋯⋯⋯117, 140, 248
統合報告のためのフレームワーク⋯⋯86
投資原理主義⋯⋯⋯⋯⋯⋯106
投資修正主義⋯⋯⋯⋯⋯⋯106
動態的管理⋯⋯⋯⋯⋯171, 247
動態的経営管理⋯⋯⋯⋯⋯240
動態的リスク管理⋯⋯⋯⋯243
ドーナツ経済⋯⋯⋯⋯⋯9, 14
土地利用⋯⋯⋯⋯⋯⋯47, 48

な行

ニコラス・ルーマン⋯⋯⋯⋯161
ニュー・パブリック・マネジメント⋯118
ネイチャーポジティブ⋯⋯⋯185
ネガティブスクリーニング⋯⋯⋯116

は行

バイアス⋯⋯⋯⋯⋯⋯⋯172
バイアスマネジメント⋯⋯⋯174
灰色のサイ⋯⋯⋯⋯⋯⋯⋯145
バグ・ワールド⋯⋯⋯⋯⋯37
バックキャスティングアプローチ
　⋯⋯⋯⋯⋯⋯⋯⋯237, 242

パリ協定·····························56
万人のための地球·····················10
ヒューリスティック·················173
費用便益分析·······················124
頻度主義·······················238, 257
ファイナンス・ファースト·········110, 114
フォワードルッキングアプローチ
·····························237, 242
不確実性の「リスク化」···············146
ブラックスワン·····················145
プラネタリー・バウンダリー·········14, 60
ブルーカーボン·······················41
ベイズ推定·························249
包括的な企業報告に向けた協議についての
共同声明·························71
ポジティブ・インパクト金融原則········128

ま行

水・物質循環メカニズム···············182
ミレニアム生態系評価·············20, 49, 57
無意識のバイアス···················173
無形資産·······················74, 76, 77
モデルリスク·······················260
モンテカルロシミュレーション·····258, 259

や行

ユーロ危機·························146
ユネスコエコパーク···············183, 189
予測に対する考え方の変遷·············151
予防原則·······················147, 151

ら行

ラムサール条約·····················181
リザルトチェーン···················169
リスク調整··························80
リスクの3要素·····················198
臨界点···························17, 56
レジームシフト···············17, 152, 163
レジリエンス···················153, 163
ロジックモデル·········95, 96, 100, 169, 240

ロジックモデル分析·················133

【著者紹介】

後藤 茂之（ごとう しげゆき）

認定危機管理士，RM アドバイザリー社代表

38年間大手損害保険会社及び保険持株会社にて，企画部門，リスク管理部門，国際業務部門等に従事。経済価値ベースの企業価値管理，ERM の構築・強化などの業務に携わった後，現在まで9年間大手監査法人にてリスクアドバイザリーサービスに携わる。また，この間，大学，大学院の客員教授，非常勤講師，セミナー，講演などを行う。
現在もリスク管理に関わるアドバイス，研修，講演などに従事。

【学歴・研修等】
大阪大学経済学部卒業，コロンビア大学ビジネススクール日本経済経営研究所・客員研究員（1996～1997），中央大学大学院総合政策研究科博士課程修了，博士（総合政策）。中央大学経済研究所客員研究員，日本リスクマネジメント学会・評議員，ソーシャルリスクマネジメント学会・理事

【主な著書・論文】
『ESG リスク管理』中央経済社（2023年）
『気候変動時代の「経営管理」と「開示」』中央経済社（2022年，共同編著）
『リスク社会の企業倫理』中央経済社（2021年）
『気候変動リスクへの実務対応』中央経済社（2020年，編著）
『ERM は進化する―不確実性への挑戦』中央経済社（2019年）
『最新 IFRS 保険契約』保険毎日新聞社（2018年，第14章執筆）
『保険 ERM 基礎講座』保険毎日新聞社（2017年）
「リスク社会とリスクリテラシーの強化」中央大学経済研究科研究叢書67
『現代経営戦略の軌跡』中央大学出版部（2016年，第9章執筆）
ERM 経営研究会『保険 ERM の理論と実践』金融財政事情研究会（2015年，第3章共同執筆）
Insurance ERM for New Generations, The Geneva Association, *Insurance and Finance Newsletter*, No.13 February 2014. P.25, 26.
Building up capital buffers and recognizing judgemental risk, *Asia Insurance Review*, January 2013. P.76, 77.
Behavioral Risk Management for Improper Risk Taking, *Advaces In Management*, Vol.2（4）April 2009. P.7-15.
The Bounds of Classical Risk Management and the Importance of a Behavioral Approach, *Risk Management and Insurance Review*, Vol.10, 2007. No.2, P.267-282.

自然・生物多様性リスクマネジメント
── 自然資本経営の実践法

2024年12月15日　第1版第1刷発行

著　者	後　藤　茂　之	
発行者	山　本　　　継	
発行所	㈱中　央　経　済　社	
発売元	㈱中央経済グループ パ ブ リ ッ シ ン グ	

〒101-0051　東京都千代田区神田神保町1-35
電話　03 (3293) 3371 (編集代表)
　　　03 (3293) 3381 (営業代表)
https://www.chuokeizai.co.jp
印刷／文唱堂印刷㈱
製本／誠　製　本　㈱

©2024
Printed in Japan

＊頁の「欠落」や「順序違い」などがありましたらお取り替えいた
しますので発売元までご送付ください。(送料小社負担)
ISBN978-4-502-51681-8　C3034

JCOPY〈出版者著作権管理機構委託出版物〉本書を無断で複写複製（コピー）することは,
著作権法上の例外を除き，禁じられています。本書をコピーされる場合は事前に出版者著
作権管理機構（JCOPY）の許諾を受けてください。
　　JCOPY〈https://www.jcopy.or.jp　eメール：info@jcopy.or.jp〉